数学名著译丛

代数数理论讲义

〔德〕E. 赫 克 著
王 元 译

U0263210

科学出版社
北 京

内 容 简 介

本书向读者介绍了构成代数数论理论框架的一般问题的一个理解.从数学特别是算数的发展中引出结论,并用群论的术语与方法来给出关于有限与无限阿贝尔群的必要定理,导致了形式上与概念上相当的简化;给出了任意代数数域中最一般二次互反律一个新的证明,并给出了相对二次类域存在性的证明.

本书可供高等学校数学系数论与代数专业的研究生及高年级学生阅读,也可作为数论研究人员的科研参考书.

图书在版编目(CIP)数据

代数数理论讲义/(德)赫克(Hecke,E)著;王元译.—北京:科学出版社,2005

(数学名著译丛)

ISBN 978-7-03-013282-6

Ⅰ.代… Ⅱ.①赫…②王… Ⅲ.代数数论 Ⅳ.O156.2

中国版本图书馆CIP数据核字(2004)第040585号

责任编辑:刘嘉善 范庆奎/责任校对:包志虹

责任印制:徐晓晨/封面设计:王 浩

科学出版社出版

北京东黄城根北街16号

邮政编码:100717

http://www.sciencep.com

北京凌奇印刷有限责任公司印刷

科学出版社发行 各地新华书店经销

*

2005年1月第 一 版 开本:850×1168 1/32

2024年1月第七次印刷 印张:8 1/2

字数:220 000

定价:48.00元

(如有印装质量问题,我社负责调换)

序

这本书是根据我在巴塞尔、哥庭根与汉堡的若干次讲课材料写成的,其目的在于向没有任何数论预备知识的读者介绍构成代数数论理论框架的一般问题一个理解.前七章没有包含本质上新的东西;包括其形式在内,我从数学,特别是算术的发展中引出结论,并用群论的术语与方法来给出关于有限与无限阿贝尔群的必要定理.这将导致形式上与概念上相当的简化.对于熟悉这个理论的人,有些章节或许仍然会感兴趣,例如阿贝尔群基本定理的证明(§8),我用戴德金的原始构造方法处理相对判别式理论(§36,38),及不用截塔函数决定类数(§50).

最后一章,即第八章将引导读者至近代理论之高峰.这一章将给出任意代数数域中最一般二次互反律一个新的证明,其中用到西塔函数.它比至今所知道的证明本质上要简短得多.尽管这一方法至今还不能作推广,但它可以给初学者在代数数域中出现的各种新概念一个全貌,从而可使较高的互反定理变得较易接受.作为互反定理的推论,在本书的结尾,我们将给出相对二次类域存在性的证明.

作为预备知识,我们仅要求读者具备初等微积分与代数知识,对于最后一章,则要求有复函数论知识.

我谨向班克、汉布尔革与奥斯特罗夫斯基先生表示感谢,他们为本书指误并作了不少建议.早在大战之前,出版社即坚持从事了本书的出版工作,谨致谢意.为使本书可能面世,他们不顾环境的极端困难.对于他们的辛劳,应致特殊感谢.

E.赫克

汉堡,数学讨论班,1923年3月

目　录

第一章　有理数论概要

§1. 可除性、最大公因子、模、素数及数论的基本定理

我们暂时假定，算术的对象为全体整数，即 0, ±1, ±2, …，它们间有加法、减法、乘法与除法（不是总有的）. 高等算术中用的研究方法类似于实数与复数的方法. 进而言之，在推导出它的定理时，我们也用到属于数学其他一些领域的分析方法，例如微积分与复函数论. 由于本书的后面部分将讨论这些方面，我们将假定读者熟知全体复数构成的数域，其中四种运算（除去用 0 除以外）可以无限制地进行，复数域在代数概要及微积分中已作了较细致地讲授. 在这一域中，1 是满足方程

$$1 \cdot a = a$$

对所有数 a 成立的一个特别的数. 其他的整数都是由 1 经过加法与减法而得来的，如果再经过除法运算则得到有理数集合，即整数商的全体. 以后，从 §21 开始，“整数”的概念将有一个本质的推广.

在这个导引部分，我们将给出有理算术的基本知识，简要地说，它们是关于整数的可除性性质.

由两个有理整数 a, b 总能得到形如 $a+b$, $a-b$ 及 $a \cdot b$ 的整数，而 a/b 则不一定是整数. 若 a/b 为整数，即 a 与 b 具有这一特别性质，则我们用记号 $b \mid a$ 来表示，或者说：b 整除 a，或 b 一致进入 a，或 b 是 a 的一个因子（因数），或 a 是 b 的倍数. 每一个整数 $a(\neq 0)$ 都有寻常因子 $\pm a$, ± 1；a 与 $-a$ 有相同的因子，能够整除每一个数的整数仅为两个“单位”1 与 -1. 一个非零的整数 a，由于它的因子的绝对值不超过 $|a|$，所以它只有有限多个因子；另一

方面,每一个非零整数皆可以整除 0.

若 $b\neq 0$ 为整数,则在不超过一个给予整数 a 和 b 之倍数中,正好有一个最大的倍数,记为 qb,所以 $a-qb=r$ 为一个小于 $|b|$ 的非负整数.这个由 a 与 b 惟一确定,并适合要求

$$a=qb+r, q\text{ 为整数}, 0\leqslant r<|b|$$

的整数 r 称为 a 被 b 除的余数,或 a 的剩余模 b.因此,语句 $b|a$ 就等价于 $r=0$.

如果我们现在将注意力转到两个整数 a,b 的公因子 c,即满足 $c|a$ 与 $c|b$ 的整数,则首先要考虑的是一个惟一确定的最大公因子(简单记为 GCD);我们将它记为 $(a,b)=d$.按照这个定义我们总有 $d\geqslant 1$.为了寻求这个数 (a,b) 的性质,我们考虑到对于所有整数 x,y 总有 $d|ax+by$.若我们现在考虑所有数 $L(x,y)=ax+by$ 的集合,此处 x,y 过所有整数,则 d 显然亦是所有 $L(x,y)$ 的 GCD;事实上,由于它能整除所有的 $L(x,y)$,并且没有具有这一性质的更大的数,这是因为没有更大的数能同时整除 $a=L(1,0)$ 及 $b=L(0,1)$.在所有正整数 $L(x,y)$ 中,令 $d_0=L(x_0,y_0)$ 为最小者,所以由

$$L(x,y)>0 \text{ 立即推出 } L(x,y)\geqslant d_0. \tag{1}$$

我们现在来证明每一个 $n=L(x,y)$ 皆为 d_0 的倍数及 $d=d_0$.命 $n \bmod d_0$ 的剩余 r 由

$$r=n-qd_0=L(x-qx_0,y-qy_0)$$

决定.在此我们有 $0\leqslant r<d_0$;由(1)式可知由 $r>0$ 即得 $r\geqslant d_0$.所以我们只能有 $r=0$,即 $n=qd_0$.由于每一个倍数 $qd_0=L(qx_0,qy_0)$ 亦出现在 $L(x,y)$ 中,所以集合 $L(x,y)$ 与 d_0 的倍数集合是等同的.因此 d_0 亦为 $L(x,y)$ 的 GCD,即它与 d 恒等,特别由此推出:

定理 1　若 $(a,b)=d$,则方程

$$n=ax+by$$

有整数解当且仅当 $d|n$.

进而言之，由此推出 a 与 b 的每一个公因子都能整除 a，b 的 GCD.

为了确定 GCD，我们用到熟知的一直追溯到欧几里得的所谓欧几里得算法，这个算法的要点为将 (a, b) 的计算归结为两个较小数的 GCD 的计算. 由 $a = qb + r$ 可知 a 与 b 的公因子恒同于 b 与 r 的公因子，从而有 $(a, b) = (b, r)$. 为简单计，假定 $a > 0$，$b > 0$，因为对称性，我们置 $a = a_1$，$b = a_2$，然后命 $a_1 \bmod a_2$ 之剩余为 a_3. 一般言之，命

$$a_{i+2} \text{ 为 } a_i \bmod a_{i+1} \text{ 的剩余}, \quad i = 1, 2, \cdots$$

直至剩余可以被决定，即 $a_{i+1} > 0$，及事实上，命

$$a_i = q_i a_{i+1} + a_{i+2}, \quad 0 \leqslant a_{i+2} < a_{i+1}.$$

由于按照这一程序，当 $i \geqslant 2$ 时，a_i 形成一个单调递减序列，所以经有限步骤后，这一过程必须终止，即当剩余变为零时终止，假定 $a_{k+2} = 0$，由于

$$\begin{aligned}(a_1, a_2) &= (a_2, a_3) = \cdots = (a_i, a_{i+1}) = (a_{i+1}, a_{i+2}) \\ &= (a_{k+1}, a_{k+2}) = (a_{k+1}, 0) = a_{k+1},\end{aligned}$$

则最后的非零剩余，即欲寻求的 GCD.

在定理 1 的证明中，我们仅用到数集合 $L(x, y)$ 的一个性质，即这一集合是一个模. 在此我们定义：

定义 若一个整数系 S 至少包含一个异于 0 的数及当 m 与 n 属于 S 时，$m + n$ 与 $m - n$ 都属于 S，则 S 称为一个模.

因此，若 m 属于 S，则 $m + m = 2m$，$m + 2m = 3m$，$\cdots$ 属于 S；进而言之，$m - m = 0$，$m - 2m = -m$，$m - 3m = -2m$，$\cdots$ 属于 S. 所以一般说来，当 m 属于 S 时，对于每一个整数 x，mx 亦属于 S. 从而当 m，n 属于 S 时，对于所有整数 x，y，$mx + ny$ 亦属于 S.

借助于定理 1 的证明，我们可以证明下面关于模非常一般的定理.

定理 2 一个模 S 中的数恒同于某个数 d 的倍数，除一个因

子 ± 1 之外，d 由 S 决定.

在证明定理时，我们可以考虑 S 仅包含正整数. 命 d 为 S 中的最小正整数，若 n 属于 S，则如前可知，对于每一整数 q，$n-qd$ 都属于 S，特别 $n \bmod q$ 之剩余属于 S，它 $<d$ 但 $\geqslant 0$. 因此必须等于零. 从而 S 中的每一个数 n 都是 d 的倍数，又由于 d 属于 S，所以全体 d 的倍数亦属于 S，命 d' 为具有这一性质的第二个数. S 中的数恒同于 d' 的倍数——则 d 必为 d' 的倍数，且其逆亦真. 所以 $d'=\pm d$.

如果在一个以整数为系数的任意线性型 $a_1x_1+a_2x_2+\cdots+a_nx_n$ 中，命 $x_1,\cdots,x_n$ 过所有整数，则按这个途径定义的值域显然是一个模. 特别我们得到

定理 3 任意 n 个变数的非全为零的整系数线性型的值域恒同于某一个变数的线性型 $d\cdot x$ 的值域. 在此 d 为原来线性型的系数的 GCD.

欲方程(所谓丢番图方程)

$$k=a_1x_1+a_2x_2+\cdots+a_nx_n$$

有整数解 $x_1,\cdots,x_n$，其充要条件为 $a_1,\cdots,a_n$ 的 GCD 整除 k.

若 $(a,b)=1$，我们称 a 与 b 互素. 由定理 1 可知欲 $(a,b)=1$，其充要条件为方程

$$ax+by=1$$

有整数解 x,y.

关于记号 (a,b)，最重要的计算规则如下：

定理 4 对于任何三个整数 a,b,c，其中 $c>0$，我们有

$$(a,b)c=(ac,bc). \tag{2}$$

事实上，若 $(a,b)=d$，则由 $ax+by=d$ 的可解性及定理 1 可知，方程 $acx+bcy=cd$ 可解；从而再由定理 1 可知，cd 为 (ac,bc) 的倍数. 另一方面，cd 亦为 ac,bc 的一个公因子，所以它必须等于 (ac,bc).

除此以外，我们注意到两个数 a 与 b 的最小公倍这一概念. 这是同时可以被 a 与 b 整除的最小正数 v，对于这个数，我们有

$$v=\frac{|a\cdot b|}{d},\quad 此处(a,b)=d. \tag{3}$$

因为由(2)式可知

$$\left(\frac{a}{d},\frac{b}{d}\right)=1,\quad v=\left(\frac{a}{d}v,\frac{b}{d}v\right).$$

由于$\frac{ab}{d}$为$\left(\frac{a}{d}\right)v$与$\left(\frac{b}{d}\right)v$的一个公因子,所以它整除 v,即 $v\geqslant\frac{|ab|}{d}$;另一方面,$\frac{ab}{d}$为一个可以同时被a与b整除的数,所以它的绝对值$\geqslant v$.因此$\frac{ab}{d}$只可能等于$\pm v$.

由于可以同时被 a 与 b 整除的数构成一个模,及 v 为其中的最小正数,所以每一个同时被 a 与 b 整除的数也必须是 v 的倍数.

现在我们来讨论一个数 a 的乘法分解.若除了寻常整数分解,即其中一个因子为 ± 1,另一个 $\pm a$ 外,再没有其他分解了,我们就称 a 为一个素数.这种数是存在的,例如 $\pm 2,\pm 3,\pm 5,\cdots$.我们不把 ± 1 算作素数.为了简单起见,如果我们限于把正数 a 分解为正因子,首先我们见到每一个 $a>1$ 至少被一个正素数整除,这是由于 a 的 >1 的最小正因子显然只能是一个素数.现在我们从 a 的分解 $a=p_1a_1$ 中分离出一个素数 p_1,若 $a_1>1$,则从分解 $a_1=p_2a_2$ 中还可以分离出另一个素数 p_2,如此等等.因为 $a_1,a_2,\cdots$构成一个正整数的递减序列,所以经过有限步骤必须终止,即某 a_k 必须$=1$.至此 a 已被表示为素数的一个乘积 $p_1\cdot p_2\cdots p_k$.因此素数是建筑用的砖,每一个整数都可以由乘法被建筑起来.我们现在有

定理 5(算术基本定理) 除因子的次序外,每一个整数>1都可以惟一地表示成素数的一个乘积.

为此只要证明若 p 可以整除两个数的乘积ab,则仅当它可以整除至少一个因子.这是定理 4 的推论:若素数不能整除 a,则作为一个素数,它与 a 不能存在任何公因子,从而$(a,p)=1$.因此,对于每一个正整数 b 由定理 4 可知

$$(ab, pb) = b.$$

现在若 $p|ab$,则我们必须有 $p|b$;即素数 p 可整除乘积 ab 的另一个因子 b.这一定理可以立即推广至多个因子的情况.

为了证明定理 5,我们考虑一个正数 a 的不同正素数 p_i, q_i 幂乘积的表示法

$$p_1^{a_1} p_2^{a_2} \cdots p_r^{a_r} = q_1^{b_1} q_2^{b_2} \cdots q_k^{b_k}.$$

如同刚才所证明的,每一个素数 q 至少除得尽左端一个素因子,从而它与某 p_k 恒同.因此,除可能的次序外,$q_1, \cdots, q_k$ 恒同于 $p_1, \cdots, p_r$;所以 $k = r$.我们选取次序使 $p_i = q_i$.若对应的指数不等,例如 $a_1 > b_1$,则把方程除以 $q_1^{b_1}$ 之后,则左端仍有因子 $p_1 = q_1$,而右端已没有这一因子.因此 $a_1 = b_1$ 及一般地有 $a_i = b_i$.

在有了每一整数惟一素因子分解定理后,我们有一个处理上述问题本质不同的方法,例如,一个整数 b 是否整除另一个整数 a,如何寻求 (a, b) 或 a 与 b 的最小公倍等等.特别若我们设想 a 与 b 被分解为它们的素因子 $p_1, \cdots, p_r$ 乘积

$$a = p_1^{a_1} p_2^{a_2} \cdots p_r^{a_r},$$

$$b = p_1^{b_1} p_2^{b_2} \cdots p_r^{b_r},$$

此处 0 被允许作为指数 a_i, b_i,则 $b|a$ 成立显然当且仅当 $a_i \geqslant b_i$,进而言之,我们有

$$(a, b) = p_1^{d_1} p_2^{d_2} \cdots p_r^{d_r}, d_i = \min(a_i, b_i), \quad i = 1, 2, \cdots, r,$$

$$v = p_1^{c_1} p_2^{c_2} \cdots p_r^{c_r}, c_i = \max(a_i, b_i), \quad i = 1, 2, \cdots, r.$$

无穷多个素数的存在性立即从下面的事实中得到:

$$z = p_1 \cdot p_2 \cdots p_n + 1$$

为一个数,它不能被任何素数 $p_1, \cdots, p_n$ 整除,因此至少被一个异于 $p_1, \cdots, p_n$ 的素数整除.从而若有 n 个素数,则有 $n+1$ 个素数.

§2. 同余式与剩余类

由前一节可知,由一个整数 $n \neq 0$ 立即决定了按剩余 $\mathrm{mod}\, n$,

所有整数的分布.我们把两个 mod$n$ 有同样剩余的整数a 与b 归于同样的剩余类 mod$n$,或更简单些,同样的类 mod$n$,并记为

$$a \equiv b(\bmod n)(a \text{ 同余于 } b \text{ 模 } n).$$

它等价于 $n \mid a-b$.若 a 不同余于b 模 n,则记为 $a \not\equiv b(\bmod n)$,$a \equiv 0(\bmod n)$表示 a 可以被 n 整除,每一个数都称为它所在类的代表.因为 mod$n$ 的不同剩余为$0,1,\cdots,|n|-1$,所以 mod$n$ 的不同剩余类个数为$|n|$.下面是一些易于验证的同余式的运算规律:若 a,b,c,d 为整数,$n \neq 0$,则我们有

(i) $a \equiv a(\bmod n)$.

(ii) 若 $a \equiv b(\bmod n)$,则 $b \equiv a(\bmod n)$.

(iii) 若 $a \equiv b(\bmod n)$及 $b \equiv c(\bmod n)$,则 $a \equiv c(\bmod n)$.

(iv) 若 $a \equiv b(\bmod n)$及 $c \equiv d(\bmod n)$,则 $a \pm c \equiv b \pm d(\bmod n)$.

(v) 若 $a \equiv b(\bmod n)$,则 $ac \equiv bc(\bmod n)$.

一般说来,由 $a \equiv b(\bmod n)$与 $c \equiv d(\bmod n)$可得 $ac \equiv bd(\bmod n)$.特别若 $a \equiv b(\bmod n)$,则对每一个正整数 k 皆有 $a^k \equiv b^k(\bmod n)$,不断运用(iv)与(v),我们得:若 $a \equiv b(\bmod n)$,则 $f(a) \equiv f(b)(\bmod n)$,此处 $f(x)$为一个有整系数的 x 的整有理函数(x 的多项式).

总之,对于整有理运算而言,我们可以计算同样模的同余式就如同通常的方程运算一样.但除法就不一样.若 $ca \equiv cb(\bmod n)$,则不能由此得出 $a \equiv b(\bmod n)$.这是由于假设的意思是 $n \mid c(a-b)$.现在若$(n,c)=d$,则我们进而有

$$\left(\frac{n}{d},\frac{c}{d}\right)=1, \quad \frac{n}{d} \,\Big|\, \frac{c}{d}(a-b).$$

所以由定理 4 可知

$$\frac{n}{d} \,\Big|\, a-b, \text{即 } a \equiv b\left(\bmod \frac{n}{d}\right).$$

例如:由 $5 \cdot 4 \equiv 5 \cdot 1(\bmod 15)$不能导出 $4 \equiv 1(\bmod 15)$,仅能得出它们同余 $\bmod\left(\frac{15}{5}\right)=3$,因此我们能得到

定理 6 若 $ca \equiv cb (\mathrm{mod} n)$,则

$$a \equiv b\left(\mathrm{mod}\, \frac{n}{d}\right),$$

其中$(c,n)=d$.

据此可得出下面的结论:两个整数的乘积可能同余于 0 mod$n$,尽管每一个因子都没有这个性质.

例如$2\cdot3\equiv0(\mathrm{mod}\ 6)$,尽管 2 与 3 都$\not\equiv0(\mathrm{mod}\ 6)$,对于不同模的同余式之间的关系,我们由定义直接得知:若一个同余式对 mod$n$ 成立,则它对于模 n 的每一个因子都成立.特别对于模 $-n$ 成立.进而言之,若

$$a \equiv b(\mathrm{mod} n_1) \text{ 与 } a \equiv b(\mathrm{mod} n_2),$$

则

$$a \equiv b(\mathrm{mod} v).$$

其中 v 为n_1 与 n_2 的最小公倍.

由于剩余类 mod$n$ 与剩余类 mod $-n$ 是一致的,所以仅研究模一个正整数 n 的剩余类即可.

一个 n 个整数的数系,它正好包含 mod$n$ 的每一个剩余类的代表,则称为一个完全剩余系 mod$n$.

由于一个完全剩余系 mod$n$ 包含$|n|$个不同的数,$|n|$个互不同余的数 mod$n$ 总是一个完全剩余系 mod$n$,例如,诸数 0, 1,…,$|n|-1$.更一般地有

定理 7 若 $x_1,\cdots,x_n$ 为一个完全剩余系 mod$n$($n>0$),则 $ax_1+b,\cdots,ax_n+b$ 亦是一个完全剩余系.其中 a,b 为整数及$(a,n)=1$.

事实上,由定理 6 可知,n 个数ax_i+b ($i=1,2,\cdots,n$)同样是互不同余 mod$n$ 的.

下面给出的关于复合数模的剩余系的表示常常是很有用的.

定理 8 若 $a_1,\cdots,a_n$ 为两两互素的整数,则一个完全剩余系 mod A,由形如

$$L(x_1,\cdots,x_n)=\frac{A}{a_1}c_1x_1+\frac{A}{a_2}c_2x_2+\cdots+\frac{A}{a_n}c_nx_n$$

的数给出,此处 $A = a_1a_2\cdots a_n$ 及 x_i 独立地过一个完全剩余系 $\bmod a_i$,其中 c_i 为任意与 a_i 互素的整数.

这种 L 的个数为 $|A|$,而且它们互不同余 $\bmod A$. 事实上,由同余式 $\bmod A$

$$L(x_1,\cdots,x_n) \equiv L(x'_1,\cdots,x'_n)(\bmod A)$$

可知,这一同余式模每一个 a_i 仍成立. 由于

$$\frac{A}{a_k} \equiv 0(\bmod a_i),其中\ k \neq i,$$

所以当 $i=1,\cdots,n$ 时

$$c_i\frac{A}{a_i}x_i \equiv c_i\frac{A}{a_i}x'_i(\bmod a_i).$$

进而言之,由于 $(c_i,a_i)=1$ 及 $\left(\frac{A}{a_i},a_i\right)=1$,所以由定理 6 可知 $x_i \equiv x'_i(\bmod a_i)$. 因此定理 8 中所示的数 L 总是互不同余 $\bmod A$ 的.

用同法可以证明如果让 $x+by$ 中的 x 通过一个完全剩余系 $\bmod b$,而让 y 独立地通过一个完全剩余系 $\bmod a$,则 $x+by$ 通过一个完全剩余系 $\bmod a\cdot b$.

每一个剩余类 $\bmod n$ 的特征为这一类中任意数与 n 的最大公因子都相等. 因为若 $a \equiv b(\bmod n)$,则 $a=b+qn$,其中 q 为整数,所以 a 与 n 的每一个公因子都是 b 与 n 的一个公因子,且其逆亦真. 因此可以称一个剩余类 $\bmod n$ 与 n 的 GCD.

特别,我们要寻求与 n 互素的剩余类 $\bmod n$ 的个数. 这个数是欧拉函数 $\varphi(n)$. 首先 $\varphi(n)$ 对于一个素数 p 的幂的情况 $n=p^k$ 是容易确定的,这时 $\varphi(p^k)$ 为 $1,\cdots,p^k$ 中不被 p 整除的整数个数. 在这些数中能被 p 整除的数为 1 与 p^k 之间 p 的倍数,共有 p^{k-1} 个,所以

$$\varphi(p^k) = p^k - p^{k-1} = p^k\left(1-\frac{1}{p}\right).$$

为了确定复合数 n 的 $\varphi(n)$ 值,我们现在来证明

引理 当 $(a,b)=1$ 时,$\varphi(ab)=\varphi(a)\varphi(b)$.

由定理 8 可知,我们有形如 $ax+by$ 的完全剩余系 $\bmod ab$. 其

中 x 通过一个完全剩余系 $\bmod b$,及 y 通过一个完全剩余系 $\bmod a$,欲这样一个数与 ab 互素,即同时与 a 及 b 互素,其充要条件是 $(ax,b)=1$ 及 $(by,a)=1$. 由于 $(a,b)=1$,所以这一条件为 $(x,b)=1$ 及 $(y,a)=1$. 因此当我们命 x 通过与 b 互素的剩余类 $\bmod b$ 及 y 通过与 a 互素的剩余类 $\bmod a$ 时,$ax+by$ 就通过与 ab 互素的剩余类 $\bmod ab$,引理证完. 不断应用引理,若 n 分解为正素因子积 $n=p_1^{a_1}p_2^{a_2}\cdots p_r^{a_r}$,则得

$$\varphi(n)=\varphi(p_1^{a_1})\varphi(p_2^{a_2})\cdots\varphi(p_r^{a_r})=n\prod_{p\mid n}\left(1-\frac{1}{p}\right). \tag{4}$$

此处在乘积中,p 通过 n 的所有正素因子.

一个与 n 互素的完全剩余类 $\bmod n$ 称为一个既约剩余类 $\bmod n$,它包含 $\varphi(n)$ 个剩余类,在每一个这种类中取一个代表构成的数系称为一个完全既约剩余系 $\bmod n$.

如同定理 7,我们可以证明:

若 $x_1,\cdots,x_h$ 为一个完全既约剩余系 $\bmod n$,则当 $(a,n)=1$ 时,$ax_1,\cdots,ax_n$ 亦是一个完全既约剩余系 $\bmod n$.

由此我们得到关于每一个与 n 互素的整数 a 的非常重要的性质. 由于 $ax_1,\cdots,ax_h$ 中每一个数都同余于 $x_1,\cdots,x_h$ 中的一个数,所以 $ax_1,\cdots,ax_h$ 的乘积同余于乘积 $x_1\cdots x_h$,即

$$a^h x_1x_2\cdots x_h\equiv x_1x_2\cdots x_h(\bmod n).$$

由于每一个 x 都与 n 互素,所以

$$a^h\equiv 1(\bmod n).$$

由于 $h=\varphi(n)$,所以得

定理 9(费马定理) 对于每一个与 n 互素的数 a,我们有

$$a^{\varphi(n)}\equiv 1(\bmod n).$$

特别当 n 为一个素数 $p(>0)$ 时,则 $\varphi(p)=p-1$,乘以 a 之后可知对于每一个整数 a,皆有同余式

$$a^p\equiv a(\bmod p). \tag{5}$$

当我们在第二章中将群的一般概念引入这个研究中时,这个定理的重要性及其证明的核心就真正变成了可以理解的了. 这一定理

包含了同余式 $x^p - x \equiv 0 \pmod p$ 解的一个陈述并构成了高次同余式理论的基础.

§3. 整多项式,函数同余式与可除性 mod$p$

如果我们将已建立的概念类似于代数学作进一步的发展,则下一个目标应为整系数多项式 $f(x)$mod$n$ 性质的研究,然后是同余式 $f(x) \equiv 0 \pmod n$ 关于整数 x 的可解性问题.

所谓整多项式 $f(x) = c_0 + c_1 x + \cdots + c_k x^k$ 是指这样一个多项式,其中 $c_0, c_1, \cdots, c_k$ 为整数,两个整多项式 $f(x)$ 与 $g(x)$,此处 $g(x) = a_0 + a_1 x + \cdots + a_k x^k$. 如果

$$c_i \equiv a_i \pmod n, \quad i = 0, 1, 2, \cdots, k,$$

则称它们同余模 n,或

$$f(x) \equiv g(x) \pmod n$$

(对于常数,即 0 次多项式,这一同余式概念与迄今所用到的概念是一致的). 所以这个关于 $f(x)$ 与 $g(x)$ 性质的定义对于变量 x 是恒等的,而不仅仅针对某个特定的 x 值. 为此,即使对于所有整数值 x_0,我们有

$$f(x_0) \equiv g(x_0) \pmod n,$$

多项式 $f(x)$ 与 $g(x)$ 亦不必须同余,正如下例所示:

$$x^p \equiv x \pmod p$$

(p 为素数). 由费马定理,对于每一个整数 x,这是一个正确的数值同余式,但多项式 x^p 与 x 是互不同余的.

§2 中的(i)~(v)所示的数值同余式的运算规律对于这些函数同余式亦完全是一样的. 由于其证明亦很简单,所以我们就不详述了.

定义 对于两个整多项式 $f(x)$ 与 $g(x)$,若存在一个整多项式 $g_1(x)$ 使

$$f(x) \equiv g(x) g_1(x) \pmod n,$$

则称 $f(x)$ 可以被 $g(x)$ 整除. 如果进而言之,有一个整数 a 使

$$f(a)\equiv 0(\bmod n),$$

则 a 称为 $f(x)\bmod n$ 的一个根.

若 a 是 $f(x)\bmod n$ 的一个根及 $a\equiv b(\bmod n)$,则显然 b 亦是 $f(x)\bmod n$ 的一个根.

根 $\bmod n$ 与可除性 $\bmod n$ 之间的关系由下面的事实来表述:

定理 10 若 a 是整多项式 $f(x)\bmod n$ 的一个根,则 $f(x)$ 可以被 $(x-a)$ 整除,且其逆亦真.

由于 $f(a)\equiv 0(\bmod n)$,所以

$$f(x)\equiv f(x)-f(a)(\bmod n).$$

显然 $\dfrac{(f(x)-f(a))}{x-a}$ 是一个整多项式 $g(x)$,这是由于对于每一个正整数 m,

$$\frac{x^m-a^m}{x-a}=x^{m-1}+ax^{m-2}+a^2x^{m-3}+\cdots+a^{m-2}x+a^{m-1}$$

为一个整多项式及 $f(x)-f(a)$ 为表示式 x^m-a^m 的整组合. 因此

$$f(x)\equiv(x-a)g(x)(\bmod n).$$

其逆显然亦真.

若 f,g,g_1 为整多项式,且

$$f(x)\equiv g(x)g_1(x)(\bmod n),$$

则正如同在代数学中的情况,我们可以猜测 $f(x)\bmod n$ 的一个根 a 不必须是 $g(x)$ 或 $g_1(x)\bmod n$ 的根,例如

$$x^2\equiv(x-2)(x-2)(\bmod 4).$$

4 是 $x^2\bmod 4$ 的根,但不是 $x-2\bmod 4$ 的根,仅仅对于素数模,我们才有

定理 11 若 $f(x)\equiv g(x)g_1(x)(\bmod p)$,此处 p 为一个素数,则 $f(x)\bmod p$ 的每一个根至少为两个多项式 $g(x)$, $g_1(x)\bmod p$ 中之一的一个根.

若整数 a 适合 $f(a)\equiv 0(\bmod p)$,则

$$g(a)\cdot g_1(a)\equiv f(a)\equiv 0(\bmod p).$$

若素数 p 整除乘积 $g(a)\cdot g_1(a)$，则它必能整除两个因子中的一个.

定理 12 除 $f(x)\equiv 0(\bmod p)$的系数皆可以被 p 整除外，一个 k 次多项式$f(x)$只有不多于 k 个互不同余的根 mod$p$.

这个定理对于零次多项式，即常数成立，因为若 $f(x)=c_0$ 独立于 x，则 $f(x)\equiv 0(\bmod p)$或者只有 0 个解——当 p 不能整除 c_0——或它有多于 0 个解——即每一个整数，当 c_0 能被 p 整除，换言之，多项式 $f(x)\equiv 0(\bmod p)$. 现在假设我们的定理对于次数 $\leqslant k-1$ 的多项式成立，现在来证明它对于 k 次多项式亦成立. 若 a 是$f(x)(\bmod p)$的一个根，则由定理 10，我们可以置

$$f(x)\equiv(x-a)f_1(x)(\bmod p).$$

此处 $f_1(x)$的次数最多为 $k-1$. 由定理 11 可知，$f(x)(\bmod p)$的每一个根或为 $f_1(x)\bmod p$ 的一个根或为$(x-a)\bmod p$ 的一个根(或为两者之根). 由于$(x-a)\equiv 0(\bmod p)$只有一个非同余解及 $f_1(x)\equiv 0(\bmod p)$或者最多只有 $k-1$ 个非同余解，这时 $f(x)$最多只有 $k-1+1=k$ 个解，或者多项式 $f_1(x)\equiv 0(\bmod p)$，在后面情形，我们有多项式 $f(x)\equiv 0(\bmod p)$，所以由归纳法可知定理成立.

这一定理对于复合数是不成立的. 例如 $x^2\equiv 1(\bmod 8)$所示，这一个二次多项式有四个互不同余根 mod8，即 1,3,5,7.

定理 13 若两个多项式 $f(x)$与 $g(x)$满足

$$f(x)\cdot g(x)\equiv 0(\bmod p)\text{，其中 } p \text{ 为素数，}$$

则或者 $f(x)\equiv 0(\bmod p)$，或者 $g(x)\equiv 0(\bmod p)$，或者两者都成立.

假定定理不真，即 $f(x)\not\equiv 0(\bmod p)$与 $g(x)\not\equiv 0(\bmod p)$，则我们将 $f(x)$与 $g(x)$中的所有被 p 整除的项去掉，所得的非零多项式记为 $f_1(x)$，$g_1(x)$，它们所有的系数都不被 p 整除，即同时有

$$f(x)\equiv f_1(x)(\bmod p),$$

$$g(x) \equiv g_1(x)(\bmod p),$$

所以

$$f_1(x) \cdot g_1(x) \equiv 0(\bmod p).$$

一方面 $f_1(x) \cdot g_1(x)$的最高项必须$\equiv 0(\bmod p)$,另一方面它等于$f_1(x)$与 $g_1(x)$的最高项的乘积.由于 p 为素数及$f_1(x)$与$g_1(x)$的所有项都不能被 p 整除,所以这种项的乘积亦不能被 p 整除.因此假定是错误的,定理得证.

定义 若一个整多项式 $f(x)$的系数互素,即对于每一个素数 p,有 $f(x) \not\equiv 0(\bmod p)$,则称 $f(x)$为本原的.

定理 13 显然允许下面的表述.

定理 13a(高斯定理) 两个本原多项式的乘积仍为一个本原多项式.

§4. 一次同余式

一次多项式及它们的根 mod$n$ 可以容易地来处理,这导致了一个或多个变数的同余式理论.

命 $a, b, n(n>0)$为给定的整数,关于

$$ax + b \equiv 0(\bmod n) \tag{6}$$

的整数解 x 有怎样的陈述?由于若有解,则该解所在的剩余类中所有的数都是解,所以我们仅要求互不同余的解 mod$n$.答案是

定理 14 当$(a, n) = 1$时,同余式(6)正好只有一个解 mod$n$.

由定理 7 可知当 x 通过一个完全剩余系 mod$n$ 时,$ax + b$ 正好落入剩余类 0 一次.

但若$(a, n) = d$ 及(6)式可解,则同余式 mod$d$ 亦真及导致了关于b 的条件

$$b \equiv 0(\bmod d).$$

则由定理 6 可知(6)式等价于

$$\frac{a}{d}x+\frac{b}{d}\equiv 0\left(\bmod \frac{n}{d}\right)$$

及由定理 14 可知这一方程正好只有一个解 $x_0\bmod\left(\frac{n}{d}\right)$,从而(6)的所有解为下列数

$$x = x_0+\frac{n}{d}y,$$

其中 y 为整数,且其中正好有 d 个互不同余 $\bmod n$. 当 y 通过一个完全剩余系 $\bmod d$ 时,即得这 d 个解.

在情况$(a,n)=d>1$时,(6)式可解当且仅当 $d\mid b$,而且不同的解 $\bmod n$ 的个数为d.

同余式(6)等价于方程 $ax+b=nz$,其中 z 为整值,即其解等价于丢番图方程 $ax-nz=-b$ 之解. 当然作为定理 1 对这一方程的应用亦导致上述结果. 特别,若$(a,n)=1$,则同余式

$$aa'\equiv 1(\bmod n)$$

总是正好只有一个解 $a'\bmod n$,而且更一般的同余式 $ax+b\equiv 0(\bmod n)$的解只要乘以 a'即得

$$x\equiv -a'b(\bmod n).$$

进而言之,由定理 9 可知,我们可以取 $a'=a^{\varphi(n)-1}$.

我们可以考虑只有一个变量 x 的多个线性同余式,但它们有互异的模且具有形式

$$x\equiv a_1(\bmod n_1),\quad x\equiv a_2(\bmod n_2),\quad \cdots,\quad x\equiv a_k(\bmod n_k). \tag{7}$$

若 x 与 y 为两个适合这个同余式组的数,则 $x-y$ 可以被每一个 n_i 整除,所以可以同时被 $n_1,\cdots,n_k$ 的最小公倍 v 整除,即 $x\equiv y(\bmod v)$;反之,若 x 为(7)式的一个解,及 $x\equiv y(\bmod v)$,则 y 亦是(7)式的一个解. 因此若(7)式存在一个解,则它关于 $\bmod v$ 是惟一确定的. 我们仅有兴趣于下面最重要的情况:

定理 15 若同余式组(7)式的模两两互素,则(7)式正好只有一个解 $\bmod n_1\cdots n_k$.

记住定理 8,我们置

$$x = \frac{v}{n_1}x_1 + \frac{v}{n_2}x_2 + \cdots + \frac{v}{n_k}x_k \quad (v = n_1 \cdots n_k).$$

由同余式

$$\frac{v}{n_i}x_i \equiv a_i (\bmod n_i) \quad (i = 1, \cdots, k)$$

决定诸 x_i. 由假设及定理 14 可知这样做是可能的,这样得到的 x 是(7)式的一个解.

高次多项式 mod$n$ 根的研究导致一个变数高次同余式研究. 为了研究这个更为复杂的理论实质,我们必须设想经过剩余类更精确的计算. 在以下章节中,我们将以不同形式数次遇到这里讲述的一些本质联系,从而提取这样的概念将是有用的,即它可以用以实现各种类型,并使之成为研究对象,这就是群概念,下一章将讲述它.

第二章　阿 贝 尔 群

§5. 一般群概念与群元素运算

群的定义　若下面条件满足，则称元素 $A, B, C, \cdots$ 的系 S 为一个群：

(i) 若有一个法规(复合规则)，按此法规由一个元素 A 及一个元素 B 总可以得到 S 惟一的一个元素 C.

我们将这个关系用记号表示为

$$C = AB \quad \text{或} \quad (AB) = C.$$

这一复合关于 A 与 B 不需要是可交换的，即 AB 与 BA 可以是相异的.

(ii) 这个复合满足结合律：对于每三个元素 A, B, C 有

$$A(BC) = (AB)C.$$

(iii) 若 A, A', B 是 S 的任意三个元素，则下面关系成立：

$$\text{若 } AB = A'B, \text{则 } A = A';$$
$$\text{若 } BA = BA', \text{则 } A = A'.$$

(iv) 对于 S 中每两个元素 A, B，皆存在 S 的一个元素 X 使 $AX = B$ 及 S 的一个元素 Y 使 $YA = B$.

若 S 只包含有限多个不同的元素——假定其元素个数为 h——则(iv)是(i)与(iii)的推论. 欲证明这一事实，我们命 AX 中的 X 通过群中 h 个不同的元素 $X_1, \cdots, X_h$，则由(i)可知，AX 恒为群的一个元素，而由(iii)可知这样得到的 h 个元素是互不相同的. 从而由这一途径可知群的每个元素正好出现一次，特别这对元素 B 成立，即存在一个 X 使 $AX = B$. 类似地，我们可以证明(iv)的第二部分.

如果群中包括无穷多个互异元素，则称它为一个无限群；否

则，则称它为一个阶 h 的有限群.此处 h 为群的元素个数.

群的性质仅仅是关于确定的复合关系的，它并不是天然属于元素系 S 的.对于一种复合，S 可以是一个群，而对于另一种复合虽仍然是同样的元素，却并不构成一个群.

群的例子如对于加法复合关系，所有整数数系及对于乘法复合关系，所有正数(整数与分数)数系.

另一方面，正整数数系及乘法复合就不是一个群，这是由于要求(iv)不满足.

进而言之，若当两个数同余 $\bmod n$，我们就把它们当成相等，则剩余系 $\bmod n$，对于加法复合就构成一个阶 n 的群.

同法，与 n 互素的剩余系 $\bmod n$，对于乘法就构成一个阶为 $\varphi(n)$ 的群.在所有这些例子中复合的规律都是可交换的.一个非交群的例子为均匀固体所有旋转的系，例如，骰子，按其中点旋转.在此两个旋转 A 与 B 的复合 AB 表示一个旋转，即先施行旋转 B，再施行旋转 A 所得的旋转.

n 个数字所有置换的集合构成一个有限群.A 与 B 的复合表示一个置换 AB，即先作用 B 再作用 A 所得的置换.

若给予两个群 $\mathfrak{G}_1$ 与 $\mathfrak{G}_2$，其元素亦分别给予下标 1 与 2，及若有一个确定的可逆对应(记为→)适合，当 $A_1 \to A_2$ 与 $B_1 \to B_2$ 时有 $A_1B_1 \to A_2B_2$，则我们称这两个群 $\mathfrak{G}_1$ 与 $\mathfrak{G}_2$ 同构.两个同构群的差别仅仅为元素及复合运算的表示.因此所有性质都可以按照群的公理(i)～(iv)严格地加以表述及凡一个群具有者，其同构群亦满足，从而在群理论研究中，同构群不被看作是不同的.

现在命 $\mathfrak{G}$ 为一个群，在下面我们用大写拉丁字母表示它的元素.$\mathfrak{G}$ 中两个元素乘积是按(i)由复合的存在性来定义的.我们现在由数学归纳法来定义 k 个元素的乘积.

定义 假定我已经定义了 S 中任意 n 个元素 $A_1,\cdots,A_n$ 的乘积所表示的元素 $A_1 \cdot A_2 \cdots A_n$，则 $\mathfrak{G}$ 中任意 $n+1$ 个元素 $A_1,\cdots,A_{n+1}$ 的乘积由方程

$$A_1 \cdot A_2 \cdots A_{n+1} = (A_1 \cdot A_2 \cdots A_n)A_{n+1}$$

来定义.

我们现在来证明

引理 对于任意整数 $k\geqslant 3$ 有

$$A_1\cdot A_2\cdots A_k=A_1\cdot(A_2\cdots A_k).$$

按照结合律(ii)可知,当 $k=3$ 时显然成立.若引理对于 $k=n$ 时成立,则当 $k=n+1$ 时,我们有

$$\begin{aligned}A_1\cdot A_2\cdots A_{n+1}&=(A_1\cdot A_2\cdots A_n)\cdot A_{n+1}\\&=A_1\cdot(A_2\cdot A_3\cdots A_n)\cdot A_{n+1}\\&=A_1\cdot(A_2\cdot A_3\cdots A_{n+1}).\end{aligned}$$

所以引理一般皆成立.

进而言之,当 $1<l<k$ 时有

$$\begin{aligned}(A_1\cdot A_2\cdots A_l)(A_{l+1}\cdots A_k)&=[(A_1\cdot A_2\cdots A_{l-1})\cdot A_l](A_{l+1}\cdots A_k)\\&=(A_1\cdot A_2\cdots A_{l-1})(A_l\cdot A_{l+1}\cdots A_k).\end{aligned}$$

即原来乘积中的两个内括弧可以向左方移动一个位置而结果不变.所以内括弧可以向左或向右移动多个位置,从而

$$(A_1\cdot A_2\cdots A_l)(A_{l+1}\cdots A_k)=A_1\cdot A_2\cdots A_k$$

完全独立于括弧所在的位置.因此两个用括弧表示的乘积中,我们将括弧取消掉是不会影响结果的.我们易于用数学归纳法证明关于多个括弧表达式的定理:

定理 16 一个有 $r+1$ 个括弧的表达式

$$(A_1\cdots A_{n_1})(A_{n_1+1}\cdots A_{n_2})(A_{n_2+1}\cdots A_{n_3})\cdots(A_{n_r+1}\cdots A_k),$$

当括弧被去掉及括弧放在任意位置都不影响表达式的结果,从而它等于 $A_1\cdot A_2\cdots A_k$.

定理 17 在每一个群中正好有一个元素 E 满足:对于群的所有元素 A

$$AE=EA=A$$

皆成立.E 称为单位元素(或单位).

由(iv)可知对于每一个 A,皆存在 E 使

$$AE=A,\text{从而 } YAE=YA.$$

若 Y 过群的所有元素，则由(iv)可知这时 $YA=B$ 亦成立，所以 $BE=B$ 对每一个 B 皆成立，即 E 独立于 B.

进而言之，同样存在一个 E' 使对于每一个 A 皆有

$$E'A = A.$$

当 $A=E$ 时有

$$E'E = E.$$

又由 $AE=A$ 可知当 $A=E'$ 时

$$E'E = E', \text{所以 } E = E'.$$

定理证完. 这一单位元素在乘积的分量中可以被略去，所以他与通常乘积中的 1 起着同样的作用. 因此他被记作 1.

最后，由(iv)可知对于每一个 A，皆有一个 X 与一个 Y 使

$$AX = E, YA = E.$$

由此与 Y 复合即得

$$YAX = YE, \text{所以 } EX = YE, X = Y.$$

我们称按这一方式由 A 惟一确定的元素 X 为 A 的逆元素(或逆元)，并记为 A^{-1}. 它由

$$AA^{-1} = A^{-1}A = E$$

定义. 我们现在可以引进一个元素 A 的幂了：

对于 $m>0$，我们将 A^m 理解为 m 个元素的“乘积”，其中每个元素皆 $=A$. 由定理 16 可知对于正整数 m,n 有

$$A^{m+n} = A^m \cdot A^n = A^n \cdot A^m.$$

进而言之，由定理 16 可知

$$A^m(A^{-1})^m = E.$$

即 $(A^{-1})^m$ 为 A^m 的逆，因此它 $=(A^m)^{-1}$. 我们将这一元素记为

$$A^{-m} = (A^{-1})^m = (A^m)^{-1}.$$

最后，对于每一个 A，置

$$A^0 = E.$$

恰如初等代数学一样，我们可以证明下面任意元素整数幂的结果：

定理 18　对于所有整数 m,n 皆有

$$A^m \cdot A^n = A^n \cdot A^m = A^{m+n},$$

与

$$(A^m)^n = (A^n)^m = A^{nm}.$$

对于一个未知元素群的元素间的方程,我们可以借助于逆元素来求解,乘以 A^{-1}之后可得

$$若\ AX = B, 则\ X = A^{-1}B$$

及

$$若\ YA = B, 则\ Y = BA^{-1}.$$

§6. 子群及群被子群除

$\mathfrak{G}$ 的元素的子集在同样的复合规则下仍可以是一个群. 这样的群称为 $\mathfrak{G}$ 的子群. 我们让 $\mathfrak{U}$ 表示一个固定的子群;命 U_1, U_2,…表示 $\mathfrak{U}$ 的相异元素(有限或无穷多个). 若 A 为 $\mathfrak{G}$ 的任意元素,则我们记这种元素 $AU_i(i=1,2,\cdots)$的全体为

$$A\mathfrak{U} = (AU_1, AU_2, \cdots).$$

我们现在可以将 $\mathfrak{G}$ 的元素安排成形如 AU 的序列;这种集合 $A\mathfrak{U}$ 称为陪集. 于是我们有

引理 若两个陪集 $A\mathfrak{U}$,$B\mathfrak{U}$ 有一个公共元素,则它们所有元素都是共同的,所以除次序外,它们是相同的.

欲证引理,命 $AU_a = BU_b$ 为一个公共元素,则得 $B = AU_aU_b^{-1}$,所以

$$B\mathfrak{U} = (AU_aU_b^{-1}U_1, AU_aU_b^{-1}U_2, \cdots).$$

由于 $\mathfrak{U}$ 的群性质(iv),所以当 $i=1,2,\cdots$时,$U_aU_b^{-1}U_i$ 通过的所有元素,因此 $A\mathfrak{U}$ 与 $B\mathfrak{U}$ 是相同的.

在一个陪集 $A\mathfrak{U}$ 中的不同元素个数显然关于 A 是独立的;它等于 $\mathfrak{U}$ 的阶. 命这一阶等于 N(N 可以是∞),则 $\mathfrak{G}$ 的每一个元素确实属于一个这种陪集之中,例如 A 出现于$A\mathfrak{U}$ 之中,这是由于 $\mathfrak{U}$ 是一个群,而单位元必须属于 $\mathfrak{U}$,及 $AE = A$. 因此过不同陪集的所有元素时,我们就得到 $\mathfrak{G}$ 的每一个元素恰好一次. 我们将这一事实用方程的记号表示为

$$\mathfrak{G} = A_1\mathfrak{U} + A_2\mathfrak{U} + \cdots.$$

此处 $A_1\mathfrak{U}, A_2\mathfrak{U}, \cdots$表示这种类型的相异陪集.

当 $\mathfrak{G}$ 为一个阶 h 的有限群时,则 $\mathfrak{U}$ 的阶 N 亦为有限数及不同陪集的个数亦为有限个,记为 j. 由于 $\mathfrak{G}$ 的每一个元素恰好属于一个陪集及每一个陪集中正好有 N 个不同元素,所以

$$h = j \cdot N.$$

因此我们证明了

定理 19 在一个阶为 h 的有限群中,每一个子群的阶 N 都是h 的因子.

分数$\frac{h}{N}=j$ 称为子群关于 $\mathfrak{G}$ 的指标.

当 $\mathfrak{G}$ 为一个无限群时,则 $\mathfrak{U}$ 的阶及相异陪集的个数可以是无穷大,而且至少有一个是无穷大. 进而言之,不同的陪集个数,不论它是有限或无限,皆称为 $\mathfrak{U}$ 关于 $\mathfrak{G}$ 的指标.

我们首先来对有限群作进一步的研究.

一个有限群的元素系 $S=(U_1, U_2, \cdots)$构成 $\mathfrak{G}$ 的子群的充要条件为任意两个元素 U 的乘积仍属于 S. 因为群的公理(ii),(iii)已自动满足,由假定可知(i)成立. 对于有限群,(iv)是其余公理的推论.

例如一个元素 A 所有正幂总是构成 $\mathfrak{G}$ 的一个子群. 由于 $\mathfrak{G}$ 只有有限多个元素,所以这些幂元素不能都互异. 由 $A^m = A^n$ 可得$A^{m-n}=E$. 因此有一个 A 的某非零幂$=E$.

为了得到这些满足 $A^q=E$ 的 q 的全貌及注意到这些指数明显构成一个模. 这是由于从 $A^q=E$ 及$A^r=E$ 可得$A^{q\pm r}=E$. 所以由定理 1 可知这些 q 恒同于一个整数$a(>0)$的所有倍数,这个指数 a 是由A 惟一确定的,我们称它为 A 的阶. 这一指数有如下性质:

$$A^r = E \text{ 当且仅当 } r \equiv 0 (\mathrm{mod}\, a).$$

E 是惟一的阶为 1 的元素. 更一般地,我们有

定理 20 若 a 为A 的阶,则

$$A^m = A^n$$

当且仅当

$$m \equiv n(\mathrm{mod}\, a).$$

从而在 A 的诸幂中,只有 a 个互不相同者,即 $A^0=E, A^1, \cdots, A^{a-1}$,及由上述可知这些元素构成 $\mathfrak{G}$ 的阶为 a 的一个子群.进而言之,由定理 19 可得

定理 21 $\mathfrak{G}$ 的每一个元素的阶 a 都是 $\mathfrak{G}$ 的阶的因子,所以对于每一个元素 A 皆有

$$A^h = E.$$

§7. 阿贝尔群与两个阿贝尔群之积

数论中遇到的群,其复合规律几乎都是可交换的:$AB = BA$ 对所有元素皆成立.这种类型的群称为阿贝尔群.本节与下一节,我们将对任意有限阿贝尔群的结构作一个更为细致的研究,以下,我们用 $\mathfrak{G}$ 表示一个阶为 h 的有限阿贝尔群.

定理 22 若一个素数 p 能整除 $\mathfrak{G}$ 的阶 h,则在 $\mathfrak{G}$ 中有一个阶为 p 的元素.

命 $C_1, C_2, \cdots, C_h$ 为 $\mathfrak{G}$ 的 h 个元素及 $c_1, c_2, \cdots, c_h$ 为它们对应的阶.我们构筑所有的乘积

$$C^{x_1}C^{x_2}\cdots C^{x_h}, \tag{8}$$

其中每一个 x_i 通过一个完全剩余系 $\mathrm{mod}\, c_i$,则我们得到 $c_1c_2\cdots c_h$ 个形式上互异的乘积,其中含有 $\mathfrak{G}$ 的全部元素.如果一个相同元素有两种不同的表示式,则立即得单位元素的表示式,则所有元素出现的频率都相等,即在(8)式中出现 Q 次,因此

$$c_1c_2\cdots c_h = h \cdot Q.$$

素数 p 能整除 h,则必须至少能整除一个 c_i,例如 c_1,则由定理 20 可知

$$A = C_1^{\frac{c_1}{p}}$$

为一个阶为 p 的元素.

定理 23 命 $h=a_1\cdot a_2\cdots a_r$ 及假定整数 $a_1,\cdots,a_r$ 两两互素，则 $\mathfrak{G}$ 中每一个元素 C 都可以惟一地被表示为

$$C = A_1\cdot A_2\cdots A_r,$$

其中 $A_1^{a_1}=A_2^{a_2}=\cdots=A_r^{a_r}=E$.

命 r 个整数 $n_1,\cdots,n_r$ 满足

$$\frac{h}{a_1}n_1+\frac{h}{a_2}n_2+\cdots+\frac{h}{a_r}n_r=1.$$

由于关于 a_i 的假定，所以由定理 8 可知这总是可以做到的. 若 $C\in\mathfrak{G}$，我们置

$$A_i = C^{\left(\frac{h}{a_i}\right)n_i},$$

则由定理 21 可知

$$A_i^{a_i} = C^{hn_i} = E$$

及

$$C = A_1\cdot A_2\cdots A_r$$

被表示为所要求的形式. 欲证明表示之惟一性，命 $C=B_1\cdots B_r$ 为这种类型的另一种表示，则

$$(B_1\cdot B_2\cdots B_r)^{\frac{h}{a_1}} = (A_1\cdot A_2\cdots A_r)^{\frac{h}{a_1}}. \tag{9}$$

由于复合的可交换性，实际是在此我们是第一次用这一点，所以由(9)式可知

$$B_1^{\frac{h}{a_1}}\cdot B_2^{\frac{h}{a_1}}\cdots B_r^{\frac{h}{a_1}} = A_1^{\frac{h}{a_1}}\cdot A_2^{\frac{h}{a_1}}\cdots A_r^{\frac{h}{a_1}}.$$

由于$\dfrac{h}{a_1}$是每一个 $a_2,\cdots,a_r$ 的倍数，所以由 A_i, B_i 之假定可知具有指标 $2,3,\cdots,r$ 之诸因子必须等于E. 因此

$$B_1^{\frac{h}{a_1}} = A_1^{\frac{h}{a_1}}.$$

由于$\left(a_1,\dfrac{h}{a_1}\right)=1$，因此存在整数 x,y 满足$a_1x+\left(\dfrac{h}{a_1}\right)y=1$，注意

$$E = B_1^{a_1} = A_1^{a_1}.$$

所以

$$B_1 = B_1^{a_1x+\left(\frac{h}{a_1}\right)y} = A_1^{a_1x+\left(\frac{h}{a_1}\right)y} = A_1.$$

同法可得一般情况 $A_i = B_i$. 因此 C 的表示之惟一性得证.

若 a_i' 为具有性质

$$A^{a_i} = E$$

的互异元素 A 的个数,则由于两个这种元素的乘积仍有这种性质,所以它们的全体构成阶为 a_i' 的一个子群. 于是由定理 23 得

$$h = a_1'a_2'\cdots a_r' = a_1a_2\cdots a_r. \tag{10}$$

若 p 为一个素数及 $p \mid a_i'$,则由定理 22 可知存在一个适合 $A^{a_i}=1$ 的元素有阶 p,因此 $p \mid a_i$. 因此 a_i' 没有除 a_i 之外的素因子,由于 a_i 为两两互素的,所以由方程(10)可知 $a_i' = a_i$.

由此我们证明了

定理 24 若 $c \,\Big|\, h, \left(\frac{h}{c}, c\right) = 1 (c>0)$,则 $\mathfrak{G}$ 中满足性质

$$A^c = 1$$

的全体元素构成一个 $\mathfrak{G}$ 阶为 c 的子群.

由定理 23 明显地需要我们引进一个特殊的记号,来阐明 $\mathfrak{G}$ 对 r 个子群 $A_1, \cdots, A_r$ 的关系,由它们经这一个关系 $\mathfrak{G}$ 被构筑了出来. 我们简单地定义 $\mathfrak{G}$ 为这些子群的"乘积". 如果我们从两个群 $\mathfrak{G}_1$ 与 $\mathfrak{G}_2$ 开始,则我们仅希望定义一个群 $\mathfrak{G}$,它以 $\mathfrak{G}_1$ 与 $\mathfrak{G}_2$ 为子群,而且称为这两个群之积,在此我们首先要注意 $\mathfrak{G}_1$ 的一个元素与 $\mathfrak{G}_2$ 的一个元素之积是没有意思的. 为此我们讨论于下:我们将阿贝尔群 $\mathfrak{G}_i (i=1,2)$ 的元素用指标 i 记之. 我们现在来定义一个新的群,其元素为元素对 (A_1, A_2) 并置

(1) $(A_1, A_2) = (B_1, B_2)$ 的意思是 $A_1 = B_1$ 与 $A_2 = B_2$.

(2) 这些元素对的复合规律为 $(A_1, A_2)\cdot(B_1, B_2) = (A_1B_1, A_2B_2)$.

用这一方法得到的 $h_1 \cdot h_2$ 个新元素(h_i 为 $\mathfrak{G}_i$ 的阶)形成一个阿贝尔群. 这一群的单位元素为 (E_1, E_2),此处 E_i 为 $\mathfrak{G}_i$ 的单位元素. h_1 个元素 (A_1, E_2),其中 A_1 过群 $\mathfrak{G}_1$ 的所有元素,显然构成 $\mathfrak{G}$

的一个子群及这一子群同构于 $\mathfrak{G}_1$;同样由元素(E_1,A_2)构成的群同构于 $\mathfrak{G}_2$.这两个子群只有一个共同元素(E_1,E_2).$\mathfrak{G}$ 的每一个元素都可以惟一地表示为两个子群的两个元素的乘积:

$$(A_1,A_2) = (A_1,E_2)\cdot(E_1,A_2).$$

最后,我们定义

(3) $(A_1,E_2)=A_1$, $(E_1,A_2)=A_2$,因此特别有 $E_1=E_2$.

由于关系"="在 $\mathfrak{G},\mathfrak{G}_1,\mathfrak{G}_2$ 的元素之间尚未定义,所以记号"="的这种使用是可以允许的.而元素的复合被定义为相等乃导致元素之相等.我们称按此方法用(1),(2),(3) 定义的具有 h_1h_2 个元素 A_1A_2 的群 $\mathfrak{G}$ 为两个群 $\mathfrak{G}_1$ 与 $\mathfrak{G}_2$ 的乘积,并记为

$$\mathfrak{G} = \mathfrak{G}_1\cdot\mathfrak{G}_2 = \mathfrak{G}_2\cdot\mathfrak{G}_1.$$

用这一术语,由定理 23 立刻得知乘积的形式是可以结合的:

定理 25 每一个有限阿贝尔群可以表示为阶为素数幂的阿贝尔群之积.

§8. 阿贝尔群的基

我们现在可以证明下面定理,它将给我们最一般有限阿贝尔群结构的完整信息.

定理 26(阿贝尔群的基本定理) 在每个阶 $h(>1)$的阿贝尔群 $\mathfrak{G}$ 中,存在某些阶分别为 $h_1,\cdots,h_r$ 的元素$B_1,\cdots,B_r$ 使 $\mathfrak{G}$ 的每个元素在形式

$$C = B_1^{x_1}\cdots B_r^{x_r}$$

中正好出现一次,此处整数 x_i 互相独立地过一个完全剩余系 $\bmod h_i$.进而言之,$h_i=p^{k_i}$为素数幂及$h=h_1\cdot h_2\cdots h_r$.

这种类型的 r 个元素称为 $\mathfrak{G}$ 的一个基.

由我们以前的结果立即得知,若这一定理的真实性对于素数幂阶已经证明,则对于任意 h 亦然.

现在命 $h=p^k$ 为 $\mathfrak{G}$ 的阶,此处 p 为一个素数及k 为一个整数

$\geqslant 1$,则 $\mathfrak{G}$ 的每一个元素的阶为 p^{α},此处 α 为一个适合 $0\leqslant\alpha\leqslant k$ 的整数.

若 $A_1^{x_1}\cdot A_2^{x_2}\cdots A_m^{x_m}=E$,则

$$x_i\equiv 0 \pmod{a_i},$$

我们就称具有阶 $a_1,\cdots,a_m$ 的 m 个元素 $A_1,\cdots,A_m$ 是独立的.例如每一个元素 A 都是一个独立元素,显然 m 个独立元素的幂乘积构成一个群,它正好含有 $a_1\cdot a_2\cdots a_m$ 个互异元素.若 $A_1,\cdots,A_m$ 是独立的,则 $m+1$ 个元素 $A_1,\cdots,A_m,E$ 总是独立的,且其逆亦真.我们现在给独立元素一个次序使其阶形成一个递减序列:

$$a_1\geqslant a_2\geqslant a_3\geqslant\cdots\geqslant a_m\geqslant 1.$$

我们称这一数系 $a_1,\cdots,a_m$ 为 $A_1,\cdots,A_m$ 的秩数系或 $A_1,\cdots,A_m$ 的秩 R.我们现在定义系 R 的一个确定次序,命

$$A_i \text{ 的阶为 } a_i = p^{\alpha_i} \quad (i=1,2,\cdots,m),$$

$$B_q \text{ 的阶为 } b_q = p^{\beta_q} \quad (q=1,2,\cdots,n),$$

为两个独立系.若 $m\neq n$,例如 $m>n$,则定义 $\beta_{n+1}=\beta_{n+2}=\cdots=\beta_m=0$.若 $\alpha_i=\beta_i(i=1,\cdots,m)$,则称这两个系有相同的秩.若第一个非零差适合 $\alpha_i-\beta_i>0$ 或 <0,则称 $(A_1,\cdots,A_m)$ 的秩高于或低于 $(B_1,\cdots,B_n)$ 的秩.因此去掉或增加一个单位 E 并不能影响秩.若 $(A_1,\cdots)$ 的秩高于 $(B_1,\cdots)$ 的秩及 $(B_1,\cdots)$ 的秩高于 $(C_1,\cdots)$ 的秩,则 $(A_1,\cdots)$ 的秩高于 $(C_1,\cdots)$ 的秩.显然异于 E 的独立元素系的秩最多不超过 h^h 种可能;从而有最高秩独立元素系,我们将简称这种系为极大系.命 $B_1,\cdots,B_r$ 为一个极大系且其中无一个元素 $=E$,我们将证明 $B_1,\cdots,B_r$ 是一个基元素系.为此我们仅需验证 $\mathfrak{G}$ 的每一个元素均可以表示 B_i 的幂乘积——对此下面这些引理即已足够:

引理(a) 在 $B_1,\cdots,B_r$ 中没有一个元素能表成 $\mathfrak{G}$ 中一个元素的 p 次幂.

若 $B_m=C^p$,则将 $B_1,\cdots,B_r$ 中的 B_m 换成 C,可能再换一下元素次序后得一个系,其秩显然高于极大系 $B_1,\cdots,B_r$ 的秩,这不

可能.

引理(b) 若在系 $B_1,\cdots,B_r$ 中将一个元素 B,例如 B_m,换为

$$A = B_m{}^u B_{m+1}{}^{x_{m+1}} \cdots B_r{}^{x_r},$$

此处 $u \not\equiv 0 (\mathrm{mod}\, p)$,而 x_i 为任意整数,则秩不改变,及新系仍为一个极大系.

由于 $B_{m+1},\cdots,B_r$ 的阶不大于 B_m 的阶,所以它们是 B_m 阶的因子,所以 A 与 B_m 的阶相同.进而言之,$A,B_{m+1},\cdots,B_r$ 的幂乘积可以表为 $B_m,\cdots,B_r$ 的幂乘积,且其逆亦真.所以新系是独立的,从而是一个极大系.

引理(c) 若一个元素 C^p 可以表为 B_i 的幂乘积,则 C 亦然.

事实上,若

$$C^p = B_1^{x_1} \cdots B_r^{x_r}, \tag{11}$$

则必定所有 x_i 皆 $\equiv 0 (\mathrm{mod}\, p)$.否则若 $x_m = u$ 为第一个不能被 p 整除的指数,则在 B_i 的系统中将 B_m 换成

$$A = B_m{}^u B_{m+1}{}^{x_{m+1}} \cdots B_r{}^{x_r} = C^p B_1{}^{-x_1} \cdots B_{m-1}{}^{-x_{m-1}},$$

由引理 b 可知新系统仍为极大系统,但它却包含一个元素的 p 次幂,即 A,这与引理 a 相矛盾.所以在(11)式中我们可以置 $x_i = py_i$,其中 y_i 为整数,因此

$$(C^{-1} B_1{}^{y_1} \cdots B_r{}^{y_r})^p = 1.$$

若 C 不能表为 B_i 的幂之积,则这对所有的 C^n 亦然,此处 $n \not\equiv 0 (\mathrm{mod}\, p)$及上式括弧中之项有

$$C' = C^{-1} B_1{}^{y_1} \cdots B_r{}^{y_r} \neq 1;$$

所以 C' 亦是阶 p 之元素,从而 $r+1$ 个元素 $B_1,\cdots,B_r,C'$ 亦是独立的,按递减序列安排阶的次序(B 的阶大于 1,所以它 $\geqslant p$),则它有一个比极大系 $B_1,\cdots,B_r$ 更高的秩,这是不可能的.因此假设是错误的,从而引理 c 得证.

不断运用引理 c 即可知 $\mathfrak{G}$ 的每一个元素关于 B_i 的可表性.事实上,若 A 的阶为 p^m,则

$$A^{p^m} = 1$$

当然可以被 B_i 表示,所以由引理 c 可知 $A^{p^{m-1}}$ 亦可以被 B_i 表示及当 $m>1$ 时,$A^{p^{m-2}}$ 亦可以表示,如此等等直到 $A^{p^0}=A$ 自身.

$\mathfrak{G}$ 的基元素并不是由 $\mathfrak{G}$ 惟一确定的.基的某些性质仍然是 $\mathfrak{G}$ 自身的特征.阶能被 p 整除的基元数的个数 $e=e(p)$ 被当做是仅由 $\mathfrak{G}$ 决定的最重要的常数;我们称 e 为属于 p 的基数.下面结果显示了它独立于基的选择.

定理 27 若 p 为一个素数,则 $\mathfrak{G}$ 中具有性质

$$A^p = 1$$

的相异元素的个数等于 p^e,此处 e 是属于 p 的基数.

若 $B_1,\cdots,B_e$ 为基元素,其阶为 p 之幂,则由

$$A = B_1^{x_1}B_2^{x_2}\cdots B_e^{x_e}B_{e+1}^{x_{e+1}}\cdots B_r^{x_r} \text{ 及 } A^p = 1$$

得同余式序列

$$px_i \equiv 0(\mathrm{mod} h_i), \quad i = 1,2,\cdots,r.$$

由于$(h_i,p)=1(i=e+1,\cdots,r)$,所以

$$x_i \equiv 0(\mathrm{mod} h_i).$$

及对于 $i=1,2,\cdots,e$,由于 $h_i=p^{k_i}$,所以

$$x_i \equiv 0\left(\mathrm{mod}\ \frac{h_i}{p}\right).$$

反之后面同余式有一个推论 $A^p=1$.每一个这种同余式的解数,当 $i=e+1,\cdots,r$ 时为 $1\mathrm{mod} h_i$ 及当 $i=1,2,\cdots,e$ 时,等于 $p\mathrm{mod} h_i$.因此互不同余的解个数为 p^e.

当 p 除不尽群的阶 h 时,这一命题仍然成立,这时 $e=0$.

做一个元素的幂即得最简单的阿贝尔群:$A^0=1,A,A^2,\cdots$及 $A^{-1},A^{-2},\cdots$.如果一个阿贝尔群的所有元素都是一个元素的幂,则这个群称为循环群及 A 称为群的生成元.在此我们有

定理 28 一个阶为 h 的阿贝尔群是循环的当且仅当对于每一个整除 h 的素数 p,适合 $A^p=1$ 的元素 A 的个数等于 p.

由前一定理可知这一条件等价于:属于 p 的基数 $=1$.

这一条件是必要的,即若

$$C, C^2, \cdots, C^{h-1}, C^h = 1$$

为 $\mathfrak{G}$ 的 h 个元素，则由 $A^p = 1$ 可知对于 $A = C^x$ 有

$$px \equiv 0(\bmod h) \text{ 及 } x \equiv 0\left(\bmod \frac{h}{p}\right),$$

即 x 为 p 个值 $\frac{h}{p}, \frac{2h}{p}, \cdots, \frac{ph}{p} \bmod h$ 之一. 反之，我们这样得到的 p 个不同的 A 具有 $A^p = 1$.

这一条件亦是充分的：因为若 $h = p_1^{k_1} \cdots p_r^{k_r}$ 为 h 关于不同素因子的分解，则由假定可知仅有一个基元素属于 p_i；所以 $\mathfrak{G}$ 的所有元素均有形式

$$A = B_1^{x_1} \cdots B_r^{x_r},$$

此处

$$B_i^{h_i} = 1, \text{ 其中 } h_i = p_i^{k_i}.$$

于是得到 h 个互异元素，如果我们构成

$$C = B_1 \cdot B_2 \cdots B_r$$

的相继幂，则得 $\mathfrak{G}$ 的所有元素. 事实上，若 C 的阶为 u，则由 B 的基性质可知

$$u \equiv 0(\bmod h_i), \quad i = 1, \cdots, r.$$

由于 h_i 是两两互素的，所以 u 可以被 $h = h_1 \cdots h_r$ 整除，但 u 不能大于 h，所以 $u = h$.

§9. 陪集的复合与商群

若 $\mathfrak{U}$ 为阿贝尔群 $\mathfrak{G}$ 的子群，则其本身亦是阿贝尔群，然后由 $\mathfrak{U}$ 给出另一个群如下. 由 §6 可知陪集 $A\mathfrak{U}$ 是由 $\mathfrak{U}$ 惟一确定的. 陪集的个数为 $\frac{h}{N}$，此处 N 是 $\mathfrak{U}$ 的阶. 我们将陪集记为 $R_1, R_2, \cdots$，现在由下面的观察，我们在诸 R 中建立一个复合规则. 若 A_1 与 A_1' 为 R_1 的元素及 A_2, A_2' 为 R_2 的元素，则 A_1A_2 与 $A_1'A_2'$ 为相同陪集 R_3 的元素. 事实上，由于

$$A'_1 = A_1U_1, \quad A'_2 = A_2U_2,$$

此处 U_1, U_2 为 $\mathfrak{U}$ 的元素，所以 $A'_1A'_2 = A_1A_2U_1U_2$（这里我们使用了 $\mathfrak{G}$ 的元素复合是可以交换的）. 由于 A_1A_2 与 $A'_1A'_2$ 的差别仅为 $\mathfrak{U}$ 的一个因子，所以它们属于同一个陪集 R_3. 因此 R_3 是由 R_1 与 R_2 惟一确定的. 我们记

$$R_1 \cdot R_2 = R_3.$$

对于这一复合规则，群的公理(i)～(iv)显然是适合的. 进而言之，显然这一复合规则是可以交换的. 所以陪集 R 构成一个阶为 $\frac{h}{N}$ 的阿贝尔群.

定义 由这一途径定义的群 $\mathfrak{R}$ 称为 $\mathfrak{U}$ 的商(因子)群. 其阶等于 $\mathfrak{U}$ 的指标，我们记为

$$\mathfrak{R} = \frac{\mathfrak{G}}{\mathfrak{U}}.$$

我们还可以将它描述如下：如果 $\mathfrak{G}$ 的两个元素之间只相差 $\mathfrak{U}$ 的一个元素，则不将它们看作是不同的，则得到商群，此处我们保持了 $\mathfrak{U}$ 的复合规则.

我们将应用这些概念来研究下面情况，此处 $\mathfrak{U}$ 为群，其元素为 $\mathfrak{G}$ 中能被表示为 $\mathfrak{G}$ 中元素的 p 次幂者，其中 p 为整除 h 的一个素数. 特别我们可以将这一子群 $\mathfrak{U}$ 记为 $\mathfrak{U}_p$，我们有

定理 29 若 e 为 $\mathfrak{G}$ 属于 p 的基数，则 $\frac{\mathfrak{G}}{\mathfrak{U}_p}$ 的阶为 p^e，群 $\frac{\mathfrak{G}}{\mathfrak{U}_p}$ 同构于 $\mathfrak{G}$ 中满足 $C^p = 1$ 的元素 C 构成的群.

事实上，由定理 26 可知 $\mathfrak{G}$ 的每一个元素 X 可以表示为形式

$$X = B_1^{x_1}B_x^{x_2}\cdots B_e^{x_e}A^p,$$

此处 $B_1, \cdots, B_e$ 为属于素数 p 的基元素及 e 个数 $x_1, \cdots, x_e$ 由 X 惟一确定 $\bmod p$，而 A^p 为适当选取的 p 次幂，即一个 $\mathfrak{U}_p$ 之元素. 这样一个元素 X 为 p 次幂当且仅当所有 x_i 皆 $\equiv 0 \pmod p$. 所以由 $\mathfrak{U}_p$ 决定的陪集个数等于 $x_i \bmod p$ 互异系的个数，即 $= p^e$. 每一个陪集的 p 次幂恒同于集合 $\mathfrak{U}_p$，即在阶 p^e 的群 $\frac{\mathfrak{G}}{\mathfrak{U}_p}$ 中，每一个非单

位元素皆有阶 p. 所以$\frac{\mathfrak{G}}{\mathfrak{U}_p}$必须正好含有$e$个阶为$p$的基元素. 因此由定理 27 可知, 所有具有 $C^p=1$ 的 C 所构成的群有同样的结构. 进而言之, 易见 e 个陪集

$$B_i\mathfrak{U}_p,\quad i=1,2,\cdots,e$$

在商群中构成一个基元素系, 而 e 个元素

$$B_i^{\frac{h_i}{p}},\quad i=1,2,\cdots,e$$

为满足 $C^p=1$ 的群的基元素. 因此这两个群是同构的.

§10. 阿贝尔群的特征

由于一个阿贝尔群的复合规则很像通常的乘法, 是可以交换的, 所以那些适合符号方程 $A^h=1$ 的诸元素形式上很像一个 h 次单位根, 因此很像某些数. 于是产生这样的问题, 是否可以将阿贝尔群的研究完全转化为数的问题, 或者是下面类型问题:

对于阿贝尔群 $\mathfrak{G}$ 的每个元素 A, 可以用这样的方法指定一个数, 记为 $\chi(A)$, 即对于 $\mathfrak{G}$ 的每两个元素 A, B.

$$\chi(A)\cdot\chi(B)=\chi(AB).\tag{12}$$

从而元素的复合就对应于指定数的乘法了.

按照基本定理可得所有这些"函数"$\chi(A)$的构造如下.

让我们除去"对所有 A 皆有 $\chi(A)=0$"这个寻常解.

首先对于单位元素, 我们必须有

$$\chi(E)=1.$$

这是由于对于每一个 A,

$$\chi(A)\chi(E)=\chi(AE)=\chi(A).$$

其次, 若 $B_1,\cdots,B_r$ 为一个基, 则不断应用(12)式可知对于

$$\begin{aligned}A&=B_1^{x_1}\cdots B_r^{x_r},\\ \chi(A)&=\chi(B_1)^{x_1}\cdots\chi(B_r)^{x_r},\end{aligned}\tag{13}$$

所以当对所有基元素 B_i 知道 $\chi(B_i)$ 后立即对于每一元素 A 得知

$\chi(A)$. 但这些数 $\chi(B_i)$并不是任意的，它们必须这样被选择即导致同样 A 的指数 x_i 在(13)式中亦导致同样的 $\chi(A)$，即 $\chi(B_i)$为一个数使

$$\chi(B_i)^{x_i}$$

仅依赖于 $x_i \bmod h_i$. 由于 $1=\chi(E)=\chi(B_i^{h_i})=\chi(B_i)^{h_i}$，所以 $\chi(B_i)\neq 0$. 因此它是一个 h_i 次单位根

这个条件也是充分的. 欲证这一点，命

$$\chi(B_m)=\zeta_m,\quad m=1,\cdots,r$$

为任意 h_m 次单位根

$$\zeta_m=e^{\left(\frac{2\pi i}{h_m}\right)a_m}\quad (a_m \text{ 为任意整数}).$$

则我们定义

$$\chi(A)=\zeta_1^{x_1}\cdots\zeta_r^{x_r},\quad \text{当 } A=B_1^{x_1}\cdots B_r^{x_r}. \tag{14}$$

事实上，$\chi(A)$的表达式仅依赖于 x_m 所属的剩余类 $\bmod h_m$，而且满足(12)式. 正好共有 h_m 个次数为 h_m 的不同的单位根对应于值 $a_m=1,2,\cdots,h_m$，从而正好共有 $h=h_1h_2\cdots h_r$ 个不同形式的函数 $\chi(A)$. 因为它们至少对一个基元素不同，所以没有两个函数是恒等的. 因此我们证明了：

定理 30　正好有 h 个不同的函数 $\chi(A)$，它有这样的性质：$\chi(AB)=\chi(A)\cdot\chi(B)$及 $\chi(A)$对于 $\mathfrak{G}$ 所有的元素都$\neq 0$. 每一个 χ 是一个 h 次单位根.

每一个这种函数都称为 $\mathfrak{G}$ 的群特征或特征(或特征标)

在诸特征 $\chi(A)$中有一个特征，它对所有 A 皆有 $\chi(A)=1$；它称为主特征. 反之，正好存在一个的元素，即 E，使对于每一个特征皆有 $\chi(E)=1$.

特征自身亦构成一个阶为 h 的群. 事实上，若 $\chi_1(A)$与 $\chi_2(A)$为两个特征，则 $f(A)=\chi_1(A)\cdot\chi_2(A)$仍适合一个 χ 的定义方程，所以它也是 $\mathfrak{G}$ 的一个特征. 若 $\chi(A)$经过所有的特征，而 $\chi_1(A)$是一个固定特征，则 $\chi(A)\chi_1(A)$亦经过 $\mathfrak{G}$ 的所有特征. 如

果我们用 $\sum_A$ 表示一个过所有 $\mathfrak{G}$ 中 h 个元素的和及 $\sum_\chi$ 表示一个过 h 个特征的和，则我们有

定理 31

$$\sum_A \chi(A) = \begin{cases} h, & \text{若 } \chi \text{ 为主特征}, \\ 0, & \text{若 } \chi \text{ 为非主特征}. \end{cases}$$

$$\sum_\chi \chi(A) = \begin{cases} h, & \text{若 } A = E, \\ 0, & \text{若 } A \neq E. \end{cases}$$

每一个命题的第一部分都是显然的，这是由于每一个被加项都 = 1. 若 B 是任意元素，则随 A 一样，AB 亦经过的 h 个元素，所以

$$\sum_A \chi(A) = \sum_A \chi(AB) = \chi(B) \sum_A \chi(A),$$

因此
$$(1 - \chi(B)) \sum_A \chi(A) = 0.$$

当 χ 不是主特征时，则至少有一个 B 使 $\chi(B) \neq 1$，所以 $\sum_A$ 等于 0.

同样，命 χ_1 为一个任意特征，则

$$\sum_\chi \chi(A) = \sum_\chi \chi_1(A)\chi(A) = \chi_1(A) \sum_\chi \chi(A),$$

$$(1 - \chi_1(A)) \sum_\chi \chi(A) = 0.$$

若 $A \neq E$，则至少有一个特征适合 $\chi_1(A) \neq 1$，所以 $\sum_\chi = 0$.

元素 A 是由 h 个数 $\chi_n(A)$ 惟一确定的，此处当 $n = 1, 2, \cdots, h$ 时，χ_n 为 h 个特征. 这是因为如果有第二个元素 B，具有同样的 $\chi_n(B)$，则对于所有 n 皆有 $\chi_n(AB^{-1}) = 1$. 从而 AB^{-1} 为单位元素. 因此 $A = B$.

这 h 个数 $\chi_n(A)$ 不是任意的. 反之，下面的事实成立：

定理 32 若 A 为一个阶 f 的元素，则 $\chi_n(A)$ 为一个 f 次单位根. 在 h 个数 $\chi_n(A)(n = 1, \cdots, h)$ 中，所有 f 次单位根出现的次数都相等，即 $\frac{h}{f}$ 次.

首先，由于 $A^f = 1$，所以 $\chi_n(A)^f = \chi_n(A^f) = \chi_n(1) = 1$. 因此

定理的第一部分成立. 现在若 ζ 是任意一个 f 次单位,则我们考虑和

$$\sum_{n=1}^{h}(\zeta^{-1}\chi_n(A)+\zeta^{-2}\chi_n(A^2)+\cdots+\zeta^{-f}\chi_n(A^f))=S.$$

由假定当 $1\leqslant m<f$ 时,A^m 不是单位元素——若我们去掉寻常情况 $f=1$,即 $A=E$——所以由定理 31 可知,若我们将这一和分拆成 f 个和,则 $S=h$.

另一方面,每一个括弧等于 $\varepsilon+\varepsilon^2+\cdots+\varepsilon^f$,此处

$$\varepsilon=\zeta^{-1}\chi_n(A),\quad \varepsilon^f=1.$$

因此它等于 0 或 f 依赖于 $\varepsilon\neq$ 或 $=1$,即依赖于 $\chi_n(A)\neq\zeta$ 或 $=\zeta$. 若 k 表示满足 $\chi_n(A)=\zeta$ 的特征个数,则 $S=kf$. 所以将这个结果与第一个结果结合起来,即得

$$kf=h,\quad k=\frac{h}{f}$$

与 ζ 无关,定理证完.

进而言之,特征群与群 $\mathfrak{G}$ 本身是同构的. 为此我们对于每一个基元素 B_q 使之对应于一个 h_q 次单位根

$$\zeta_q=e^{\frac{2\pi i}{h_q}},$$

则每一个特征 $\chi(A)$ 就惟一地通过 r 个基特征

$$\chi_q(A)=\zeta_q^{x_q}\quad(q=1,2,\cdots,r)$$

被表示为

$$\chi(A)=\chi_1^{y_1}(A)\chi_2^{y_2}(A)\cdots\chi_r^{y_r}(A),$$

此处

$$A=B_1^{x_1}\cdots B_r^{x_r},$$

其中 y_q 为惟一的整数 $\bmod h_q$. 若我们将元素

$$B_1^{y_1}B_2^{y_2}\cdots B_r^{y_r}$$

与特征

$$\chi=\chi_1^{y_1}\chi_2^{y_2}\cdots\chi_r^{y_r}$$

相对应,则显然特征群与群 $\mathfrak{G}$ 间的同构关系就确定了.

每一个子群可以借助于阿贝尔群的特征来确定.若取 $\mathfrak{G}$ 的一些不同特征 $\chi_1,\cdots,\chi_k$,则适合 $\chi_1(U)=\chi_2(U)=\cdots=\chi_k(U)=1$ 的元素 U 的全体显然构成 $\mathfrak{G}$ 的一个子群 $\mathfrak{U}$,这是由于两个这种元素 U_1 与 U_2 的乘积 $U_1\cdot U_2$ 仍有这种性质.

进而言之,在下面我们可以看到 $\mathfrak{G}$ 的每一个子群 $\mathfrak{U}$ 都可以这样来得到:命 $\mathfrak{U}$ 为 $\mathfrak{G}$ 的任意子群;由不同陪集 $A\mathfrak{U}$ 构成商群 $\frac{\mathfrak{G}}{\mathfrak{U}}$ 亦是一个阿贝尔群,所以它正好有 j 个特征,记为 $\lambda_1(A\mathfrak{U})$, $\lambda_2(A\mathfrak{U}),\cdots,\lambda_j(A\mathfrak{U})$.借助与此,我们由固定

$$\chi_k(A)=\lambda_k(A\mathfrak{U}),\quad k=1,2,\cdots,j$$

来定义一个特征.事实上,由于每一个元素仅属于一个陪集,所以对每一个 k,这一决定是惟一的.进而言之,对于 $\mathfrak{G}$ 的两个元素 A 与 B,我们总有

$$\chi_k(A)\cdot\chi_k(B)=\lambda_k(A\mathfrak{U})\lambda_k(B\mathfrak{U})=\lambda_k(AB\mathfrak{U})=\chi_k(AB),$$

因此,$\chi_k(A)$的确是群 $\mathfrak{G}$ 的一个特征.不同的特征 $\lambda_k(A\mathfrak{U}),k=1,\cdots,j$,仅对群 $\frac{\mathfrak{G}}{\mathfrak{U}}$ 的单位元素,才都取值 1,即仅对恒等于 $\mathfrak{U}$ 的陪集才取值 1.从而正是对那些 $\mathfrak{U}$ 的元素 A,j 个特征 $\chi_k(A)$才都取 1.换言之,子群 $\mathfrak{U}$ 是可以这样定义的,即适合 j 个条件

$$\chi_k(A)=1,\quad k=1,2,\cdots,j \tag{15}$$

的所有元素.

$\mathfrak{U}$ 的每一个元素 A 必须适合的这 j 个条件不一定是彼此独立的.对于 χ_1 与 χ_2,$\chi_1\cdot\chi_2=\chi_3$ 总在 χ_k 中;所以条件 $\chi_3(A)=1$ 已经由两个条件 $\chi_1(A)=\chi_2(A)=1$ 中推出来了.为了寻找条件(15)中相互独立的条件,我们考虑惟一定义 χ_k 的 λ_k,它们构成同构于 $\frac{\mathfrak{G}}{\mathfrak{U}}$ 的一个群.这是由于它们正好是 $\frac{\mathfrak{G}}{\mathfrak{U}}$ 的诸特征.因此它们可以由一个基 $\lambda_1,\cdots,\lambda_{r_0}$ 来表示.此处 r_0 为 $\frac{\mathfrak{G}}{\mathfrak{U}}$ 的基元素个数,即每一个特征 λ_k 都是这 r_0 个特征的幂乘积,因此由 r_0 个条件

$$\chi_1(A)=\chi_2(A)=\cdots=\chi_{r_0}(A)=1$$

即可知 A 适合所有的 j 个条件(15). 从而 A 属于 $\mathfrak{U}$. 若 h_i 为基元素 λ_i 的阶及 $\zeta_i(i=1,2,\cdots,r)$ 为任意给予的 h_i 次单位根, 则总有一个陪集 $A\mathfrak{U}$ 使 $\lambda_i(A\mathfrak{U})=\zeta_i(i=1,2,\cdots,r_0)$, 所以我们证明了:

定理 33 若 $\mathfrak{U}$ 为 $\mathfrak{G}$ 的一个子群及若商群 $\frac{\mathfrak{G}}{\mathfrak{U}}$ 有 r_0 个基元素, 则在 $\mathfrak{G}$ 的 h 个特征中, 存在 r_0 个阶为素数幂 h_i 的特征 $\chi_i(i=1,2,\cdots,r_0)$ 使 r_0 个条件

$$\chi_i(A)=1 \quad (i=1,2,\cdots,r_0)$$

对 $\mathfrak{U}$ 的所有元素 A 且仅对 $\mathfrak{U}$ 的元素 A 满足; 另一方面, $\mathfrak{G}$ 中恒存在元素 B 使 r_0 个特征 $\chi_i(B)$ 为任意规定的 h_i 次单位根.

§11. 无限阿贝尔群

无限阿贝尔群理论在任何方向上都没有像上述有限阿贝尔群理论发展得那样完整. 已有的无限阿贝尔群的少数定理对群论来说仍很特殊. 在这一节, 我们将解释那些以后对算术有应用的概念与事实. 进而言之, 无限阿贝尔群理论仅在第四章开始在域论中用到.

在一个无限群 $\mathfrak{G}$ 中, 按照元素的某个幂等于 E 或否来区分它为有限阶或无限阶——自然要将零次幂排除掉. 以后将举例阐明, 一个无限群可以只有无限阶(E 除外)元素或只有有限阶元素.

若由关系式

$$A_1^{x_1}A_2^{x_2}\cdots A_r^{x_r}T_1^{y_1}\cdots T_q^{y_q}=1$$

对于整数 x, y 的成立即能导出所有 $x_i=0$ 及每一个 $y_i\equiv 0(\bmod h_i)$, 此处每一个 A 有无限阶及每一个 T_i 有有限阶 h_i, 则称 $\mathfrak{G}$ 的元素系 $A_1,\cdots,A_r,T_1,\cdots,T_q$ 是独立的. 在这种情况下, 当每一 x 经过所有整数(正的与负的)及每一 y 经过一个完全剩余系 $\bmod h_i$ 时, 左边的表达式明显地表示各个相异元素.

$\mathfrak{G}$ 的一个有限或无穷多个元素系: $A_i(i=1,2,\cdots)$, $T_k(k=1,2,\cdots)$(A_i 有无限阶, T_k 有有限阶)称为 $\mathfrak{G}$ 的一个基底的定义为:

$\mathfrak{G}$ 的每一个元素均可以表示成形式

$$A^{x_1}A^{x_2}\cdots T^{y_1}T^{y_2}\cdots = C,$$

此处

(1) 指数 x_i, y_k 为整数及只有有限多个$\neq 0$;

(2) 指数 x_i 由 C 惟一确定及指数 y_k 由 C 惟一确定 $\bmod h_k$.

显然一个基的元素的任意有限集必须是独立的.

为简单记,关于 h_k 为一个素数幂这一要求就不在此加上了.

定理 34 若一个无限阿贝尔群 $\mathfrak{G}$ 有一个有限基,则 $\mathfrak{G}$ 的每一个子群只有一个有限基.

命 $B_1, B_2, \cdots, B_m$ 为 $\mathfrak{G}$ 的一个基,此处 $B_1, \cdots, B_r$ 为无限阶元素及 $B_{r+1}, \cdots, B_m$ 阶分别为 $h_1, \cdots, h_{m-r}$. 我们考虑所有幂乘积

$$U = B_1^{u_1}\cdots B_m^{u_m}, U \in \mathfrak{U}$$

相异的数. 由于 $\mathfrak{U}$ 的群性质,我们明显可知若指数系$(u_1, \cdots, u_m)$与$(u'_1, \cdots, u'_m)$对应于 $\mathfrak{U}$ 的元素,则$(u_1+u'_1, \cdots, u_m+u'_m)$与$(u_1-u'_1, \cdots, u_m-u'_m)$亦然. 特别,我们要记住,若对于一个确定的 k,元素

$$U = B_k^{z_k}B_{k+1}^{z_{k+1}}\cdots B_m^{z_m}(1 \leqslant k \leqslant m) \qquad (16)$$

属于 $\mathfrak{U}$,则对于它,$u_1 = \cdots = u_{k-1} = 0$. 因为所有 $u_i = 0$,则得 $\mathfrak{U}$ 的单位元素,所以这种元素恒存在. 只要不是所有 $z_k = 0$,(16)式中所有可能的第一个指数 z_k 的全体就构成§1 意义下的一个整数模,这一模中的所有数恒同于某一个整数的倍数集;从而若非总有 $z_k = 0$,则存在 $\mathfrak{U}$ 中一个元素 U_k 具有这样一个 $r_k \neq 0$,

$$U_k = B_k^{r_k}B_{k+1}^{r'_{k+1}}\cdots,$$

使(16)式中的 z_k 都是 r_k 的倍数. 从具有这样 r_k 的 U_k 中——可能有无穷多个——对于 $k = 1, \cdots, m$ 我们提取一个确定者,此处若在(16)中对这个 k 总有 $z_k = 0$,则置 $U_k = E$ 及 $r_k = 0$.

现在来证明 $\mathfrak{U}$ 中的每一个元素都可以表为这些元素 $U_1, \cdots, U_m$ 的乘积. 命

$$U = B_1^{u_1}\cdots B_m^{u_m}$$

为 $\mathfrak{U}$ 的一个元素. 由前面的讨论可知 u_1 是 r_1 的倍数, 即 $u_1 = v_1 r_1$, 所以

$$UU_1^{-v_1} = B_2^{u'_2} B_3^{u'_3} \cdots B_m^{u'_m} \tag{17}$$

为一个仅有 $B_2, \cdots, B_m$ 的幂乘积, 由群的性质可知它仍属于 $\mathfrak{U}$. 若我们有 $r_1 = 0$ 及 $U_1 = E$, 则我们需取 $v_1 = 0$. 同样, 在(17)式中每当 u'_2 非零时, 它必须是 r_2 的倍数, 即 $u'_2 = v_2 r_2$. 进而言之, 若 $r_2 = 0$, 则 u'_2 必须 $= 0$ 及我们取 $v_2 = 0$. 总之 $UU_1^{-v_1} U_2^{-v_2}$ 为 $\mathfrak{U}$ 的一个元素及它可以表示为 $B_3, \cdots, B_m$ 的幂乘积, 如此等等直至达到一个单位元素及得到表示式

$$U = U_1^{v_1} U_2^{v_2} \cdots U_m^{v_m}.$$

$U_1, \cdots, U_r$ 若 $\neq E$ 均有无限阶, 而其余诸 U 有有限阶.

$U_{r+1}, \cdots, U_m$ 的幂乘积构成一个有限阿贝尔群. 由定理26可知, 它的元素可以由一个基 $C_1, \cdots, C_q$ 来表示. 如果我们去掉元素 $U_i = E$, 我们将断言 $U_1, \cdots, U_r, C_1, \cdots, C_q$ 构成 $\mathfrak{U}$ 的一个基. 首先每一个元素 U 均可以由 $U_1, \cdots, U_m$ 来表示, 所以也可以由 $U_1, \cdots, U_r, C_1, \cdots, C_q$ 来表示. 若

$$U_1^{v_1} U_2^{v_2} \cdots U_r^{v_r} C_1^{c_1} \cdots C_q^{c_q} = 1 \tag{18}$$

为单位元素的表示式, 此处当 $U_i = E$(即 $r_i = 0$)时, $v_i = 0$, 则将 B_i 代替 U_i 与 C_k 得

$$v_1 r_1 = 0;$$

所以或者 $v_1 = 0$ 或者 $r_1 = 0$. 在后一情况中按我们规定亦得到 $v_1 = 0$. 同样有 $v_2 = 0, \cdots, v_r = 0$. 进而言之, 由于 C_k 为一个有限群的基, 所以在(18)中, 每一个 c_k 都是 C_k 阶的倍数. 由于每一个元素被 U_i 与 C_i 表为同一数之次数相同, 所以单位元素被表示的次数亦相同. 这些数确实构成 $\mathfrak{U}$ 的基已被证明.

在无限阿贝尔群中, 若除 E 之外再无有限阶元素, 则具有首要的兴趣. 我们称这种群为无挠群, 否则就称为混合群.

对于一个无挠群 $\mathfrak{G}$, 它的每一个子群也是无挠的. 特别, 命 $\mathfrak{U}$ 为 $\mathfrak{G}$ 具有限指数的一个子群(见§6), 则 $\mathfrak{G}$ 的每一个元素的适当

非零指数幂亦必属于 $\mathfrak{U}$. 事实上,若 A 为 $\mathfrak{G}$ 的一个元素,则由假定指标是有限的,从而陪集

$$A\mathfrak{U}, A^2\mathfrak{U}, \cdots, A^m\mathfrak{U}$$

不能总是互异的. 因此有某个 n 使 $A^m\mathfrak{U} = A^n\mathfrak{U}$, 即 A^{m-n} 必须属于 $\mathfrak{U}$, 其中 $m-n \neq 0$. 所以将上面证明用于 $\mathfrak{G}$ 与 $\mathfrak{U}$, 则 $r_k = 0$, $U_k = E$ 不能出现. 事实上, 数系 $z_k \neq 0, z_{k+1} = \cdots = z_m = 0$ 总是存在使

$$U_k = B_k^{z_k} \text{ 属于 } \mathfrak{U}.$$

由此可得

定理 35　若 $\mathfrak{G}$ 是无挠阿贝尔群且有基 $B_1, \cdots, B_n$, 则 $\mathfrak{G}$ 的每一个有有限指标的子群 $\mathfrak{U}$ 有一个如下性质的基 $U_1, \cdots, U_n$:

$$\begin{aligned} U_1 &= B_1^{r_{11}} B_2^{r_{12}} \cdots B_n^{r_{1n}}, \\ U_2 &= \qquad B_2^{r_{22}} \cdots B_n^{r_{2n}}, \\ &\vdots \\ U_n &= \qquad\qquad B_n^{r_{nn}}, \end{aligned}$$

其中 $r_{ii} \neq 0, i = 1, \cdots, n$.

定理 36　$\mathfrak{U}$ 关于 $\mathfrak{G}$ 的指标为 $j = |r_{11} \cdots r_{nn}|$.

为了证明定理, 我们必须决定 $\mathfrak{G}$ 中无两个元素只相差 $\mathfrak{U}$ 的一个因子的元素最大数目. 我们首先证明, 若一个元素

$$B_1^{x_1} B_2^{x_2} \cdots B_n^{x_n}$$

属于 $\mathfrak{U}$, 此处所有 $|x_i| < r_{ii}$, 则必所有 $x_i = 0$. 由以前的证明中 U_i 的定义可知, x_1 必须被 r_{11} 整除及由于 $|x_1| < r_{11}$, 所以 $x_1 = 0$. 然后 x_2 必须被 r_{22} 整除, 从而亦必须 $= 0$. 如此等等.

由此可见, $j = |r_{11} \cdot r_{22} \cdots r_{nn}|$ 个元素

$$B_1^{z_1} B_2^{z_2} \cdots B_n^{z_n}, \quad 0 \leqslant z_i < r_{ii} \tag{19}$$

中已没有两个仅相差一个 $\mathfrak{U}$ 的因子. 因此至少有 j 个互异的陪集——每一个皆可以用这种元素之一来表示. 另一方面, 将它乘以 $\mathfrak{U}$ 的元素, 我们即由此得到 $\mathfrak{G}$ 的所有元素, 所以 j 恰为指标值. 为

此我们注意到对于 $B_k,\cdots,B_n$ 的任意乘积

$$P = B_k^{x_k} B_{k+1}^{x_{k+1}} \cdots B_n^{x_n},$$

我们总可以决定 b_k 使

$$PU_k^{-b_k} = B_k^{z_k}\cdots,$$

此处第一个指数 z_k 适合条件 $0 \leqslant z_k < r_{kk}$. 显然 z_k 为 $x_k \bmod r_{kk}$ 的最小非负剩余. 不断运用这一结论可知,对于 $\mathfrak{G}$ 的每一个 A,皆可以找到一个指数序列 $b_1,\cdots,b_n$ 使

$$AU_1^{-b_1} U_2^{-b_2} \cdots U_n^{-b_n}$$

为系(19)的一个元素. 从而 A 与这一元素仅差别一个 $\mathfrak{U}$ 的元素因子.

我们现在来研究一个群 $\mathfrak{G}$ 不同基之间的联系,从而找到仅由 $\mathfrak{G}$ 决定的基的性质.

定理 37 若一个无挠阿贝尔群 $\mathfrak{G}$ 有一个 n 个元素的有限基 $B_1,\cdots,B_n$,则 n 是 $\mathfrak{G}$ 中独立元素的最大个数,它是独立于基的选取的.

由于 $B_1,\cdots,B_n$ 是独立的,所以在 $\mathfrak{G}$ 中有 n 个独立元素. 因此我们只要证明 $\mathfrak{G}$ 中 $n+1$ 个元素不能独立即可. 事实上,在任意 $n+1$ 个元素

$$A_i = B_1^{c_{i1}} B_2^{c_{i2}} \cdots B_n^{c_{in}} \quad (i = 1,2,\cdots,n+1)$$

之间总有一个关系

$$A_1^{x_1} A_2^{x_2} \cdots A_{n+1}^{x_{n+1}} = 1.$$

事实上,我们只要取 $n+1$ 个整数 x_i 使它们满足 n 个齐次线性方程

$$\sum_{i=1}^{n+1} x_i c_{ik} = 0 \quad (k = 1,2,\cdots,n).$$

由于系数 c_{ik} 为整数,熟知这总是可能的.

定理 38 由一个无挠阿贝尔群 $\mathfrak{G}$ 的一个基 $B_1,\cdots,B_n$ 出发,我们可以得到 $\mathfrak{G}$ 的所有基系

$$B_i' = B_1^{a_{i1}} B_2^{a_{i2}} \cdots B_n^{a_{in}} \quad (i = 1,2,\cdots,n),$$

此处指数系为任意有行列式 ±1 的整数.

首先证明 B_i' 总是一个基. 为此我们只需证明 B_i 可以由 B_i' 来表示. 若选取 x 使 n 个方程组

$$x_1a_{1i}+x_2a_{2i}+\cdots+x_na_{ni}=\begin{cases}0, & \text{当 } i\neq m,\\ 1, & \text{当 } i=m\end{cases}$$

成立. 则方程

$$B_m=B_1'^{x_1}B_2'^{x_2}\cdots B_n'^{x_n}$$

成立. 这是由于整系数线性方程组的行列式 $=\pm1$ 及右端亦为整数, 所以 x_i 被惟一确定.

其次, 若 n 个元素

$$B_i'=B_1^{c_{i1}}\cdots B_n^{c_{in}}\quad(i=1,2,\cdots,n)$$

构成一个基, 则通过 B_i', B_q 必须是可表的

$$B_q=B_1'^{b_{q1}}B_2'^{b_{q2}}\cdots B_n'^{b_{qn}}\quad(q=1,2,\cdots,n)$$

及若用诸 B 代替 B', 则由诸 B 的基的性质得到 n^2 个方程

$$\sum_{i=1}^{n}b_{qi}c_{ik}=\begin{cases}0, & \text{若 } q\neq k,\\ 1, & \text{若 } q=k.\end{cases}$$

其行列式因此 $=1$; 另一方面, 由行列式论的乘法定理可知这一行列式等于两个行列式 $|b_{ik}|$ 与 $|c_{ik}|$ 之积. 因此每一个都必须整除 1, 从而它们本身为 $=\pm1$ 之整数; 因此 $|c_{ik}|=\pm1$.

最后, 将后面三个定理结合起来即得

定理 39　若 $\mathfrak{G}$ 是一个无挠阿贝尔群且有一个有限基 $B_1,\cdots,B_n$, $\mathfrak{U}$ 是一个有限指标 j 的子群, 则 $\mathfrak{U}$ 亦有一个有限基 $U_1,\cdots,U_n$ 及 n 个方程

$$U_i=B_1^{a_{i1}}B_2^{a_{i2}}\cdots B_n^{a_{in}}\quad(i=1,2,\cdots,n)$$

中的行列式 $|a_{ik}|$ 的绝对值恒等于 j.

对于一组特殊基最后一个断言由定理 36 给出. 由特殊基 U' 到任意基 U, 可以用一个行列式为 $=\pm1$ 的指数组由定理 38 给出. 由 B 到 U, 我们显然得一个指数组, 其行列式等于由 B 到 U' 及由 U' 到 U 的两个行列式之乘积, 所以它等于 $\pm j$.

最后，我们形成一个关于有限指标子群 $\mathfrak{U}$ 的一个简单判别准则：

定理 40 若 $\mathfrak{G}$ 为一个有有限基 $B_1,\cdots,B_m$ 的群，则一个子群 $\mathfrak{U}$ 有有限指标当且仅当 $\mathfrak{G}$ 中每一个元素的一个幂属于 $\mathfrak{U}$.

若 B_h 的 N_h 次($N_h>0$)幂属于 $\mathfrak{U}$ 及若我们置

$$N = N_1N_2\cdots N_m,$$

则 B_h^N 属于 $\mathfrak{U}$，从而每一个元素的 N 次幂属于 $\mathfrak{U}$. 因此 $\mathfrak{G}$ 的每一个元素与某

$$B_1{}^{x_1}\cdots B_m{}^{x_m} \quad (0 \leqslant x_i < N)$$

之别仅为 $\mathfrak{U}$ 的一个因子；所以最多只有 N^m 个由上面这些元素表示的陪集，所以 $\mathfrak{U}$ 的指标是有限的.

反之，在有限指标的情况下，无穷多个陪集

$$A\mathfrak{U}, A^2\mathfrak{U}, \cdots$$

不能都相异. 因此 A 的一个幂必定属于 $\mathfrak{U}$.

我们也注意到，由有限群到无限阿贝尔群，商群 $\dfrac{\mathfrak{G}}{\mathfrak{U}}$ 的定义未变，此处并不管 $\mathfrak{G}$ 是否有一个基.

第三章　有理数论中的阿贝尔群

§12. 在加法与乘法下的整数群

在初等有理数论中,我们经常要处理阿贝尔群.整数集合有下列性质:

(i) 若 a 与 b 为整数,则 $a+b$ 为一个整数:$a+b=b+a$.

(ii) $a+(b+c)=(a+b)+c$.

(iii) 若 $a+b=a'+b$,则 $a=a'$.

(iv) 对于每一对 a 与 b,皆存在整数 x 使 $a+x=b$.

所以由加法复合.整数集合(正的与负的)构成一个无限阿贝尔群 $\mathfrak{G}$.单位元素是数零:$a+0=a$.这个群是由元素 1 关于自身的合成生成的.因此,我们处理的是一个仅含一个基元素的无挠群,从而它是一个循环群.一个模的整数显然亦构成一个阿贝尔群,而实际上它是 $\mathfrak{G}$ 的一个子群.在早先定理 2 中,我们已经证明过的,关于模的性质可以用群论的术语表述于下:每一个无限循环群的子群仍为一个循环群.

被一个固定数 k 整除的数模构成 $\mathfrak{G}$ 的一个子群 $\mathfrak{U}_k$.$\mathfrak{U}_k$ 的指标为相差一个 $\mathfrak{U}_k$ 中数的不同整数的个数,即它们之差非 k 之倍数.所以 $\mathfrak{U}_k$ 的指标等于不同余 $\bmod k$ 的整数个数,即 $=k$(假定 $k>0$).此处我们称所谓群论中的陪集为一个数系它由一个固定数 a 与 $\mathfrak{U}_k$ 所有元素的合成,即 a 加上 k 的所有倍数.因此简单地,陪集就是不同的剩余类 $\bmod k$.陪集的复合导致了商群 $\frac{\mathfrak{G}}{\mathfrak{U}_k}$,在此就是剩余类 $\bmod k$ 的复合,也就是剩余类的加法.

因此以加法为复合,k 个剩余类 $\bmod k$ 构成一个与 $\frac{\mathfrak{G}}{\mathfrak{U}_k}$ 同构的阿贝尔群.

在所有这种情况,我们都在处理非常简单的循环群,另一种复合即乘法的研究则将更为重要并且更为困难了.

我们首先证明在乘法复合之下,正整数不构成一个群.这是由于群的公理(i)～(iii)成立但(iv)不成立:对于整数对 a,b,并不总是存在整数 x 满足 $ax=b$.但若我们将分数亦加上,则可知:在乘法复合下,正有理数构成一个无限阿贝尔群,而且实际上为一个无挠群 $\mathfrak{M}$.单位元素为 1.显然由整数的素数惟一因子分解定理导出:

正素数构成群 $\mathfrak{M}$ 的一个无限基.

最简单的子群可以这样来获得,即仅由某些素数(有限或无穷多)所表示的有理数.再加上负有理数(0 除外),我们得到一个扩充群,其中包含一个有限阶元素,即 -1.

我们现在希望用一种乘法来复合剩余类 mod$k$.若 A 与 B 为两个剩余类 mod$n$ 及 $a_1\equiv a_2(\bmod n)$ 与 $b_1\equiv b_2(\bmod n)$ 为 A 与 B 的两个代表,则 $a_1b_1\equiv a_2b_2(\bmod n)$;这是 $a_1\cdot b_1$ 所属的剩余类,它由类 A,B 决定且独立于代表元素的选取.我们记用这一方法由 A 与 B 定义的类为 $A\cdot B$ 或简单地记为 AB.显然有 $AB=BA$ 及 $A(BC)=(AB)C$.但剩余类 mod$n$ 并不构成一个群.这是由于 $R_0A=R_0B$ 对于每一对 A,B 均成立,其中 R_0 表示零所属的类;因此公理(iii)不满足.

但若 A 与 B 为与 n 互素的剩余类 mod$n$,则 AB 亦与 n 互素,且由 $ab\equiv a'b(\bmod n)$ 及 b 与 n 互素可得 $a\equiv a'(\bmod n)$.所以我们证明了:

定理 41　完全剩余类 mod$n$ 系关于乘法复合不构成一个群.但在乘法复合下与 n 互素的 $\varphi(n)$ 个剩余类构成一个阿贝尔群.命这一群简单地称为"剩余类 mod$n$ 群"并将它记为 $\mathfrak{R}(n)$.单位元素为包含 1 的剩余类.

由这一事实,我们立即推出作为群论定理 21 的推论的费马定理:若 $(a,n)=1$,则

$$A^{\varphi(n)}=E \text{ 或 } a^{\varphi(n)}\equiv 1(\bmod n).$$

我们提出这样的问题,即给出这个有限阿贝尔群的结构.

§13. 与 n 互素的剩余类 mod$n$ 的群 $\mathfrak{R}(n)$之结构

首先我们由下面方法将 $\mathfrak{R}(n)$的研究归结为 n 为素数幂的情况:

定理 42 假定$(n_1,n_2)=1,n=n_1\cdot n_2$,则

$$\mathfrak{R}(n)=\mathfrak{R}(n_1)\mathfrak{R}(n_2).$$

欲证定理,对于 $\mathfrak{R}(n)$的每一个元素 A,我们指出一个数对 $\mathfrak{R}(n_1)$的元素 C_1 及 $\mathfrak{R}(n_2)$的元素 C_2 如下:若 a 为A 中一个数.则按条件

$$c_1\equiv a(\bmod n_1),\quad c_2\equiv a(\bmod n_2)\tag{20}$$

任意选取两个数 c_1,c_2. $c_1\bmod n_1$ 的剩余类 C_1 与 $c_2\bmod n_2$ 的剩余类 C_2 均由 A 惟一确定.我们置

$$A=(C_1,C_2),$$

此处 C_1 属于 $\mathfrak{R}(n_1)$及 C_2 属于 $\mathfrak{R}(n_2)$.反之,若 c_1 及 c_2 为分别与 n_1 与 n_2 互素的整数,则由于$(n_1,n_2)=1$,所以由定理 15 可知存在惟一的一个 $a\bmod n=n_1\cdot n_2$ 满足(20).进而言之,由

$$A=(C_1,C_2),\quad A'=(C_1',C_2')$$

显然可以推出

$$AA'=(C_1C_1',C_2C_2').$$

因此群 $\mathfrak{R}(n)$被表示为群 $\mathfrak{R}(n_1)$与 $\mathfrak{R}(n_2)$的乘积.

不断将定理应用于相异素数 $p_1,p_2,\cdots,p_k$ 的幂乘积,则得

$$\mathfrak{R}(p_1{}^{\alpha_1}p_2{}^{\alpha_2}\cdots p_k{}^{\alpha_k})=\mathfrak{R}(p_1{}^{\alpha_1})\mathfrak{R}(p_2{}^{\alpha_2})\cdots\mathfrak{R}(p_k{}^{\alpha_k}).$$

因此 $\mathfrak{R}(n)$的研究归结为 n 为一个素数幂的情况.

定理 43 若 p 为一个素数,则剩余类 mod$p$ 群 $\mathfrak{R}(p)$是一个阶为 $p-1$ 的循环群.

由定理 28 可知我们只要证明下面命题即可:当 q 为整除 $p-1$

的一个素数,则满足 $A^q=1$ 的类 A 的个数等于 q.(由定理 22 与 27,它至少为 q).这些类 A 的个数恒同于互不同余系 mod$p$ 且适合 $a^q\equiv 1 \pmod p$ 的整数 a 的数目即 $x^q-1\equiv 0 \pmod p$ 的不同根的个数.由于模为素数,所以由定理 12 可知这个数最多等于次数 q.

因此存在一个生成类 mod$p$.这一类中的每个数 g 就称为一个原根 mod$p$.所以若所有 $g,g^2,g^3,\cdots,g^{p-1}$互不同余 mod$p$,则 g 就是一个原根 mod$p$.当$(u,p-1)=1$ 时 g^u 仍为原根,而且只有这些原根,即共有 $\varphi(p-1)$个原根 mod$p$.

定理 44 若 p 是一个奇素数,则模每一个 p^α 的剩余类群都是循环群.

这一群的阶为 $h=\varphi(p^\alpha)=p^{\alpha-1}(p-1)$.在此我们可以取 $\alpha\geqslant 2$.整除 h 的素数为p 与$p-1$ 的素因子 q.若 e 为$\mathfrak{R}(p^\alpha)$中属于 p 的基数,则 p^e 为

$$a^p\equiv 1 \pmod{p^\alpha} \tag{21}$$

互不同余 modp^α 的解的个数.由费马定理可知这种 a 必定$\equiv 1 \pmod p$.我们假定 $a\neq 1$ 及 $a=1+up^m$,此处 p^m 为整除$a-1$ 的最高 p 次幂;则

$$m\geqslant 1,\quad (u,p)=1. \tag{22}$$

由(21)式可知

$$(1+up^m)^p\equiv 1 \pmod{p^\alpha}. \tag{23}$$

我们用二项式定理来展开上面的 p 次幂,并注意到对于一个素数 p,所有二项式系数

$$\binom{p}{k}=\frac{p(p-1)(p-2)\cdots(p-k+1)}{1\cdot 2\cdot 3\cdots k}\quad(k=1,2,\cdots,p-1)$$

都可以被 p 整除.这是由于分子可以被 p 整除,而分母不能被 p 整除.我们现在期望证明(23)式中的 m 适合 $m\geqslant\alpha-1$.若 $m\leqslant\alpha-2$,则由(23)式可知

$$(1+up^m)^p\equiv 1 \pmod{p^{m+2}},$$

$$(1+up^m)^p=1+\binom{p}{1}up^m+\cdots+\binom{p}{p-1}u^{p-1}p^{m(p-1)}+u^pp^{mp}. \tag{24}$$

由于 $p>2$ 及 $m\geqslant 1$,则从第三项开始每项都可以被 p^{m+2}整除,即

$$(1+up^m)^p\equiv 1+up^{m+1}(\mathrm{mod}\,p^{m+2}).$$

故由(24)可知

$$up^{m+1}\equiv 0(\mathrm{mod}\,p^{m+2}),$$

即

$$u\equiv 0(\mathrm{mod}\,p).$$

这与(22)式相矛盾.所以在(23)式中,$a=1+up^m$,其中 $m\geqslant\alpha-1$.但在这些数中最多只有 p 个互异的 $\mathrm{mod}\,p^\alpha$.

因此,对于属于 p 的基数$\leqslant 1$,从而$=1$.最简单的方法证明属于素数 q 的基数亦$=1$如下.由定理 23 与 24 可知剩余类群 $\mathrm{mod}\,p^\alpha$ 的元素可以表为

$$A\cdot B,$$

此处 B 经过适合 $B^{p-1}=1$ 的 $p-1$ 个类而 A 经过适合 $A^{p^{\alpha-1}}=1$ 的 $p^{\alpha-1}$个类.所以我们仅需验证诸 B 所构成的子群为循环群即可.若 a 为一个原根 $\mathrm{mod}\,p$,则由 $a\equiv a^p\equiv a^{p^2}\equiv\cdots\equiv a^{p^{\alpha-1}}=b$.所以 b 也是一个原根 $\mathrm{mod}\,p$,即 $b,b^2,\cdots,b^{p-1}$互异 $\mathrm{mod}\,p$.因此类 B 的群可以表为类b 的幂.因此群为循环的,定理 44 得证.

素数 2 的例外情形由下定理来处理.

定理 45 群 $\mathfrak{R}(2)$与 $\mathfrak{R}(4)$是循环群.若 $\alpha\geqslant 3$,则阶为 $h=\varphi(2^\alpha)=2^{\alpha-1}$的群 $\mathfrak{R}(2^\alpha)$正好有两个基类.一个有阶 2,另一个有阶$\dfrac{h}{2}=2^{\alpha-2}$.

对于模 2 与 4,定理显然成立.所以假定 $\alpha\geqslant 3$,剩余类 $\mathrm{mod}\,2^\alpha$ 的群有阶$h=\varphi(2^\alpha)=2^{\alpha-1}$. $x^2\equiv 1(\mathrm{mod}2^\alpha)$的互不同余的解数为 2^2,即 $e=2$.这是由于 x 必须是奇数$x=1+2v$,所以

$$0\equiv x^2-1\equiv(1+2v)^2-1\equiv 4v(v+1)(\mathrm{mod}2^\alpha)$$

$$v(v+1)\equiv 0(\mathrm{mod}2^{\alpha-2}).$$

显然其中仅有一个因子是偶数及它必须被 $2^{\alpha-2}$整除,即

$$v=2^{\alpha-2}w\quad 或\quad v=-1+2^{\alpha-2}w,$$

$$x = 1 + 2^{\alpha-1}w \quad 或 \quad x = -1 + 2^{\alpha-1}w,$$

其中 w 为整数.每一个这样的 x 都是 $x^2 \equiv 1 \pmod{2^\alpha}$ 的一个解.这种数正好有四个互不同余 $\mathrm{mod}\,2^\alpha$,即相当于 $w=0$ 与 1.

在这个阶为 $h=2^{\alpha-1}$ 的群中存在两个基类,每一类的阶最多为 $\frac{h}{2}$.若有一个阶为 $\frac{h}{2}$ 的类存在,则这一类就是阶数 $\frac{h}{2}$ 的基类;另一类的阶则必为 2.我们来证明由 5 表示的类有阶 $\frac{h}{2} = 2^{\alpha-2} \pmod{2^\alpha}$.欲证这点,我们来证明

$$5^{2^k} \not\equiv 1 \pmod{2^\alpha},此处\ \alpha \geqslant 3\ 及\ k < \alpha - 2,$$

但

$$5^{2^{\alpha-2}} \equiv 1 \pmod{2^\alpha}.$$

显然这一命题等价于

$$5^{2^{\alpha-2}} = 1 + 2^\alpha u,此处\ u\ 为一个奇数(\alpha \geqslant 3).$$

事实上,由于 $25 = 1 + 8 \cdot 3$,所以上面的方程对于 $\alpha = 3$ 成立.若它一般地对于 α 成立,则将这一表达式平方即得

$$\begin{aligned} 5^{2^{\alpha-1}} &= (1 + 2^\alpha u)^2 = 1 + 2^{\alpha+1}u + 2^{2\alpha}u^2 \\ &= 1 + 2^{\alpha+1}u(1 + 2^{\alpha-1}u). \end{aligned}$$

所以命题对于 $\alpha + 1$ 亦成立.

我们观察到对于复合数模 n,$\mathfrak{R}(n)$一般不是循环的.若 p 为 $\varphi(n)$的一个因子,则由定理 42 可知 $\mathfrak{R}(n)$属于 p 的基数 $e(p)$等于 $\mathfrak{R}(p_i^{\alpha_i})$中基数 $e_i(p)$之和,此处 $n = p_1^{\alpha_1}p_2^{\alpha_2}\cdots$为 n 的素因子分解.对于奇数 p_i,则 2 是 $\varphi(p^{\alpha_i})$的一个因子,从而 $e_i(2)=1$.所以若两个奇素数除得尽 n,则对于 $\mathfrak{R}(n)$的 $e(2) \geqslant 2$.从而群 $\mathfrak{R}(n)$不是循环的.

§14. 幂 剩 余

借助于以前的定理,幂剩余的理论基础即形如

$$x^q \equiv a(\mathrm{mod} n) \tag{25}$$

的二项同余式可解性，这可以容易地加以发展。假定我们限于下面假设满足的情况：q 为一个素数，n 为奇数及一个素数之幂，即 p^α，$(a,n)=1$。则解 x 亦与模 p^α 互素，及(25)式关于整数的可解性问题就可以用群理论形式来陈述：

命已给剩余类 $\mathrm{mod} p^\alpha$ 群中一个类 A，问群中有多少元素 X 满足

$$X^q \equiv A?$$

我们区分两种情况：

1. 素数 q 除不尽群的阶 $h=\varphi(p^\alpha)$，则正好存在一个所需的元素 X。欲证这一命题，命 m,n 为由 $qm+hn=1$ 决定的整数。事实上，由于 $(q,h)=1$，所以这是可能的。由于 $X^h=1$，所以由 $X^q=A$ 可知

$$X = X^{qm+hn} = (X^q)^m = A^m,$$

而这个元素的确满足 $X^q=A$。

2. q 除得尽 $h=\varphi(p^\alpha)$。由定理 44 可知存在一个元素 C(其阶为 h)，它的幂得出群的所有元素。我们置

$$A = C^{a'}, \quad X = C^x,$$

此处 a' 与 x 为整数，它们完全被确定 $\mathrm{mod} h$。由定理 20 可知由

$$X^q = A, \quad C^{xq} = C^{a'}$$

可知

$$xq \equiv a'(\mathrm{mod} h),$$

且其逆亦真。由于 $q|h$，所以仅当

$$q|a'$$

时，这个同余式才有整数解 x，而且正好有 q 个互异的解 $\mathrm{mod} h$。换言之，方程 $X^q=A$ 或者无解，或者有 q 个互异的解。由于 C 为一个原根剩余类，所以条件 $q|a'$ 等价于

$$A^{\frac{h}{q}} = C^{\frac{a'h}{q}} = (C^h)^{\frac{a'}{q}} = 1.$$

回到剩余类的数，我们证明了

定理 46 同余式

$$x^q \equiv a(\bmod p^\alpha),$$

此处 p,q 为素数，$p\neq 2$，$(a,p)=1$，当 q 除不尽 $\varphi(p^\alpha)$时，正好只有一个整数解 x. 当 q 能整除 $\varphi(p^\alpha)$及

$$a^{\frac{\varphi(p^\alpha)}{q}} \equiv 1(\bmod p^\alpha) \tag{26}$$

时，方程正好有 q 个解.

如果指数与模互素，即 $q\neq p$，则条件(26)式还可以有更简单的表示. 因为 q 为一个素数，但 $q\neq p$，所以由 $q\mid\varphi(p^\alpha)$可知

$$q\mid p-1,\quad q'=\frac{p-1}{q}\text{ 为整数},$$

及(26)式为

$$a^{p^{\alpha-1}q'} \equiv 1(\bmod p^\alpha), \tag{26a}$$

所以特别由费马定理可知

$$a^{q'} \equiv 1(\bmod p). \tag{27}$$

这一同余式，它以 $x^q\equiv a(\bmod p)$的可解性为一个推论，而且反之亦以(26)式作为一个推论. 特别对于每一个素数 p，由

$$m\equiv n(\bmod p^r),\ m=n+xp^r(x\text{ 为整数})$$

可以推出

$$m^p=(n+xp^r)^p=n^p+\binom{p}{1}n^{p-1}xp^r+\cdots\equiv n^p(\bmod p^{r+1}),$$

$$m^p\equiv n^p(\bmod p^{r+1}).$$

正如我们在前面已经用过的(见§13)，这是由于当 $k=1,2,\cdots,p-1$ 时，$\binom{p}{k}$可以被 p 整除. 因此由(27)式即推出(26a)式.

若 $q\mid p-1$，则不依赖于指数 α 的(27)式亦是 $x^q\equiv a(\bmod p^\alpha)$可解性的一个条件. 故得

定理 46a 若 q 为 $p-1$ 的一个素因子，p 为一个奇素数及 $(a,p)=1$，则同余式 $x^q\equiv a(\bmod p^\alpha)$是可解的当且仅当它 $\bmod p$ 可解. 这个可解的充要条件为

$$a^{\frac{(p-1)}{q}} \equiv 1(\bmod p),$$

且共有 q 个互异的解 $\bmod p^{\alpha}$.

由于定理 45,所以对于模 2^{α} 需作特殊的处理.

定理 47 对于奇数 q 与 a,同余式 $x^q \equiv a \pmod{2^{\alpha}}$ 总是正好有一个解.对于 $q=2$ 及奇数 a,当 $\alpha \geqslant 3$ 时,$x^2 \equiv a \pmod{2^{\alpha}}$ 可解当且仅当它 mod8 可解,即若 $a \equiv 1 \pmod 8$,则在这种情况下,互不同余的解数为 4,当 $a \equiv 1 \pmod 4$, $x^2 \equiv a \pmod 4$ 有两解,否则对于奇数 a,它无解,及 $x^2 \equiv a \pmod 2$ 总有一个解.

第一部分(q 为奇数).由前面说的情形 1 立即推出.由定理 45 可知 $\bmod 2^{\alpha}$ ($\alpha \geqslant 3$) 的类可以被表示为形式 ${B_1}^{a_1}{B_2}^{a_2}$,此处 ${B_1}^2 = {B_2}^{2^{\alpha-2}} = 1$,所以由前面的情形 2 可见只有这样的剩余类 $A = {B_1}^{a_1}{B_2}^{a_2}$,此处 $a_1 = 0$, a_2 为偶数才可以表示为 X^2,所以适合 $X^2 = {B_2}^{a_2}$ 的类的个数与适合 $X^2 = 1$ 的类的个数相同,即 4.对于 $x^2 \equiv a \pmod{2^{\alpha}}$,此处 $\alpha \geqslant 3$, $a \equiv 1 \pmod 8$ 的可解性条件的简单形式如下:

若 $x^2 \equiv a \pmod{2^{\alpha}}$ ($\alpha \geqslant 3$) 可解(命 $x = x_0$ 为一个解),则这个同余式 $\bmod 2^{\alpha+1}$ 亦可解.事实上,命整数 z 由

$$(x_0 + 2^{\alpha-1}z)^2 - a = x_0^2 - a + 2^{\alpha}x_0 z + 2^{2\alpha-2}z^2 \equiv 0 \pmod{2^{\alpha+1}}$$

决定.由于

$$2\alpha - 2 = \alpha + (\alpha - 2) \geqslant \alpha + 1,$$

所以导致同余式

$$\frac{x_0^2 - a}{2^{\alpha}} + x_0 z \equiv 0 \pmod 2$$

的可解性.因此若 $x^2 \equiv a \pmod 8$ 可解,则同余式 $\bmod 2^{\alpha}$ 亦可解.验证多种情况可知,只有当 $a \equiv 1 \pmod 8$ 时,同余式才可解.

因此我们立即得到,当 n 为复合数时,

$$x^q \equiv a \pmod n \tag{28}$$

解的全貌.假定 $(a, n) = 1$,欲证这一同余式 $\bmod n$ 可解,则必须它模 n 的每一个素数幂因子亦可解.若 $n = p_1^{\alpha_1} p_2^{\alpha_2} \cdots p_r^{\alpha_r}$,此处诸 p_i 为互异素数及 N_i 为

$$z^q \equiv a(\bmod p_i^{\alpha_i})$$

的互异解个数 mod$p_i^{\alpha_i}$，则(28)式的互异解数为

$$N = N_1N_2\cdots N_r.$$

欲证这一点，假定 r 个数 $z_1,\cdots,z_r$ 为 $z_i^q\equiv a(\bmod p_i^{\alpha_i})$ 的解，然后由

$$x \equiv z_i(\bmod p_i^{\alpha_i}) \quad (i = 1,2,\cdots,r)$$

决定 x，则

$$x^q \equiv z_i^q \equiv a(\bmod p_i^{\alpha_i}),$$

所以

$$x^q \equiv a(\bmod n).$$

由 z_i，x 被惟一决定 mod$n$. 两个数系 z_i 与 z'_i 决定同一个 x 当且仅当 $z_i\equiv z'_i(\bmod p_i^{\alpha_i})$，$i=1,2,\cdots,r$. 另一方面，(28)式的每一个解 x 亦是 r 个单个同余式的解系，即 $z_i=x$. 所以 $N_1N_2\cdots N_r$ 正好是(28)式的解数 mod$n$.

§15. 数 mod$n$ 的剩余特征

我们最后希望将与数 $a$mod$n$ 与 §10 发展的阿贝尔群特征联系起来作为这些研究的结束.

群 $\mathfrak{R}(n)$的元素为与 n 互素的不同剩余类 mod$n$，所以作为一个阿贝尔群，可以对它的元素指定一个 $h=\varphi(n)$个特征的系. 命 a 为这样剩余类 A 中的一个元素，则对应于每一个特征 $\chi(A)$，对于每一个与 n 互素的整数 a，我们定义一个数论函数

$$\chi(a) = \chi(A),$$

它有下面的性质：

(1) $\chi(a)=\chi(b)$，当 $a\equiv b(\bmod n)$.

(2) $\chi(a)\chi(b)=\chi(ab)$.

(3) 对于所有与 n 互素的 a，有 $\chi(a)\neq 0$.

我们让剩下的整数有值

(4) $\chi(a)=0$，其中$(a,n)>1$

来完成这个定义,条件(1)~(3)对这个扩充系仍成立,即 a 允许经过所有整数.

每一个适合性质(1)~(4)的函数 $\chi(a)$ 皆称为 $a \bmod n$ 的剩余特征,正好共有 $h=\varphi(n)$ 个相异的剩余特征及由定理 31 可知

$$\sum_{k \bmod n}\chi(k)=\begin{cases}0, & \text{当 } \chi \text{ 为非主特征},\\ \varphi(n), & \text{当 } \chi \text{ 为主特征}.\end{cases} \tag{29}$$

在此我们仍称对于所有与 n 互素的 a 均等于 1 的特征为主特征. 在 $\sum$ 下面写上 $k \bmod n$ 表示指标 k 过一个完全剩余系 $\bmod n$. 类似地,我们有

$$\sum_{\chi}\chi(k)=\begin{cases}0, & \text{当 } k\not\equiv 1(\bmod n),\\ \varphi(n), & \text{当 } k\equiv 1(\bmod n).\end{cases} \tag{30}$$

借助于剩余特征 $\bmod n$,我们现在希望给出在上一节中加以发展的同余式

$$x^q \equiv a(\bmod n)$$

可解性条件另一个表述,在此我们将作出假定:

$$(q,n)=1, q \text{ 为素数}, \text{及} (a,n)=1.$$

因此 a 所在的剩余类 A 在群 $\mathfrak{R}(n)$ 中应该是一个 q 次幂. 所有类的 q 次幂构成 $\mathfrak{R}(n)$ 的一个子群 $\mathfrak{U}_q$. 由定理 29 可知商群 $\frac{\mathfrak{R}}{\mathfrak{U}_q}$ 的阶 $=q^e$,此处 $e=e(q)$ 是 $\mathfrak{R}(n)$ 中属于 q 的基数及 e 亦是 $\frac{\mathfrak{R}}{\mathfrak{U}_q}$ 的基元素个数. 从而由定理 33 可知关于 $\mathfrak{R}(n)$ 正好有 e 个特征及因此正好 e 个剩余特征 $\bmod n$

$$\chi_1(a), \chi_2(a), \cdots \chi_e(a)$$

使 e 个方程 $\chi_i(a)=1(i=1,\cdots,e)$ 为 a 所在的类 A 为一个 q 次幂的充要条件. 这 e 个特征在下面意义下是独立的,即总是存在数 a 使 e 个特征为任意给予的 q 次单位根.

到此我们仅用到 $\mathfrak{R}(n)$ 为一个有限阿贝尔群;仅当我们试图将 e 表为 q 与 n 函数的时候,其精妙结构才起作用. 现在若 n 是一个素数幂 p^a,则当 q 除不尽 $\varphi(p^a)$ 时,$e(q)=0$,否则由于 $\mathfrak{R}(p^a)$

为循环群,所以 $e(q)=1$.但若 n 为奇复合数 $n=p_1^{\alpha_1}p_2^{\alpha_2}\cdots p_r^{\alpha_r}$,则由定理 42 可知,对于 $\mathfrak{R}(n)$,$e(q)$等于 $q|\varphi(p_i^{\alpha_i})$的 p_i 的个数.

每一个对于所有 q 次幂a 均取值 1 的剩余特征 $\chi(a)$称为一个 $a$mod$n$ 的 q 次幂特征.由定理 33 可知每一个 q 次幂特征均可以表为基特征 $\chi_1,\cdots,\chi_e$ 的幂乘积.

我们在下面惟一关注的是 $q=2$ 这一最简单的情况,此处我们关注那种可以表为平方的类,其对应的幂特征就称为二次特征.

§16. 二次剩余特征 mod$n$

假定整数 a 与 n 互素,若同余式

$$x^2\equiv a(\bmod n)$$

关于 x 可解,则 a 称为一个二次剩余 mod$n$ 或简单地称为剩余 mod$n$.否则 a 就称为一个非剩余 mod$n$.由前一节可知可解性的条件为对于 a,$e(2)$个剩余特征 mod$n$ 均取值 1.由于每一个特征 $\chi(a)$都是二次单位根,所以它仅取值 ±1.

首先若 $n=p$ 为一个奇素数,则由于群 $\mathfrak{R}(p)$为循环的及 2 能整除 $p-1$,所以 $e(2)=1$.因此在 $p-1$ 个特征 mod$n$ 中正好只有一个,记为 $\chi(a)$,是单位平方根,但它不是总等于 1 及 $\chi(a)=1$ 就是 a 为一个二次剩余 mod$p$ 的条件.我们置

$$\chi(a)=\left(\frac{a}{p}\right).$$

由其定义可知,这一特征对于每一个 p 除不尽的a,均取值 ±1.所以我们有

(1) $\left(\frac{a}{p}\right)=\left(\frac{a'}{p}\right)$,当 $a\equiv a'(\bmod p)$.

(2) $\left(\frac{ab}{p}\right)=\left(\frac{a}{p}\right)\left(\frac{b}{p}\right)$.

(3) $\left(\frac{a^2}{p}\right)=1$.

(4) 对于某个 a,$\left(\frac{a}{p}\right)$不等于 1.

此处 a', a, b 均不被 p 整除.记号 $\left(\frac{a}{p}\right)$ 仅由这些性质来定义的.对于每一个与 p 互素的整数 a,由(1),(2)可知它是一个剩余特征 $\bmod p$,由(3)可知这一特征仅取值 ± 1,而由(4)可知它不能总等于 $+1$.因此 $\mathfrak{R}(p)$ 中所有平方所属的诸剩余类 A 使特征取值 1 者构成一个子群,其指标 $\leqslant 2$ 但 >1,所以正好 $=2$.从而对于二次剩余 $a \bmod p$ 有 $\left(\frac{a}{p}\right)=1$,而对于非剩余 $a \bmod p$ 有值 $\left(\frac{a}{p}\right)=-1$.

我们注意到由于

$$a^{p-1}-1 \equiv 0 \pmod{p},$$

$$\left(a^{\frac{p-1}{2}}+1\right)\left(a^{\frac{p-1}{2}}-1\right) \equiv 0 \pmod{p},$$

所以由定理 46a 可知 $\left(\frac{a}{p}\right)$ 应定义为两个数 ± 1 之一,对于它有

$$\left(\frac{a}{p}\right) \equiv a^{\frac{p-1}{2}} \pmod{p}. \tag{31}$$

勒让德就是这样将剩余记号 $\left(\frac{a}{p}\right)$ 引入数论的.

互不同余的二次剩余 $\bmod p$ 的个数为 $\frac{p-1}{2}$,所以非剩余的个数 $=p-1-\frac{p-1}{2}=\frac{p-1}{2}$.因此剩余与非剩余 $\bmod p$ 的个数是一样多的.

由定理 46a 可知,$\left(\frac{a}{p}\right)=+1$ 同时也是 a 为二次剩余 $\bmod p^{\alpha}$ 的条件.剩余 $\bmod p^{\alpha}$ 的个数亦等于非剩余 $\bmod p^{\alpha}$ 的个数,即 $\frac{\varphi(p^{\alpha})}{2}=\frac{p^{\alpha-1}(p-1)}{2}(\alpha>1)$.

对于一个复合数,从现在开始假定 $n=p_1^{\alpha_1}p_2^{\alpha_2}\cdots p_r^{\alpha_r}$ 为奇数,则 a 为剩余 $\bmod n$ 的条件由某 $e(2)$ 个特征 $\bmod n$ 的 $e(2)$ 个方程给出.二次剩余 $\bmod n$ 的个数为 $\frac{\varphi(n)}{2^r}$,因此对于 $r>1$,它不等于非剩余个数.由§14 末所示,a 为一个剩余的条件为 a 是剩余模每一个 n 的素因子 p_i,即 r 个方程

$$\left(\frac{a}{p_i}\right)=1$$

成立. 众所周知,对于模 $2^\alpha(\alpha\geqslant3)$,群 $\mathfrak{R}(2^\alpha)$不是循环的,它有两个基元素. 故 a 是否二次剩余 mod2^α 的决定不能用一个剩余特征 mod2^α 来陈述. 关于这点我们还需要两点信息,所以今后我们不作 mod2^α 的剩余记号的引入,而一直到§46,我们再回到这个问题.

另一方面,对于奇数 n,我们定义记号$\left(\frac{a}{n}\right)$. 命

$$n = p_1^{\alpha_1}p_2^{\alpha_2}\cdots p_r^{\alpha_r},\ n \text{ 为奇数}.$$

我们置

$$\left(\frac{a}{n}\right)=\left(\frac{a}{p_1}\right)^{\alpha_1}\left(\frac{a}{p_2}\right)^{\alpha_2}\cdots\left(\frac{a}{p_r}\right)^{\alpha_r},$$

在此需右端的元素有意义,即必须$(a,n)=1$. 最后命

$$\left(\frac{a}{n}\right)=0,\quad \text{此处}(a,n)>1.$$

对于这个扩充的记号,由定义,我们有

$$\left(\frac{a}{n}\right)=\left(\frac{a'}{n}\right),\quad \text{此处 } a\equiv a'(\bmod n),$$

$$\left(\frac{ab}{n}\right)=\left(\frac{a}{n}\right)\left(\frac{b}{n}\right),$$

其中 a,a',b 为任意整数,不论它们与 n 互素与否. 因此这一记号亦是一个剩余特征 mod$n$. 我们再提醒一次,对于复合数 n,由$\left(\frac{a}{n}\right)$之值并不能得出 a 是否二次剩余 mod$n$ 的结论. 若 a 是剩余,则$\left(\frac{a}{n}\right)=1$,但其逆不成立.

勒让德及他以前,对一些特例,欧拉已对这个剩余记号作出了下面惊人的发现,它对所有数论都有很多推论及作为二次互反律(或互逆律),现今可以写成如下形式:

对于正奇数 a,n

$$\left(\frac{a}{n}\right)=\left(\frac{n}{a}\right)(-1)^{\left(\frac{a-1}{2}\right)\left(\frac{n-1}{2}\right)}.$$

除此而外,下面所谓完备化定理成立:

$$\left(\frac{-1}{n}\right)=(-1)^{\frac{n-1}{2}},\text{其中 } n \text{ 为奇数且} >0,$$

$$\left(\frac{2}{n}\right)=(-1)^{\frac{n^2-1}{8}},\text{其中 } n \text{ 为奇数}.$$

自从勒让德发表了一个尝试性证明,它的中心环节的确是不完整的,高斯(1796)在他 19 岁时,成功地给出了第一个证明,于 1801 发表在他的经典著作《数论研究》中. 此后关于互反律有许多不同的证明;巴赫曼的书的索引中包含了 45 行;高斯本人就给出了八个证明.

近代数论始于互反律的发现,从其形式看,它仍属于有理数论;它完全可以表述为有理数之间的关系;但它的内涵则远远超出有理数范围. 高斯本人就已认识到了这一点. 他首先企图将这些算术概念引入复整数 $a+b\sqrt{-1}$之中,此处 a,b 为整数,及成功地发现并证明了关于四次幂剩余的一条类似定律(很可能是这个复数理论的成功导致他引入复数. 在那时,复数是受到疑惑的,而且只是在分析的剩余部分偶然使用时,才得到与实数相同的地位). 他认识到勒让德互反律是一个更广泛与包含更多的定律的特例. 正由于这一原因,他和许多数学家一次又一次地寻求新证明,其着眼点正在于将这一定律引入其他数域,从而接近一个更一般的定律. 最后决定性的一步是库默通过引进素理想因子来做出的. 然后戴德金建立了代数数域一般理论的基础,从而 q 次幂剩余最一般的互反律得以形成与证明,此处 q 是一个素数则是最后由希尔伯特与他的学生富尔特万革勒尔来完成的.

代数数理论的发展现在已真正地显示了二次互反律的内容只有当它进入一般代数数才变成可以理解的及用这些较高等的方法才能得到符合问题实质的证明,但必须说诸初等证明仍带有补充验证的特性.

为此原因,我们在此略去一个初等证明,而将有理数论的一些概念,特别是整数的概念,引入其他数域之中,此处仍可得有理整数间的一些新关系,例如,互反律本身就将作为一个从属结果.

第四章　数域的代数

§17. 数域,数域上的多项式及不可约性

定义　若一个复数系包含多于一个数并且 α 与 β 属于这个数系,则 $\alpha+\beta$,$\alpha-\beta$,$\alpha\beta$,与 α/β,其中 $\beta\neq0$,亦然,则这一数系称为一个数域(或简单地称为域).

这表示所有的有理运算都可以在数系中无限制地实行.克罗内克用术语有理域来代替域.数系包含多于一个元素这一附加条件仅仅在于排除只含有一个零元素的数系.这一数系仍满足定义中的其他条件.

域的概念与群的概念是相关的.由定义可知域的数在加法复合之下构成一个无限阿贝尔群.进而言之,除 0 之外,域的元素在乘法复合之下亦构成一个阿贝尔群.

数域的例子有:

所有有理数系.

所有实数系.

所有复数系.

所有形如 $R(\omega)$ 的数系,此处 $R(x)$ 过所有有理系数的有理函数,其中 ω 为一个固定的数.

由于 $\alpha/\alpha=1$,所以每一个域都含有 1,从而也有 $1+1=2$,$1-1=0$ 等等.因此,它包含所有整数及所有这些整数构成的分数,即全体有理数,我们将它记为 $k(1)$ 并称之为有理性绝对域,这一域包含于每一个数域之中.

在这一章中,我们将关注于数域的代数,同时,在域的某些数如整数的引入后,数域的算术性质将在其余的章节中来处理.

现在命 k 为任意数域,一个系数取自 k 的多项式称为 k 上的

一个多项式.两个 k 上多项式的商称为一个 k 上的有理函数.若 $f(x)$ 与 $g(x)$ 为 k 上的多项式,众所周知,若 $g(x)$ 的次数至少为 1,则可以决定两个多项式 $q(x)$ 与 $r(x)$ 使

$$f(x)=q(x)g(x)+r(x). \tag{32}$$

此处 $r(x)$ 的次数小于 $g(x)$ 的次数,我们称 $r(x)$ 为 $f(x)$ $\bmod g(x)$ 的剩余. $q(x)$ 与 $r(x)$ 的系数完全可以由 $f(x)$ 与 $g(x)$ 经有理运算来求得,从而其系数亦属于 k.若 $r(x)=0$,则称 $f(x)$ 可以被 $g(x)$ 整除或 $g(x)$ 除得尽 $f(x)$,用记号

$$g(x)\mid f(x)$$

来表示.若在(32)中 $f(x)$ 的次数 m 小于 $g(x)$ 的次数 n,则 $q=0$ 及 $r(x)=f(x)$.另一方面,若 $m\geqslant n$,则 $q(x)$ 的次数等于 $m-n$, $q(x)$ 非 0,及 $r(x)$ 的次数 $<n$,所以如果两个多项式 $f(x)$ 与 $g(x)$ 中每一个都可被另一个整除,则它们只相差一个常数因子.任何多项式 $f(x)$ 的平凡因子就是常数,即 0 次多项式与 $cf(x)$.一个一次多项式 $c(x-\alpha)$ 除平凡因子外,没有其他因子.由代数基本定理可知每一个 n 次多项式都可以惟一地分解为 n 个一次因子:

$$f(x)=c(x-\alpha_1)(x-\alpha_2)\cdots(x-\alpha_n),$$

此处 c 为异于零的常数及 $\alpha_1,\cdots,\alpha_n$ 为 n 个相同的或相异的复数.因此如果我们允许多项式有任意系数,则在可除性研究中 0 次多项式与单位 ± 1 具有同等的作用,及 1 次多项式有与素数同样的作用.

如果我们仅限制一个固定数域 k 上的多项式,则这些关系就完全不同了.若 $f(x)$ 不能分解为 k 上两个多项式之乘积,其中没有一个为常数,则称 $f(x)$ 为 k 上不可约的,或不可分解的.

从而,例如,每一个 k 上一次多项式都是 k 上不可约多项式.由于基本定理并不给出 $f(x)$ 的根 α 是否属于 k,所以高次多项式亦可能在 k 上既约.例如 x^2+1 显然在有理数域上既约.为此,我们必须避开多项式在 k 上既约的准确性质问题.这不在此讨论,而仅满足于它们的存在性.

关于 k 上的多项式的最重要的事实为下面定理:

定理 48 k 上任意两个非零多项式 $f_1(x)$ 与 $f_2(x)$,皆有一个惟一决定的最大公因子 $d(x)$,即有一个首项系数为 1 的多项式 $d(x)$,使

$$d(x) \mid f_1(x), \quad d(x) \mid f_2(x),$$

而且每一个整除 $f_1(x)$ 与 $f_2(x)$ 的多项式亦整除 $d(x)$.

进而言之,$d(x)$ 可以表为形式:

$$d(x) = g_1(x)f_1(x) + g_2(x)f_2(x), \tag{33}$$

此处 $g_1(x)$ 与 $g_2(x)$ 为 k 上的多项式,从而 $d(x)$ 亦是 k 上的一个多项式.

证明在初等代数中是熟知的,在那里与出现的数值常数并无重要联系.为此,我们非常简单地复述一下证明,它基于有理数类似事实的证明(见定理 1 与 2).在多项式:

$$L(x) = u_1(x)f_1(x) + u_2(x)f_2(x)$$

中,此处 $u_1(x)$ 与 $u_2(x)$ 经过 k 上所有多项式,我们考虑这样一个多项式,其首项系数为 1 及其次数尽可能地小.命 $d(x)$ 为这样一个多项式并假定(33)式成立.若 $d(x)$ 的次数为 0,则它等于 1,于是它能整除 $f_1(x)$ 与 $f_2(x)$,即使它有较高次数,它亦能整除 $f_1(x)$,这是由于 $f_1(x) \bmod d(x)$ 的剩余 $r(x)$ 可以被决定:

$$f_1(x) = q(x)d(x) + r(x)$$

$$r(x) = f_1(x) - q(x)d(x)$$

$$r = f_1 - qd = f_1 - q(g_1f_1 + g_2f_2) = (1 - qg_1)f_1 - qg_2f_2.$$

因此 $r(x)$ 仍有形式 $L(x)$,而其次数(作为一个剩余 $\bmod d(x)$)小于 $d(x)$ 的次数.所以它不能有异于 0 的系数,即它是 0.因此 $d(x) \mid f_1(x)$,同理可知 $d(x) \mid f_2(x)$.

由(33)式可知 $f_1(x)$ 与 $f_2(x)$ 的每一个公因子都能整除 $d(x)$.若一个多项式 $d_0(x)$ 有定理第一部分所述的性质,则 $d(x) \mid d_0(x)$.同样 $d_0(x) \mid d(x)$ 成立.所以 $d_0(x)$ 与 $d(x)$ 只差一个常数;由于它们的首项系数为 1,所以 $d_0(x) = d(x)$.

我们记$(f_1(x),f_2(x))=d(x)$及若 $d=1$,则称 $f_1(x)$与$f_2(x)$互素.两个多项式的最大公因子完全按这一途径定义了.它不仅跟一个确定的域 k 相关,而且一般来说,一个多项式的不可约性亦跟它所属的域相关.

由定理 48,我们立即得到

定理 49 若多项式 $f(x)$在 k 上是不可约的,它与 k 上的一个多项式$g(x)$有一个公共的零点 $x=\alpha$,则 $f(x)$为 $g(x)$的一个因子,从而 $f(x)$的所有零点都是 $g(x)$的零点.

因为$(f(x),g(x))$至少可以被 $x-\alpha$ 整除,所以它不等于 1.另一方面,$f(x)$在 k 上除$cf(x)$之外没有其他因子.所以$(f(x),g(x))=cf(x)$及 $f(x)\mid g(x)$.

特别一个 k 上不可约 n 次多项式必定正好有 n 个相异根,否则它与其导数 $f'(x)$有一个公因子.$f'(x)$亦是 k 上的多项式,但其次数为 $n-1$,从而 $f(x)$可以整除 $f'(x)$,这不可能.

§18. k 上的代数数

假定数 θ 是k 上多项式$P(x)$的一个根.在所有首项系数为 1 的 k 上多项式、并以 θ 为其根者之中必有一个最低次数的.这个多项式在 k 上必须是不可约的——否则 θ 将是这一多项式的一个因子的根——因此由定理 49,这一多项式由 θ 和k 就完全确定了.

这个多项式的次数 n 称为θ 关于k 的次数或θ 的相对次数.这一多项式的 n 个根$\theta_1,\theta_2,\cdots,\theta_n$——的确是彼此相异的——称为 θ 关于k 的共轭或θ 的相对共轭.每一个数 θ_i 都称为k 上的代数数.若 $k=k(1)$为有理数域,则在记号中可以略去 k.特别若 θ 是有理系数多项式的一个根,则称 θ 为代数数.

显然 k 中的数本身为有相对次数 1 的数.对于进一步的研究,我们需要代数学中的对称函数定理,我们将它叙述于下:

命 $\alpha_1,\alpha_2,\cdots,\alpha_n$ 为n 个独立变量,并且命 $f_1,f_2,\cdots,f_n$ 为它

们的 n 个初等对称函数，即 x 的多项式 $(x-\alpha_1)(x-\alpha_2)\cdots(x-\alpha_n)$ 的系数. 则 $\alpha_1,\cdots,\alpha_n$ 的每一个对称多项式 $S(\alpha_1,\cdots,\alpha_n)$ 都可以表成 $f_1,f_2,\cdots,f_n$ 的一个多项式：

$$S(\alpha_1,\cdots,\alpha_n)=G(f_1,\cdots,f_n).$$

G 的系数可以完全由 S 的系数经加法，减法与乘法运算来求得.

如果将这一定理连续使用两次则得：若 $\beta_1,\cdots,\beta_m$ 为 m 个附加的独立变量及 $\varphi_1,\cdots,\varphi_m$ 为它们的初等对称函数，及若 $S(\alpha_1,\cdots,\alpha_n;\beta_1,\cdots,\beta_m)$ 为 $n+m$ 个变量的多项式，它在 α 之间的每一个置换下不变及在 β 之间的每一个置换下亦不变，则 S 可以表为 $f_1,\cdots,f_n$ 与 $\varphi_1,\cdots,\varphi_m$ 的多项式：

$$S(\alpha_1,\cdots,\alpha_n;\beta_1,\cdots,\beta_m)=G(f_1,\cdots,f_n;\varphi_1,\cdots,\varphi_m).$$

G 的系数可以完全由 S 的系数经加法，减法与乘法运算来求得.

由此，我们首先注意到：

定理 50 若 α,β 为 k 上的代数数，则 $\alpha+\beta,\alpha-\beta,\alpha\beta$，及当 $\beta\neq0$ 时 α/β 都是代数数.

若 $\alpha_1,\cdots,\alpha_n$ 为 α 关于 k 的共轭及 $\beta_1,\cdots,\beta_m$ 为 β 关于 k 的共轭，则 α 的初等对称函数与 β 的初等对称函数都是 k 中的数. 乘积

$$H(x)=\prod_{k=1}^{m}\prod_{i=1}^{n}(x-(\alpha_i+\beta_k))$$

是 α 亦是 β 的一个对称函数，则由刚才说的基本定理可知它是 k 上的一个多项式，$\alpha+\beta$ 是它的一个根，所以它是 k 上的一个代数数. 同理可知 $\alpha-\beta$ 与 $\alpha\beta$ 亦是代数数.

对于 α/β 则这一方法就不起作用了，这是由于这一乘积不是 β 的一个多项式，从而基本定理不能应用. 若 $\beta\neq0$，则在 β 在 k 上的不可约方程：

$$x^m+c_{m-1}x^{m-1}+c_{m-2}x^{m-2}+\cdots+c_1x+c_0=0$$

中置 $x=1/y$，并乘以 y^m，所以由这一方法得到的 y 的多项式有根 $1/\beta$，它是 k 上的一个代数数. 由刚才的证明可知乘积 $\alpha(1/\beta)=\alpha/\beta$ 亦为 k 上的一个代数数.

定理 51 若 ω 为系数是 k 上代数数的多项式

$$\varphi(x) = x^m + \alpha x^{m-1} + \beta x^{m-2} + \cdots + \lambda$$

的一个根,则 ω 亦为k 上的一个代数数.

假定 a_i 经过α 的共轭,β_k 经过β 的共轭,等等.则由对称函数定理可知多项式

$$F(x) = \prod_{i,k,\cdots s} (x^m + \alpha_i x^{m-1} + \beta_k x^{m-2} + \cdots + \lambda_s)$$

是诸共轭的对称表示,它的系数应为 k 的元素; 因 $F(\omega)=0$,所以 ω 是k 上的一个代数数.

§19. k 上的代数数域

k 上的每一个代数数θ 显然生成一个域,即系数属于 k 的θ 的有理函数全体.命这一域记为 $K(\theta;k)$或更简单地记为 $K(\theta)$.我们称它为由 k 添加θ 而生成的.同样,将 k 上的多个代数数α,$\beta,\gamma,\cdots$添加至 k,则得域 $K(\alpha,\beta,\gamma,\cdots;k)$其元素为系数属于 k 的$\alpha,\beta,\gamma,\cdots$的有理函数.

定理 52 添加多个 k 上代数数至k 上所得的域亦可以由k 添加一个代数数而生成.

显然只要证明添加两个代数数时定理成立即可.所以命$\alpha_1,\cdots,\alpha_n$ 为相对次数n 的数α_1 的 n 个共轭,及 $\beta_1,\cdots,\beta_m$ 为相对次数 m 的数β_1 的 m 个共轭.我们将证明对于适当选择的 k 中u 与v,数 $u\alpha_1+v\beta_1=\omega_{11}$是生成域 $K(\alpha_1,\beta_1;k)$的一个数.我们必须证明 α_1 与 β_1 本身——从而域 $K(\alpha_1,\beta_1;k)$中的每一个数——可以表示为系数属于 k 的ω_{11}的有理函数.

为此目的,我们选择有理数 u 与v,使 nm 个数

$$w_{ik} = u\alpha_i + v\beta_k \quad (i=1,2,\cdots,n;k=1,2,\cdots,m)$$

互不相同.这是可能的,因为这一要求也就是要求对所有数对 i,k 与i',k'除$i=i'$与$k=k'$外皆有

$$u(\alpha_i-\alpha_{i'})+v(\beta_k-\beta_{k'})\neq 0.$$

由于诸 α_i 各不相同与诸β_k 亦然,所以 u,v 的线性型的系数不能

同时为 0. 因此我们选取 $u/v(u\neq 0, v\neq 0)$ 与下面有限多个数

$$\frac{\beta_k-\beta_{k'}}{\alpha_i-\alpha_{i'}},\quad i\neq i' \text{ 与 } k\neq k'$$

各不相同；则 ω_{ik} 皆各不相同且为 k 上的多项式

$$H(x)=\prod_{i,k}(x-(u\alpha_i+v\beta_k))=\sum_{h=0}^{nm}c_h x^h$$

的根. 我们现在来构造一个 x 的有理函数，当 $x=\omega_{1k}(k=1,2,\cdots m)$ 时，它取值 β_k，回忆拉格朗日插值公式，我们考虑表达式

$$\Phi(x)=\sum_{i=1}^{n}\sum_{k=1}^{m}\beta_k\frac{H(x)}{x-\omega_{ik}}.$$

由于 $H(\omega_{ik})=0$，所以显然

$$\frac{H(x)}{x-\omega_{ik}}=\frac{H(x)-H(\omega_{ik})}{x-\omega_{ik}}=\sum_{h=0}^{mn}c_h\frac{x^h-\omega_{ik}^h}{x-\omega_{ik}}=G(x,\omega_{ik})$$

是 x 与 ω_{ik} 的一个系数属于 k 的多项式，因此

$$\Phi(x)=\sum_{i=1}^{n}\sum_{k=1}^{m}\beta_k G(x,u\alpha_i+v\beta_k)$$

是一个 x 的多项式，其系数为以 k 的元素为系数的 α_i,β_k 的多项式表达式，这一表达式关于 $\alpha_1,\cdots,\alpha_n$ 与关于 $\beta_1,\cdots,\beta_m$ 都是对称的，从而这些系数属于 k，即 $\Phi(x)$ 为 k 上的一个多项式. 若我们置 $x=\omega_{11}$，则除 $i=1$ 及 $k=1$ 外皆有 $G(\omega_{11},\omega_{ik})=0$. 这是因为由构造可知 ω_{11} 与其余的 ω_{ik} 均不相同. 所以由此得出

$$\beta_1=\frac{\Phi(\omega_{11})}{G(\omega_{11},\omega_{11})}.$$

类似地，我们可以证明 α_1 亦可以由来 ω_{11} 表示. 所以我们证明了

$$K(\alpha_1,\beta_1;k)=K(\omega_{11};k).$$

因此我们可以限制仅对 k 添加一个代数数的域即已足够.

现在命 θ 为关于 k 的一个 n 次代数数，则下面定理关于 $K(\theta;k)$ 中的数成立.

定理 53　$K(\theta)$ 中的每一个数都可以惟一地表为下面的形式：

$$\alpha = c_0 + c_1\theta + c_2\theta^2 + \cdots + c_{n-1}\theta^{n-1}, \tag{34}$$

此处 $c_0,\cdots,c_{n-1}$经过基域 k 的所有数.

欲证这一定理,我们假定 $\alpha = P(\theta)/Q(\theta)$, $Q(\theta)\neq 0$,则 $Q(x)$与属于 θ 的函数$f(x)$没有公根,其中 $f(x)$在 k 上是不可约的;所以由定理 49 可知 $Q(x)$与 $f(x)$是互素的.因此有 k 上的两个多项式$R(x)$与 $H(x)$使

$$1 = Q(x)R(x) + f(x)H(x),$$

及由于 $f(\theta)=0$,从而

$$1 = Q(\theta)R(\theta),$$

$$\alpha = \frac{P(\theta)}{Q(\theta)} = P(\theta)R(\theta) = F(\theta),$$

此处 $F(x)=P(x)R(x)$仍为 k 的一个多项式.最后,命 $g(x)$为 $F(x)\mathrm{mod}f(x)$的剩余,它是 k 上的一个次数$\leqslant n-1$ 多项式,则

$$F(x) = q(x)f(x) + g(x),$$

$$F(\theta) = g(\theta).$$

所以 α 事实上已具形式(34).若有两个 k 上次数最多为$n-1$ 的多项式 $g(x)$与 $g_1(x)$,使得 $g(\theta)=g_1(\theta)$,则 $g(x)-g_1(x)$为 k 的一个多项式且它以 θ 为根,但其次数$<n$.因此 $g(x)-g_1(x)$必须恒等于 0,即 $g(x)$与 $g_1(x)$的系数全同.

定理 54　域 $K(\theta)$中的每一个数 $g(\theta)$同时是 k 上次数最多为n 的一个代数数,$\alpha=g(\theta)$的相对共轭为在数 $g(\theta_i)(i=1,2,\cdots,n)$中互异的一些数,$\alpha$ 的每一个共轭在诸$g(\theta_i)$中出现的次数都是相同的.

若 $\theta_1,\cdots,\theta_n$ 为θ 关于k 的共轭,我们构成乘积:

$$F(x) = \prod_{i=1}^{n}(x - g(\theta_i)).$$

这个多项式的系数为 $\theta_1,\cdots,\theta_n$ 的整有理组合,且关于 $\theta_1,\cdots,\theta_n$ 是对称的,及其系数属于 k.因此 $F(x)$为一个 k 上的多项式及 $g(\theta_i)$为 k 上的代数数.进而言之,若 $\varphi(x)$为一个多项式,它的根中只有 $\alpha_i=g(\theta_i)$之一出现,则所有 α_i 都是$\varphi(x)$的根.事实上,k

上的多项式 $\varphi(g(y))$ 与 $f(y)$ 有一个公共根 $y=\theta_i$，从而由定理 49 可知它对所有 $y=\theta_1,\cdots,\theta_n$ 皆为 0；即 $\varphi(x)$ 在 $x=\alpha_1,\cdots,\alpha_n$ 均等于 0.

进而言之，若 $\psi(x)$ 为 k 上首项系数为 1 的不可约多项式，它以 α_1 为一个根，则 $\psi(x)$ 是 $F(x)$ 的一个因子. 命 $\psi(x)^q$ 为 ψ 能整除 $F(x)$ 的最高幂. 若 $F(x)/\psi(x)^q$ 非常数，则它将有 $F(x)$ 的一个根 α_i 为其根；从而它仍可被 $\psi(x)$ 整除，这与 q 的假设矛盾. 即存在某 q 使

$$F(x)=\psi(x)^q.$$

换言之，n 个数

$$\alpha_i=g(\theta_i)\quad(i=1,2,\cdots,n)$$

表示 α_i 的所有共轭；每一个共轭被它们表示 q 次. 所以 n 是 $K(\theta)$ 中元素可能有的关于 k 的最大相对次数，由此可知 n 是由域 $K(\theta)$ 单独确定的一个数，它独立于生成元 θ 的选取. 因此 n 称为域 $K(\theta)$ 关于 k 的相对次数. 所以 $K(\theta)$ 中每一个数的次数都是域的次数的因子.

记住这一定理，我们现在将共轭的概念做如下修改：

定义　若 n 是 $K(\theta)$ 关于 k 的相对次数及若 $\alpha=g(\theta)$ 是 $K(\theta)$ 中有次数 n/q 的一个数，则 n 个数系 $\alpha_i=g(\theta_i)(i=1,2,\cdots,n)$ 称为 α 在域 $K(\theta)$ 中关于 k 的共轭. 这些就是 α 关于 k 的共轭，每一个数取 q 次.

因此这些共轭系作为一个整体，它仅依赖于 α，基域 k，及域 K，但它独立于生成元 θ 的选取. 由于以后我们仅处理这个定义的共轭. 为了简单起见，一般说来我们就取消了“在域 $K(\theta)$ 关于 k”这个语句.

一旦我们给予生成元 θ 的共轭一个确定次序 $\theta_1,\theta_2,\cdots,\theta_n$，则 $K(\theta)$ 中任意数 α 的共轭就亦有一个固定的次序，它取决于定理 53 惟一确定 α 的表示 $g(\theta)$. 然后算出诸数 $g(\theta_i)$ 就是 α_i 的共轭，我们将考虑这样的决定，然后证明：

定理 55　在 $K(\theta)$ 的数 $\alpha,\beta,\gamma,\cdots$ 之间并以 k 中元素为系数

的有理方程 $R(\alpha,\beta,\gamma,\cdots)=0$ 中,若将 $\alpha,\beta,\gamma,\cdots$ 换成同样指标的共轭数,则方程仍成立.

作为 $\alpha,\beta,\gamma,\cdots$ 的一个有理函数,R 恒等于两个 $\alpha,\beta,\gamma,\cdots$ 的整有理表达式 P 与 Q 的商

$$R(\alpha,\beta,\gamma,\cdots)=\frac{P(\alpha,\beta,\gamma,\cdots)}{Q(\alpha,\beta,\gamma,\cdots)}.$$

若在 R 中将 $\alpha,\beta,\gamma,\cdots$ 用它的 θ 多项式表示式

$$\alpha=g(\theta),\beta=h(\theta),\gamma=r(\theta),\cdots$$

代入,则 Q 变成 θ 的一个多项式.它等于 $Q(\alpha,\beta,\gamma,\cdots)$ 及将 θ 代入后不为 0.因此用任何共轭 $\theta_1,\cdots,\theta_n$ 代入亦非 0,但 $R=0$,所以分子的数值

$$P(g(\theta),h(\theta),r(\theta),\cdots)=0.$$

因此对于所有共轭 θ_i 这个 θ 的多项式亦必须为 0,即

$$\left.\begin{aligned}P(\alpha_i,\beta_i,\gamma_i,\cdots)&=0\\Q(\alpha_i,\beta_i,\gamma_i,\cdots)&\neq 0\end{aligned}\right\}\quad(i=1,2,\cdots,n).$$

从而有 n 个数值使

$$R(\alpha_i,\beta_i,\gamma_i,\cdots)=0\quad(i=1,2,\cdots,n).$$

定理证完.

特别对于 $K(\theta)$ 中的数两个数 α,β,我们有

$$\alpha_i\pm\beta_i=(\alpha\pm\beta)_i,\quad \alpha_i\beta_i=(\alpha\beta)_i,\quad \frac{\alpha_i}{\beta_i}=\left(\frac{\alpha}{\beta}\right)_i,$$

例如,对于 $\alpha=g(\theta)$ 及 $\beta=h(\theta)$,

$$g(\theta)h(\theta)=r(\theta).$$

此处 g,h,r 为次数 $\leqslant n-1$ 的多项式.由上面定理可知若一个方程对于数值 θ 成立,则 n 个方程

$$g(\theta_i)h(\theta_i)=r(\theta_i)$$

亦成立,即

$$\alpha_i\beta_i=(\alpha\beta)_i\quad(i=1,2,\cdots,n).$$

§20. 生成域元素,基本系,与 $K(\theta)$的子域

定理 56 $K(\theta)$中一个数 α 属于基域当且仅当它等于其 n 个共轭. $K(\theta)$中一个数 α 关于 k 有次数 n 当且仅当它与其所有共轭均相异. 后一条件同时也是 α 可以生成域 $K(\theta)$的充要条件.

前两个结论立即由定理 54 及其定义得到. 进而言之,若 $K(\theta)$ 中的 α 生成域 $K(\theta)$,即若 $K(\alpha)=K(\theta)$成立,则 α 的次数必须等于 $K(\theta)$的次数,即必须等于 n. 所以 α 的共轭必须各不相同. 若当 $i=1,2,\cdots,n$ 时, $\alpha_i=g(\theta_i)$皆互异,则 θ 可以用 α 有理地表示出来,所以 $K(\theta)$的所有数皆含于 $K(\alpha)$之中.

为了将 θ 用 α 表出,如定理 52 的证明我们取 k 中的多项式

$$H(x)=\prod_{i=1}^{n}(x-\alpha_i)=\prod_{i=1}^{n}(x-g(\theta_i)).$$

同样

$$\frac{H(x)}{x-\alpha_i}=G(x,\alpha_i)$$

为系数属于 k 的量 x,α_i 的多项式,所以

$$\Phi(x)=\sum_{i=1}^{n}\theta_i\frac{H(x)}{x-\alpha_i}=\sum_{i=1}^{n}\theta_i G(x,g(\theta_i))$$

为 $\theta_1,\cdots,\theta_n$ 的一个对称表示,它亦是 k 上的一个多项式,用 $x=\alpha_i$ 代入得

$$\theta_i=\frac{\Phi(\alpha_i)}{G(\alpha_i,\alpha_i)}.$$

在此需注意由定义可知上式分母的确不等于 0.

迄今为止,我们已将 $K(\theta)$的每一个数都表成系数属于 k 中的 $1,\theta,\theta^2,\cdots,\theta^{n-1}$的线性型. 但在很多情况下,我们需要基元素的选取有更大的自由度.

若每一个 $K(\theta)$的数 α 都可以表成

$$\alpha=\sum_{i=1}^{n}x_i\omega^{(i)},$$

此处系数 x_i 属于k,则称这 n 个数$\omega^{(1)},\omega^{(2)},\cdots,\omega^{(n)}$为 $K(\theta)$的一个基本系.

定理 57 数系

$$\omega^{(i)}=\sum_{k=1}^{n}c_{ik}\theta^{k-1}(c_{ik}\text{ 属于}k)\tag{35}$$

构成 $K(\theta)$的基本系的充要条件为行列式$\|c_{ik}\|\neq0$

显然我们只要研究何时数 $1,\theta,\theta^2,\cdots,\theta^{n-1}$可以用 $\omega^{(i)}$来如下表示即可:

$$\theta^{p-1}=\sum_{i=1}^{n}a_{pi}\omega^{(i)}(p=1,2,\cdots,n)(a_{pi}\text{ 属于}k).\tag{36}$$

首先,若(35)式中行列式$\neq0$,则以 $1,\theta,\theta^2,\cdots,\theta^{n-1}$为未知量的 n 个方程是可解的,及它们可以表为 $\omega^{(i)}$的线性组合,其系数可以由 c_{ik}的有理运算得到,从而属于 k.

其次,若 θ^{k-1}由 $\omega^{(i)}$的表示式(36)成立,则将 $\omega^{(i)}$的表示式(35)式代入(36)式得

$$\theta^{p-1}=\sum_{i,k=1}^{n}a_{pi}c_{ik}\theta^{k-1}(p=1,2,\cdots,n).$$

因为在 $1,\theta,\theta^2,\cdots,\theta^{n-1}$之间没有系数属于 k 的线性齐次关系,除非系数全为 0,我们得

$$\delta_{kp}=\sum_{i=1}^{n}a_{ki}c_{ip}=\begin{cases}0, & \text{当 } p\neq k,\\ 1, & \text{当 } p=k.\end{cases}$$

所以行列式$\|\delta_{kp}\|=1$. 而另一方面,这一行列式等于$\|a_{ki}\|\cdot\|c_{ip}\|$,因此 c_{ip}的行列式$\neq0$.

定理 58 $K(\theta)$中的 n 个数$\omega^{(1)},\omega^{(2)},\cdots,\omega^{(n)}$构成一个基本系当且仅当没有一个系数属于 k 的线性关系

$$\sum_{i=1}^{n}u_i\omega^{(i)}=0\tag{37}$$

成立,除非所有 $u_i=0$.

这样类型的 n 个数$\omega^{(i)}$称为线性独立的. 用上面的记号,由(37)式可知

$$0=\sum_{i=1}^{n}u_i\sum_{k=1}^{n}c_{ik}\theta^{k-1}.$$

如以前所示,若 u_i 属于k 且不全为 0,则

$$\sum_{i=1}^{n}u_ic_{ik}=0\quad(k=1,\cdots,n).$$

所以

$$\| c_{ik}\| = 0.$$

若这一行列式=0,则数系就不是一个基本系了.所以熟知关于 u_i 的n 个齐次方程

$$\sum_{i=1}^{n}u_ic_{ik}=0\quad(k=1,\cdots,n)$$

可解而且在非零解中有一个可以由系数 c_{ik}的有理运算得到,从而仍属于 k,对于这个解,我们有

$$\sum_{i=1}^{n}u_i\omega^{(i)}=0.$$

因此若这些系数属于 k,则数 α 亦惟一地决定

$$\alpha=\sum_{i=1}^{n}x_i\omega^{(i)}$$

中的系数.

命 n 个数$\omega^{(i)}$及它们的共轭构成的行列式记作

$$\| \omega_k^{(i)}\| = \Delta(\omega^{(1)},\cdots,\omega^{(n)}).$$

(指标 k 指示行列式的行; 指标 i 指示行列式的列) 由(35)可知

$$\Delta(\omega^{(1)},\cdots,\omega^{(n)})=\| c_{ik}\|\Delta(1,\theta,\cdots,\theta^{n-1}).$$

由定理 57 可知对每一个基本系而且仅对基本系这一行列式≠0,这是由于熟知的公式

$$\Delta(1,\theta,\cdots,\theta^{n-1})=\begin{vmatrix}1&\theta_1&\theta_1^2&\cdots&\theta_1^{n-1}\\1&\theta_2&\theta_2^2&\cdots&\theta_2^{n-1}\\1&\theta_3&\theta_3^2&\cdots&\theta_3^{n-1}\\\vdots&\vdots&\vdots&&\vdots\\1&\theta_n&\theta_n^2&\cdots&\theta_n^{n-1}\end{vmatrix}$$

$$= \prod_{1 \leqslant i < k \leqslant n} (\theta_i - \theta_k),$$

及它$\neq 0$,这行列式是以 k 甚至$k(1)$中元素为系数的 $\theta_1, \cdots, \theta_n$ 的多项式,若 θ_i 作任何置换,则这一行列式最多只改变一个因子 ± 1,所以它的平方关于 $\theta_1, \cdots, \theta_n$ 仍为对称的且为基域k 的一个数.这对 $\Delta^2(\omega_1, \cdots, \omega_n)$同样成立.显然这个数与共轭的编号次序是无关的.

在定理 58 后一半的证明中,易知在 K 的 $n+1$ 个量 $\beta^{(1)}$, $\beta^{(2)}, \cdots, \beta^{(n+1)}$中恒有一个线性关系:

$$\sum_{i=1}^{n+1} u_i \beta^{(i)} = 0,$$

此处 u_i 表示基域k 的元素,他们不全为 0.因此 K 的次数 n 也可以定义为K 中线性独立的最多元素个数.

最后,我们来考虑域 $K(\theta)$不是相对于 k,而是相对于另一个域 $K(\alpha)$,它本身是一个相对于 k,有次数 m 的代数数域,即它是由一个 k 中 m 次不可约方程的根α 来生成的.进而假设 α 属于 $K(\theta)$,由于生成元 θ 已经适合一个系数属于k 的 n 次方程,所以 $K(\theta)$为关于 $K(\alpha)$有次数 $q \leqslant n$ 的一个代数数域.$K(\alpha)$称为 $K(\theta)$的子域.若我们将 $K(\alpha)$当成基域,则 $K(\theta)$的每一个量可以惟一地写成形式:

$$\omega = \gamma_0 + \gamma_1 \theta + \cdots + \gamma_{q-1} \theta^{q-1},$$

此处量 γ 为$K(\alpha)$中的数.同样 $K(\alpha)$中的每一个数有一个惟一地表示

$$c_0 + c_1 \alpha + \cdots + c_{m-1} \alpha^{m-1},$$

此处系数 c_i 属于k.因此每一个 ω 都有一个惟一的系数属于k 的 mq 个量$\alpha^i \theta^k$($i = 0, 1, \cdots, m-1$; $k = 0, 1, \cdots, q-1$)的线性组合表示.因此这 mq 个数亦构成$K(\theta)$的基本系(关于基域 k),从而 $mq = n$, $q = n/m$.所以下面定理证得:

定理 59　若 α 为一个 k 上次数为 m 的数,及若 β 为一个 $K(\alpha; k)$上次数为 q 的数,则域 $K(\alpha, \beta; k)$在 k 上有次数 mq.进

而言之,$\theta_1,\cdots,\theta_n(n=mq)$为 $K(\alpha,\beta;k)$关于 k 的一个生成元的共轭,则这些共轭分成 m 个数系,其中每个数系包含 q 个元素;此处每一数系中 q 个数总是关于$K(\alpha_i)$的共轭,其中 $\alpha_1,\cdots,\alpha_m$ 为α 关于k 的 m 个共轭.

若一个域 $K(\beta;k)$恒同于它所有的共轭域 $K(\beta_i;k)(i=1,\cdots,n)$,则称之为 k 的伽罗瓦域或正规域.一个数域 $K(\alpha;k)$总是作为一个子域含于一个伽罗瓦域之中.实际上,由定理 52 的证明可知添加所有相对共轭数 $\alpha_1,\cdots,\alpha_n$ 所成的域显然是一个关于 k 的伽罗瓦域.

以后,我们将专注于关于 $k(1)$的代数数;这些数简单称之为代数数.我们仅在下面提一下其他类型的数.

非代数数的数称为超越数,刘维尔①(1851)首先证明了存在超越数,同时给出了一个构造任意多这种数的方法,以后乔治康托尔②(1874)提供了一个完全不同的证明,他证明超越数集合比代数数集合有一个更高的基数.但迄今为止我们仍难做到决定给予一个数是超越数或否,还没有处理这一问题的一般方法.埃尔米特③(1873)证明了 e 的超越性.林德曼④(1882)证明了 π 的超越性;以后希尔伯特,胡尔维茨与哥尔丹⑤对这些证明做出了巨大简化.

---

① Liouville, Sur des classes tres etendues de quantites dont la valeur nest ni algebrique, ni meme reductible a des irrationnelles algebriques, J. de Math. pures et appliquees, Ser. I. T. 16(1851).

② Cantor, Uber eine Eigenschaft des Inbergriffes aller rellen algebraischen Zahlen, Crelles J. f. d. reine u. angew. Math. vol. 77(1874).

③ Hermite, Sur la fonction exponentielle. Comptes rendus T. 77(1873).

④ Lindemann, Uber die Zahl π, Math. Ann. Vol. 20(1882).

⑤ 这三篇文章可以在 Math. Ann. Vol. 43(1892)上找到.

第五章　代数数域的一般算术

§21. 代数整数的定义、可除性与单位

在前一章关于基域 k 发展起来的概念现在就被了解为关于绝对域 $k=k(1)$. 欲发展代数数的一个算术基础,我们需要代数整数的一个定义. 下面的要求加于整数的概念是合理的.

(1) 若 α 与 β 为代数整数,则 $\alpha+\beta,\alpha-\beta$ 与 $\alpha\beta$ 亦然.

(2) 若一个代数整数为有理数,则它就是普通整数.

(3) 若 α 为一个代数整数,则其共轭(关于 $k(1)$)亦为代数整数.

由(1)可知以有理整数为系数,代数整数的有理整表示仍为代数整数. 特别,由(3)可见一个代数整数及其共轭的对称函数亦为代数整数. 另一方面,它们是有理数,从而由(2)可知它们是有理整数. 若 α 是一个代数整数, α 在 $k(1)$ 中的首项系数为 1 的不可约方程的系数都是有理整数,所以我们定义:

定义　若 α 在 $k(1)$ 中的首项系数为 1 的不可约方程的所有系数都是有理整数,则称 n 次代数数 α 为代数整数.

今后,我们总是将"整数"理解为代数整数,对于这些整数,条件(2),(3)显然满足.

定理 60　若 α 满足任何首项系数为 1 的有理整系数方程,则 α 为一个整数.

命 $\varphi(x)=x^N+a_1x^{N-1}+\cdots+a_N$,其中诸 a 为有理整数及 $\varphi(\alpha)=0$. 再命:

$$f(x)=c_0x^n+c_1x^{n-1}+\cdots+c_n$$

为 $k(1)$上以 α 为根的不可约多项式,而且诸 c_i 已假定为互素的有理整数,其中 $c_0>0$. 由定理 49 可知 $f\mid\varphi$. 所以

$$\frac{\varphi(x)}{f(x)}=\frac{b'g(x)}{b}$$

为一个 $k(1)$上的有理多项式,此处我们可以假定 $g(x)$为系数互素的整多项式.选取适当的有理整数 b 和b'.则由

$$b\varphi(x)=b'f(x)g(x)$$

可得 $b=b'$.事实上,由定理 13a 可知,$f(x)\cdot g(x)$为两个本原多项式的乘积,故仍为本原的,而 $\varphi(x)$亦为本原的.进而言之,由比较 $\varphi(x)=f(x)\cdot g(x)$之首项系数即可知 c_0 必须整除 φ 的首项系数,即 1; 所以 $c_0=1$,定理证完.

为了验证代数数是否整数,我们最常用的是这一条定理,这是由于它不像定义那样,它不需要验证一个多项式的不可约性.

定理 61 两个整数的和,差,与积仍为整数.因此,有理整系数的整数的每一个有理整函数(多项式)仍为整数.

若 $\alpha_1,\cdots,\alpha_n$ 为一个数α 的共轭及$\beta_1,\cdots,\beta_m$ 为一个数β 的共轭,则

$$F(x)=\prod_{i=1}^{n}\prod_{k=1}^{m}(x-(\alpha_i+\beta_k))$$

为 x 的多项式,其系数关于 $\alpha_1,\cdots,\alpha_n$ 及$\beta_1,\cdots,\beta_m$ 是对称的.由于 α 的初等对称函数及β 的初等对称函数为有理整函数,所以由对称函数的基本定理可知,$F(x)$是 $k(1)$上的整有理多项式.因此 $\alpha+\beta$ 为一个整数.类似地可以证明 $\alpha-\beta$ 与 $\alpha\beta$ 也是整数.

非常类似于上面的讨论,由定理 51 可得

定理 62 若 ω 为方程

$$x^m+\alpha x^{m-1}+\beta x^{m-2}+\cdots+\lambda=0$$

的一个根,此处 $\alpha,\beta,\cdots,\lambda$ 为整数,则 ω 亦为一个整数.

定理 63 每一个代数数 α 乘上一个适当的非零有理数后,即成为一个整数.

为了证明这一点,假定

$$c_0x^n+c_1x^{n-1}+\cdots+c_{n-1}x+c_n=0$$

为 α 的一个方程,其中诸 c_i 为有理整数及$c_0\neq0$,则乘以 c_0^{n-1} 后,

我们得到一个 $y=c_0x$ 的整系数方程,其首项系数为 1,而它以 $c_0\alpha$ 为根.

由整数的概念可以导致可除性的定义.

若 α/β 为整数,则称整数 α 可以被整数 $\beta(\beta\neq0)$ 整除,用记号 $\beta|\alpha$ 表示.

若 $\beta|\alpha$ 及 $\beta|\gamma$,则对于任何整数 λ,μ 皆有 $\beta|\lambda\alpha+\mu\gamma$. 这是由于定理 61 可知

$$\frac{\lambda\alpha+\mu\gamma}{\beta}=\lambda\frac{\alpha}{\beta}+\mu\frac{\gamma}{\beta}$$

是一个整数.

若 $1/\varepsilon$ 仍为一个整数,则称整数 ε 为一个单位.

若 ε 整除 1,则 ε 亦整除 $1\cdot\alpha=\alpha$ 即 ε 可以整除每一个整数 α. 单位的每一个共轭(关于 $k(1)$)仍为单位. 一个单位的每一个因子及单位之乘积均为单位.

若两个整数 α,β 仅相差一个单位因子,则称 α 与 β 相伴.

一个整数 ε 为一个单位的充要条件为 ε 的诸共轭之积等于 ±1.

由于乘积 $\varepsilon_1\varepsilon_2\cdots\varepsilon_n$ 作为一个对称函数,它是一个有理整数 a 及作为单位之积,它仍为一个单位; 即 $a|1$,所以 $a=\pm1$. 又若 $\varepsilon_1\varepsilon_2\cdots\varepsilon_n=\pm1$,则 $1/\varepsilon_1=\pm\varepsilon_2\cdots\varepsilon_n$ 是一个整数,所以 ε_1 是一个单位.

显然所有单位根都是单位,事实上,它们的绝对值等于 1. 但是还有无穷多个其他单位,例如 $2\pm\sqrt{3}$,这是由于

$$\frac{1}{2+\sqrt{3}}=2-\sqrt{3},\qquad \frac{1}{2-\sqrt{3}}=2+\sqrt{3},$$

它们显然都是整数. $\varepsilon=2-\sqrt{3}<1$ 并 >0. 所以在 $\varepsilon,\varepsilon^2,\varepsilon^3,\cdots$ 中有任意小的数,从而这些数的乘积 $N\varepsilon^k(N=\pm1,\pm2,\cdots;k=1,2,\cdots)$ 显然在实直线上是处处稠密的及它们都是 $K(\sqrt{3})$ 中的整数. 这个事实——若实代数整数按其大小排序,则给予整数之后就没有下一个整数——作为一个推论就是我们熟悉的有理数论中的

许多证明方法在代数数中是不可行的.

每一个整数 $\alpha(\neq 0)$都有无穷多个"平凡"因子,即 ε 与 $\varepsilon\alpha$,此处 ε 过所有单位.但 α 亦可以按非平凡的方式来分解：

$$\alpha = \sqrt{\alpha}\sqrt{\alpha},$$

若 α 非单位,则其中任何因子都不是单位.所以在所有代数整数数域中没有不可约数；因此没有有理素数的类似.

为了获得不可约数,我们首先必须限制可允许数的范围,即我们仅对某个 n 次数域的数来进行运作.

§22. 域的整数作为一个阿贝尔群：域的基与判别式

我们给出由一个 n 次代数数 θ 生成的固定代数数域 $K(\theta)$ 为进一步研究的基础.熟知 θ 乘以某一个有理整数即成为一个整数,所以我们并不需要假设 θ 是一个代数整数.我们给予 θ 的共轭数一个确定的编号；即按§19可知 K 中每一个元素的共轭编号也就确定了.今后我们用上指标来表示共轭.

进而言之,对于域 K 的每个元素 α,我们置：

α 的范数 $= N(\alpha) = \alpha^{(1)}\alpha^{(2)}\cdots\alpha^{(n)}$；所以 $N(\alpha\beta) = N(\alpha)N(\beta)$.

α 的迹 $= S(\alpha) = \alpha^{(1)} + \alpha^{(2)} + \cdots + \alpha^{(n)}$；所以 $S(\alpha+\beta) = S(\alpha) + S(\beta)$.

这些量都是有理数及当 α 为一个整数时,它们为有理整数.仅当 $\alpha = 0$ 时有 $N(\alpha) = 0$.

定理 64 在加法复合下,K 的整数构成一个(无挠)阿贝尔群.这一群有 n 个基元素.因此有 K 中的 n 个整数 $\omega_1,\cdots,\omega_n$ 使当表达式

$$\alpha = x_1\omega_1 + \cdots + x_n\omega_n$$

中 x_i 经过所有有理整数时,它正好得到 K 中每个整数一次,数 ω 称为域的基.

第一部分为定理 61 的直接推论. 为了证明第二部分,我们首先研究域的那些整数 ρ,它们有形如

$$\rho = c_0 + c_1\theta + \cdots + c_{n-1}\theta^{n-1}$$

的表达式,其中 c 为有理数. 由于 $\Delta(1,\theta,\theta^2,\cdots,\theta^{n-1})\neq 0$,所以诸 c 可以由 n 个共轭方程

$$\rho^{(i)} = c_0 + c_1\theta^{(i)} + \cdots + c_{n-1}\theta^{(i)n-1} \quad (i = 1,2,\cdots,n)$$

来决定. 解答 $\Delta\cdot c_k$ 等于一个行列式,其元素仅为 $\rho^{(i)}$ 及 $\theta^{(i)}$ 的幂. 由于 ρ 与 θ 为代数整数,所以这个行列式为一个代数整数 A_k. 总之

$$c_k = \frac{A_k}{\Delta} = \frac{A_k\Delta}{\Delta^2}$$

推出 $A_k\Delta = \Delta^2 c_k$ 为一个有理整数. 事实上,由于 A_k 与 Δ 为整数,所以这一数为整数. 又由于 c_k 与 Δ^2 为有理数,所以这一数为有理整数. 从而 c_k 为一个有理数

$$c_k = \frac{x_k}{D},$$

此处 x_k 为一个有理整数及分母 $D = |\Delta|^2$ 独立于 ρ. 所有数系

$$\alpha = x_0\frac{1}{D} + x_1\frac{\theta}{D} + x_2\frac{\theta^2}{D} + \cdots + x_{n-1}\frac{\theta^{n-1}}{D},$$

此处 x_i 经过有理整数,包含了域的所有整数. 进而言之,这一数系也可能含有非整数,但不管怎样,它构成一个以 n 个元素 $1/D$, $\theta/D,\cdots,\theta^{n-1}/D$ 为基的(非挠)阿贝尔群(加法合成). 由定理 34 可知含于这个群中域的整数所成的子群亦有一个基. 由于 $D\cdot\alpha$(即由群论的含义:每一个元素的 D 次幂)明显地为一个整数并属于子群,所以由定理 40 可知子群有有限指标,因此由定理 35 可知数域的整数的基亦含有 n 个元素 $\omega_1,\cdots,\omega_n$. 由定理 38 可知不同的基元素 α_i 与 ω_i 由关系式

$$\alpha_i = \sum_{k=1}^{n} c_{ik}\omega_k \quad (i = 1,2,\cdots,n)$$

相联系,其中 c_{ik} 为有行列式 ± 1 的有理整数. 所以 $\Delta^2(\omega_1,\cdots,\omega_n)$

独立于基的选取及它完全是由域本身决定的. 由于 ω_i 可以用线性组合来表示 $1,\theta,\cdots,\theta^{n-1}$,所以它构成一个基本系,从而 $\Delta^2\neq0$.

定义 独立于基的选取的数 $\Delta^2(\omega_1,\cdots,\omega_n)$称为域的判别式,我们用 d 记之,这是一个非零有理整数.

不难看出,对于由整数 α_i 构成的一个基本系有 $|\Delta^2(\alpha_1,\cdots,\alpha_n)|\geqslant|d|$,而且它等于$|d|$当且仅当这一基本系构成域的基,为此域的基亦称为极小基.

在此,引进模的概念是适宜的. 若 K 中有一个整数系有如下性质:当 α 与 β 属于数系时,$\alpha+\beta,\alpha-\beta$ 亦然,且数系含有一个非零数,则称 K 的这个整数系为一个模.

因此一个模的数在加法复合下构成一个(无挠)阿贝尔群. 它是域的整数群的一个子群,从而由定理 34 可知它含有一个 k 个元素之基,此处 $0<k\leqslant n$. 我们称这一模为一个 k 秩模(或秩 k 的模). 我们仅处理 n 秩模. 这显然恒同于说它含有 n 个线性独立元素.

§23. $K(\sqrt{-5})$中整数的分解：不属于域的最大公因子

我们现在将注意力转向域中整数的乘法分解. 若一个整数 α 不能表示为两个整数之积,其中没有一个是单位,则称 α 在K 中为不可约的,所以不可约这一性质不属于数本身而仅仅被考虑为关于一个确定域而言的. 每一个有理素数关于 $k(1)$是不可约的,但例如 3 在 $K(\sqrt{3})$中就是可约的,它等于$\sqrt{3}\cdot\sqrt{3}$.

在次数高于 1 的代数数域中是否有不可约数及域中每一个整数是否可以(本质上)惟一地表示为这种数的乘积呢?

我们将用数值例子来说明分解的惟一性并不总成立. 及我们将试图找出其中的原因.

我们将考虑域 $K(\sqrt{-5})$,生成数 $\theta=\sqrt{-5}$是 $x^2+5=0$ 的一个根及作为一个非实数,它的确不满足 $k(1)$中任何低次方程,从

而它关于 $k(1)$ 的次数为 2，所以 $K(\sqrt{-5})$ 中所有数均有形式

$$\alpha = r_1 + r_2\sqrt{-5},$$

此处 r_1 与 r_2 为有理数. α 的共轭记作 α'，则

$$\alpha' = r_1 - r_2\sqrt{-5}, \quad \text{所以} (\alpha')' = \alpha.$$

$K(\sqrt{-5})$ 中的整数为数 $m + n\sqrt{-5}$，其中 m, n 为有理整数. α 为一个整数之充要条件为 $\alpha+\alpha'$ 与 $\alpha\cdot\alpha'$ 都是(有理)整数，即

$$2r_1 \quad 与 \quad r_1^2 + 5r_2^2$$

都必须是整数.

所以 r_1 与 r_2 的分母最多是 2. 我们置 $r_1 = g_1/2, r_2 = g_2/2$，则我们应该有

$$\frac{g_1^2 + 5g_2^2}{4} \text{为整数，即 } g_1^2 + 5g_2^2 \equiv 0 (\mathrm{mod} 4).$$

所有的平方皆 $\equiv 0$ 或 $1 (\mathrm{mod} 4)$，从而 g_1 与 g_2 必须是偶数，所以 r_1 与 r_2 本身必须都是偶数.

在 $K(\sqrt{-5})$ 中除 ± 1 之外没有其他单位，否则 $\varepsilon = m + n\sqrt{-5}$ 为一个单位，则我们必须有

$$\pm 1 = N(\varepsilon) = \varepsilon \cdot \varepsilon' = m^2 + 5n^2.$$

若 $n \neq 0$，则量 $m^2 + 5n^2 \geqslant 5$；从而必须 $n = 0, m = \pm 1$.

下面的数在 $K(\sqrt{-5})$ 中是不可约的：

$\alpha = 1 + 2\sqrt{-5}$,

$\alpha' = 1 - 2\sqrt{-5}$,

$\beta = 3$,

$\rho = 7$.

若 $\beta = 3$ 可以分解为 $\gamma\delta$ 及 γ, δ 均非单位，则得

$$9 = N(3) = N(\gamma)N(\delta).$$

将 9 分解成有理整因子且没有一个因子为 1，则惟一的可能为 $3\cdot 3$. 从而我们必须有

$$N(\gamma) = N(\delta) = 3.$$

对于 $\gamma = x + y\sqrt{-5}$ 有

$$x^2+5y^2=3,\quad x^2\leqslant 3,5y^2\leqslant 3,$$

其中 x,y 为有理整数，这是不可能的. 因此 $\beta=3$ 为不可约的. 完全类似地可知 $\rho=7$ 亦是不可约的. 最后若 α 分解为 $\gamma\delta$, $N(\gamma)\neq 1$ 及 $N(\delta)\neq 1$，则我们必须有

$$N(\gamma)N(\delta)=N(\alpha)=21.$$

所以或者 $N(\gamma)=3, N(\delta)=7$，或者倒之. 但我们刚才证明过了不能有适合 $N(\gamma)=3$ 的 γ. 因此 α，从而 α' 都是不可约的.

因此数 21 可以用两种本质上不同的方法分解为 $K(\sqrt{-5})$ 中不可约数之积：

$$21=\alpha\cdot\alpha'=3\cdot 7.$$

为了了解这一事实，我们已经证明 3 确能整除 $\alpha\cdot\alpha'$，但它既不能整除 α，亦不能整除 α'，在此我们注意到 $K(\sqrt{-5})$ 中的数 α 与 3 的确在 $K(\sqrt{-5})$ 中没有公因子(除去 ± 1). 但是它们有一个属于另一个域的公因子(非单位). 事实上，平方

$$\alpha^2=-19+4\sqrt{-5},$$
$$\beta^2=9$$

能被非单位的 $\lambda=2+\sqrt{-5}$ 整除.

$$\alpha^2=(2+\sqrt{-5})(-2+3\sqrt{-5}),$$
$$\beta^2=(2+\sqrt{-5})(2-\sqrt{-5}).$$

所以 α^2/λ, β^2/λ 为整数，从而由定理 62 可知其平方根

$$\frac{\alpha}{\sqrt{\lambda}},\frac{\beta}{\sqrt{\lambda}}$$

亦为整数. 同样

$$\alpha'^2=(-2+\sqrt{-5})(2+3\sqrt{-5}),$$
$$\rho^2=(2+3\sqrt{-5})(2-3\sqrt{-5})$$

可以被

$$\chi=2+3\sqrt{-5}$$

整除. 所以

$$\frac{\alpha'}{\sqrt{\chi}},\frac{\rho}{\sqrt{\chi}}$$

都是整数.进而言之,数$\sqrt{\lambda}$(它不属于域$K(\sqrt{-5})$)正好具有α与β的最大公因子的性质:每一个整数ω——在$K(\sqrt{-5})$或否——它能整除α与β,则亦能整除$\sqrt{\lambda}$,而且凡能整除$\sqrt{\lambda}$之任何整数亦为α与β的一个因子.显然后面这个事实是可除性的定义的直接推论.为了证明第一个论断,我们用这样的事实,即$\sqrt{\lambda}$可以表示为形式:

$$A\alpha+B\beta=\sqrt{\lambda}, \tag{38}$$

此处A,B为整数(当然不属于$K(\sqrt{-5})$),例如

$$A=-\frac{2\alpha}{\sqrt{\lambda}},\quad B=-\frac{(4-\sqrt{-5})\beta}{\sqrt{\lambda}}.$$

因此若$\omega|\alpha$与$\omega|\beta$,则由(38)式可知$\omega|\sqrt{\lambda}$.

在$K(\sqrt{-5})$中,两种不可约的因子分解

$$\alpha\alpha'=\beta\rho$$

是这样的:

$$\alpha=\sqrt{\lambda}\sqrt{-\chi'},\quad \beta=\sqrt{\lambda}\sqrt{\lambda'},$$
$$\alpha'=\sqrt{\lambda'}\sqrt{-\chi},\quad \rho=\sqrt{\chi}\sqrt{\chi'},$$

在乘积

$$21=\sqrt{\lambda}\sqrt{\lambda'}\sqrt{-\chi}\sqrt{-\chi'}$$

中四个不属于域的因子可以有几种方法组合使之得到K的数,尽管每一对这种数都没有公因子.

我们将这两个极为重要的结果陈述如下:

(i) 可能有两个在$K(\sqrt{-5})$中不可约的数,它们并不仅仅只差一个单位因子,而它们有一个不属于域的公因子.

(ii) $K(\sqrt{-5})$中能被K中一个不可约数α整除的全体整数不需要恒同于$K(\sqrt{-5})$中被α的一个非单位因子(不属于K)整除的全体整数.

例如,α为不可约的,$\sqrt{\lambda}$为α的一个因子,$\beta=3$可以被$\sqrt{\lambda}$整

除，但它不能被 α 整除，尽管 β 属于域$K(\sqrt{-5})$.

所有这些性质在 $k(1)$中都不存在. 因为两个不仅仅相差一个单位因子的不可约数总是不同的素数（互素）p,q. 因此 1 可表为组合形式

$$1 = px + qy,$$

此处 x,y 为整数. 由此可见 p 与 q 的公因子一定能整除 1，从而为单位.

进而言之，若 p 是一个素数及 φ 为一个任意可以整除 p 的整数（不是一个单位而且可能非有理的），则所有可以被 φ 整除的有理整数构成一个模，从而由定理 2 可知这一模恒同于一个有理整数 n 的倍数集合. 则 p 必须除得尽 n，否则 1 即可以写成 p 与 n 的线性组合而 φ 可以除得尽 1 了. 因此 $n = \pm p$，换言之，每一个被 φ 整除的有理整数一定能被 p 整除，此处 φ 为 p 的一个因子但非单位，其中 p 为一个素数.

我们得到这样的理解，即不可约数在高次代数数域中并非最终的建筑砖，即它可以将域中的所有数都构造出来，就像具有刚才说的素数那样的性质.

现在的问题是将数域扩大使我们亦能考虑那些数，即域中数的 GCD，如上述的不属于域的$\sqrt{\lambda}$与$\sqrt{\chi}$. 实际上，我们不需要准确地考虑个别数$\sqrt{\lambda}$，$\sqrt{\chi}$本身. 对于在 K 中的研究，我们不需要将两个代数数分开，此处它们有性质：每一个数可被 K 中一个数整除，则亦可以被另一个整除.

从而我们将简单地寻求用域中所有能被 A 整除的数来刻画一个不属于K 的数A.

这样的整数系满足：若 α 与β 属于这个系，及 λ 与 μ 为域中任意数，则 $\lambda\alpha + \mu\beta$ 亦属于这个系. 在我们的理论表述的后面，有一个结果说其逆亦真：若 K 中一个整数集合有这一性质，则有一个代数整数 A，可能不属于域 K，使集合包含域中所有被 A 整除的数. 这样一个集合概念地被当作一个数并被戴德金称之为一个理想. 康默是第一个做这件事的人，他对于分圆域的情况较早地研

究了这些关系.他应该被认为是理想理论的创立者.他称作为域的元素 GCD 出现而不属于域的数 A 为域的理想数.

在以后将要阐明的理想理论中,我们总应该铭记于心的是理想仅仅是用域的运算来刻画某一个不属于域的数.在用理想扩张后的域中,素数的概念及素数惟一分解这一事实将如同有理数论一样再度被建立了起来.

§24. 理想的定义与基本性质

定义 若 α 与 β 属于 S,则每一个组合 $\lambda\alpha+\mu\beta$ 亦属于 S,此处系数 λ 与 μ 为 K 中任意整数,则 K 的整数系 S 就称为 K 的一个理想(或简称为一个理想)[①].

因此一个理想的性质对于一个系统 S 来说并不是绝对的意义,而仅仅是对一个特定域 K 而言的.今后我们将以大写德文字母 $\mathfrak{a},\mathfrak{b},\mathfrak{c},\cdots$ 来表示理想.仅含单个元素 0 的理想可以记为(0);在很多方面,它有特别的作用.若两个理想 $\mathfrak{a}$ 与 $\mathfrak{b}$ 包含有同样的数,则称它们相等($\mathfrak{a}=\mathfrak{b}$).

理想的例子:

Ⅰ.表示为特殊线性型 $\xi_1\alpha_1+\cdots+\xi_r\alpha_r$ 的数集合 S,其中 $\alpha_1,\cdots,\alpha_r$ 为 K 中给予整数及 $\xi_1,\cdots,\xi_r$ 通过 K 中所有整数.这个数集合称为型的值域.我们将这一理想记为$(\alpha_1,\cdots,\alpha_r)$.

Ⅱ.不管一个确定的整数 A 属于域或否,能被 A 整除的域的全体整数构成的集合.

恰如已指出的那样我们理论的最终结果为,每一个理想均有形式Ⅰ,同样也有形式Ⅱ(§33),现在我们来证明

定理 65 每一个理想 $\mathfrak{a}$ 都可以写成形式$(\alpha_1,\cdots,\alpha_r)$,其中 α 为 K 中适当选取的整数.进而言之,我们甚至可以取 $r\leqslant n$.

一个非(0)理想 $\mathfrak{a}$($\mathfrak{a}=(0)$是平凡的)的数显然在加法的复合

① 从§31开始,更为一般的理想定义将被用到,在那里非整数亦是允许的.

下构成一个无限阿贝尔群，它是 K 中所有整数群的一个子群. 因此由定理 34 可知，理想 $\mathfrak{a}$ 有一个基，其元素个数$\leqslant n$. 另一方面，由定理 37 可知，基元素个数等于 $\mathfrak{a}$ 中独立元素的个数；从而它$=n$. 事实上，$\alpha(\neq 0)$属于 $\mathfrak{a}$，则 n 个独立元素 $\alpha,\theta\alpha,\theta^2\alpha,\cdots,\theta^{n-1}\alpha$ 亦必须属于 $\mathfrak{a}$. 因此在每一个理想 $\mathfrak{a}\neq(0)$中正好有 n 个数 $\alpha_1,\cdots,\alpha_n$ 使当 $x_1,\cdots,x_n$ 经过所有有理整数时，

$$\alpha = x_1\alpha_1 + \cdots + x_n\alpha_n$$

正好表示理想中所有元素各一次. 这样的数系 $\alpha_1,\cdots,\alpha_n$ 称为理想的基(或理想基). 按定义，$\mathfrak{a}$ 的数同时构成型

$$\xi_1\alpha_1 + \cdots + \xi_n\alpha_n$$

的值域. 所以 $\mathfrak{a}=(\alpha_1,\cdots,\alpha_n)$. 我们有$(\alpha_1,\cdots,\alpha_r)=(\beta_1,\cdots,\beta_s)$当且仅当每一个 α 可以由 β 系数属于 K 的线性型来表示. 且反之亦然. 特别，若 ω 为 $\mathfrak{a}$ 中任意数，λ 为 K 中一个整数，则

$$\mathfrak{a} = (\alpha_1,\cdots,\alpha_r) = (\alpha_1,\cdots,\alpha_r,\omega) = (\alpha_1 - \lambda\omega,\alpha_2,\cdots,\alpha_r,\omega). \tag{39}$$

若有一个整数 α 使 $\mathfrak{a}=(\alpha)$，则称 $\mathfrak{a}$ 为主理想. 注意对于两个主理想(α)与(β)，$(\alpha)=(\beta)$当且仅当 α 与 β 相伴；即它们只相差一个单位因子.

由定理 2 可知 $k(1)$中的每一个理想都是主理想. 这是由于当它$\neq(0)$时为一个模. 另一方面，由前一节所述可知域 $K(\sqrt{-5})$ 中的理想$(1+2\sqrt{-5},3)$就不是主理想. 这一理想包含所有能整除$\sqrt{\lambda}$的数.

若

$$(\alpha_1,\cdots,\alpha_r) = (A_1,\cdots,A_s) \quad 及 \quad (\beta_1,\cdots,\beta_p) = (B_1,\cdots,B_q),$$

则

$$(\alpha_1\beta_1,\cdots,\alpha_i\beta_k,\cdots,\alpha_r\beta_p) = (A_1B_1,\cdots,A_lB_m,\cdots,A_sB_q).$$

事实上，由

$$\alpha_i = \sum_l \lambda_{il}A_l,\quad \beta_k = \sum_m \mu_{km}B_m$$

可以导出

$$\alpha_i\beta_k = \sum_{l,m}\lambda_{il}\mu_{km}A_lB_m,$$

此处 λ,μ 为整数. 反之, A_lB_m 都是 $\alpha_i\beta_k$ 的线性组合.

两个理想 $\mathfrak{a}=(\alpha_1,\cdots,\alpha_r)$, 与 $\mathfrak{b}=(\beta_1,\cdots,\beta_p)$ 的乘积 $\mathfrak{ab}$ 定义为理想

$$\mathfrak{ab} = (\alpha_1\beta_1,\cdots,\alpha_i\beta_k,\cdots,\alpha_r\beta_p),$$

所以它是由 $\mathfrak{a}$ 与 $\mathfrak{b}$ 惟一确定的.

由定义立即推出理想的乘积是可交换的与可结合的:

$$\mathfrak{ab} = \mathfrak{ba},\quad \mathfrak{a}(\mathfrak{bc}) = (\mathfrak{ab})\mathfrak{c}.$$

我们置 $\mathfrak{a}=\mathfrak{a}^1$ 及对于每一个正有理整数 m, 我们置 $\mathfrak{a}^{m+1}=\mathfrak{a}^m\mathfrak{a}$. 所以如同普通幂一样, 我们有 $\mathfrak{a}^{p+q}=\mathfrak{a}^p\mathfrak{a}^q$.

若理想 $\mathfrak{c}\neq(0)$ 及有理想 $\mathfrak{b}$ 使得 $\mathfrak{a}=\mathfrak{bc}$, 则称 $\mathfrak{a}$ 可以被 $\mathfrak{c}$ 整除, 或 $\mathfrak{c}$ 是 $\mathfrak{a}$ 的因子. 我们用记号 $\mathfrak{c}|\mathfrak{a}$ 记之.

数与理想的可除性关系为下面这一事实: 主理想 (α) 可以被主理想 $(\gamma)\neq(0)$ 整除当且仅当数 α 可以被 γ 被整除.

由 $(\alpha)=(\gamma)(\beta_1,\cdots,\beta_r)=(\gamma\beta_1,\cdots,\gamma\beta_r)$ 可知

$$\alpha = \sum_i\lambda_i\gamma\beta_i = \gamma\sum_i\lambda_i\beta_i,$$

此处 λ_i 为整数. 所以 $\gamma|\alpha$. 反之, 若 $\gamma|\alpha$, 则有某个整数 β, 使 $\alpha=\gamma\beta$. 我们亦有

$$(\alpha) = (\gamma)(\beta) \text{ 及 } (\gamma)|(\alpha).$$

单位理想 (1) 含有域中所有整数. 若一个理想含有 1, 则它含有所有整数, 从而它 $=(1)$. 对于每一个理想 $\mathfrak{a}\neq(0)$, 我们有

$$\mathfrak{a} = \mathfrak{a}\cdot(1),\quad \mathfrak{a}|\mathfrak{a},\quad (1)|\mathfrak{a}, \text{及 } \mathfrak{a}|(0).$$

每一个理想 $\mathfrak{a}$ 有"平凡"的因子 $\mathfrak{a}$ 与 (1).

定义 若一个异于 (1) 的理想 $\mathfrak{p}$, 除 $\mathfrak{p}$ 与 (1) 之外, 没有其他因子, 则称 $\mathfrak{p}$ 为一个素理想.

我们还不知是否存在素理想.

事实上, 理想的可除性可以归结为数的可除性这一事实, 不仅其逆亦真, 而且由下面定理显示了它对于理想理论基础的基本重

要性.

定理 66 对于每一个理想 $\mathfrak{a}$ 皆存在一个异于(0)的理想 $\mathfrak{b}$ 使 $\mathfrak{ab}$ 为主理想.

这一定理的不同证明区分出理想理论的基础建立的不同途径.在此我们将使用胡尔维茨的一个方法.这个方法被斯坦尼茨做过巨大简化,它基于高斯关于多项式定理的推广,此处多项式是以代数整数为系数的.

定理 67 命

$$A(x)=\alpha_p x^p+\alpha_{p-1}x^{p-1}+\cdots+\alpha_0,$$

$$B(x)=\beta_r x^r+\beta_{r-1}x^{r-1}+\cdots+\beta_0$$

为有整系数的多项式,其中 $\alpha_p,\beta_r\neq 0$,若整数 δ 整除

$$C(x)=A(x)\cdot B(x)=\gamma_s x^s+\gamma_{s-1}x^{s-1}+\gamma_{s-2}x^{s-2}+\cdots+\gamma_0$$

的所有系数 γ,则 δ 亦可以整除所有乘积 $\alpha_i\beta_k$.

为了证明这一论断,我们需要下面两条引理:

引理 a 若

$$f(x)=\delta_m x^m+\delta_{m-1}x^{m-1}+\cdots+\delta_1 x+\delta_0(\delta_m\neq 0)$$

为一个整系数多项式及 ρ 为它的一个根,则 $f(x)/(x-\rho)$ 亦有整系数.

由定理 62 及类似于定理 63 的证明可知 $\delta_m\rho$ 为一个整数.

进而言之,引理对于 $m=1$ 成立.在这种情况下,$f(x)/(x-\rho)=\delta_1$,此处 $\rho=-\delta_0/\delta_1$.

现在假设这一引理对于次数$\leqslant m-1$ 的多项式已经证明.由于

$$\varphi(x)=f(x)-\delta_m x^{m-1}(x-\rho)$$

显然是一个次数$\leqslant m-1$ 的整多项式并以 ρ 为根,则

$$\frac{\varphi(x)}{x-\rho}=\frac{f(x)}{x-\rho}-\delta_m x^{m-1}$$

有整系数,所以 $f(x)/(x-\rho)$ 亦有整系数.因此由数学归纳法可知引理 a 成立.

引理 b 在上面引理的记号下,若

$$f(x) = \delta_m(x-\rho_1)(x-\rho_2)\cdots(x-\rho_m),$$

则对于每一个适合 $1\leqslant k\leqslant m$ 的 k, $\delta_m\rho_1\rho_2\cdots\rho_k$ 为一个整数.

不断应用引理 a 可知

$$\frac{f(x)}{(x-\rho_{k+1})(x-\rho_{k+2})\cdots(x-\rho_m)} = \delta_m(x-\rho_1)\cdots(x-\rho_k)$$

是一个整多项式,其常数项为 $\pm\delta_m\rho_1\rho_2\cdots\rho_k$.

现在我们来证明定理 67 如下：命 $A(x)$ 与 $B(x)$ 的线性因子分解为

$$A(x) = \alpha_p(x-\rho_1)(x-\rho_2)\cdots(x-\rho_p),$$

$$B(x) = \beta_r(x-\sigma_1)(x-\sigma_2)\cdots(x-\sigma_r).$$

则由假定可知

$$\frac{C(x)}{\delta} = \frac{\alpha_p\beta_r}{\delta}(x-\rho_1)\cdots(x-\sigma_r)$$

有整系数,所以由引理 b 可知每一个乘积

$$\frac{\alpha_p\beta_r}{\delta}\cdot\rho_{n_1}\rho_{n_2}\cdots\rho_{n_i}\sigma_{m_1}\cdots\sigma_{m_k} \tag{40}$$

都是整数,此处 $n_1,\cdots,n_i$ 与 $m_1,\cdots,m_k$ 为任意相异指标($i\leqslant p$, $k\leqslant r$). 由于 α_i/α_p 与 β_k/β_r 分别为 ρ 与 σ 的初等对称函数,所以 $\alpha_i\beta_k/\delta$ 为形如(40)的项之和,从而为整数,定理证完.

我们现在可以来证明关于理想的定理 66 了. 命 $\mathfrak{a}=(\alpha_1,\cdots,\alpha_r)$,我们构造整多项式

$$g(x) = \alpha_1 x + \alpha_2 x^2 + \cdots + \alpha_r x^r$$

及其共轭多项式

$$g^{(i)}(x) = \alpha_1^{(i)}x + \alpha_2^{(i)}x^2 + \cdots + \alpha_r^{(i)}x^r \quad (i = 1,2,\cdots,n),$$

此处原来多项式 $g(x)$ 亦在其中,它对应于 $i=1$. 乘积

$$F(x) = \prod_{i=1}^{n} g^{(i)}(x) = \sum_p c_p x^p$$

作为共轭的对称函数,它是一个有有理整系数 c_p 的多项式, $F(x)$ 可以被 $g(x)$ 整除及商

$$h(x)=\frac{F(x)}{g(x)}=\prod_{i=2}^{n}g^{(i)}(x)$$

为一个系数属于 K 的多项式，事实上，系数为整数：

$$h(x)=\beta_1x+\beta_2x^2+\cdots+\beta_mx^m,$$

其中 β_i 为 K 中整数，如果我们记诸有理整数 c_p 的 GCD 为 N，则 $F(x)/N$ 为一个本原多项式．置

$$\mathfrak{b}=(\beta_1,\cdots,\beta_m),$$

则我们断言方程

$$\mathfrak{ab}=(N)$$

成立．现在 $\mathfrak{ab}=(\cdots,\alpha_i\beta_k,\cdots)$，由于 N 可以整除 $g(x)h(x)$ 的所有系数，所以由定理 67 可知 N 可以整除所有 $\alpha_i\beta_k$．因此

$$\alpha_i\beta_k=\lambda_{ik}N,$$

此处 λ_{ik} 为整数，即所有的 $\alpha_i\beta_k$ 亦然，从而 $\mathfrak{ab}$ 的所有数皆属于 (N)．其次，N 是 $g(x)h(x)$ 的所有系数 c_p 的 GCD，所以存在有理整数 x_p 使

$$N=c_1x_1+c_2x_2+\cdots,$$

每一个 c 都是 $\alpha_i\beta_k$ 之和；从而 N 可以表为形式

$$N=\sum_{i,k}u_{ik}\alpha_i\beta_k,$$

其中 u_{ik} 为整数（其实是有理整数）．即 N 及 (N) 中所有数都属于 $\mathfrak{ab}$，故得 $(N)=\mathfrak{ab}$．

由这个定理，我们可见理想除法的惟一性：

定理 68　若 $\mathfrak{ab}=\mathfrak{ac}$，及 $\mathfrak{a}\neq 0$，则 $\mathfrak{b}=\mathfrak{c}$．

欲证定理，我们决定一个理想 $\mathfrak{m}$ 使 $\mathfrak{am}=(\alpha)$ 为一个主理想，则

$$\mathfrak{amb}=\mathfrak{amc},\quad (\alpha)\mathfrak{b}=(\alpha)\mathfrak{c}.$$

后一个方程表明 α 乘以 $\mathfrak{b}$ 的每一个数都具有形式 α 乘以 $\mathfrak{c}$ 的一个数，即 $\mathfrak{b}$ 中的每一个数都属于 $\mathfrak{c}$，且其逆亦真；因此 $\mathfrak{b}=\mathfrak{c}$．

现在我们得可除性的一个新定义：

定理 69　一个理想 $\mathfrak{c}=(\gamma_1,\cdots,\gamma_r)$ 为 $\mathfrak{a}=(\alpha_1,\cdots,\alpha_m)$ 的一个

因子当且仅当 $\mathfrak{a}$ 中每一个数都属于 $\mathfrak{c}$.

若 $\mathfrak{c}|\mathfrak{a}$,则存在一个 $\mathfrak{b}=(\beta_1,\cdots,\beta_m)$满足 $\mathfrak{b}\neq(0)$及

$$(\alpha_1,\cdots,\alpha_m)=(\beta_1,\cdots,\beta_p)\cdot(\gamma_1,\cdots,\gamma_r)=(\cdots,\beta_i\gamma_k,\cdots);$$

所以 $\mathfrak{a}$ 中的每一个数 α 皆可以表为形式

$$\alpha=\sum_{i,k}\lambda_{ik}\beta_i\gamma_k=\sum_{k=1}^{r}\gamma_k\Big(\sum_{i=1}^{p}\lambda_{ik}\beta_i\Big),$$

此处 λ_{ik}为整数,所以它属于 $\mathfrak{c}$.

反之,若 $\mathfrak{a}$ 中每一个数都是 $\mathfrak{c}$ 中的数,则对于所有整数 λ_{ik} 皆存在整数 μ_{pk}使

$$\sum_i\lambda_{ik}\alpha_i=\sum\mu_{pk}\gamma_p;$$

从而对于每一个 $\mathfrak{d}=(\delta_1,\cdots,\delta_s)$有

$$\sum_k\sum_i\lambda_{ik}\alpha_i\delta_k=\sum_k\sum_p\mu_{pk}\gamma_p\delta_k,$$

换言之,$\mathfrak{ad}$ 中每一个数都属于 $\mathfrak{cd}$. 现在取 $\mathfrak{d}$ 使 $\mathfrak{cd}=(\delta)$为一个主理想($\delta\neq0$). 若 $\mathfrak{ad}=(\rho_1,\rho_2,\cdots)$,则每一个 ρ_i 都是(δ)中的一个数;所以它具有形式 $\lambda_i\delta$,其中 λ_i 为整数,从而

$$(\rho_1,\rho_2,\cdots)=(\delta)(\lambda_1,\lambda_2,\cdots),$$

$$\mathfrak{ad}=\mathfrak{cd}\cdot(\lambda_1,\lambda_2,\cdots),$$

$$\mathfrak{a}=\mathfrak{c}\cdot(\lambda_1,\lambda_2,\cdots),\quad \text{即得 } \mathfrak{c}|\mathfrak{a}.$$

作为这个定理的直接推论,我们强调:命 $\mathfrak{a}$ 为一个理想,它$\neq(0)$.

整数 α 属于 $\mathfrak{a}$ 当且仅当 $\mathfrak{a}|(\alpha)$. 若 $\mathfrak{a}|(\alpha)$及 $\mathfrak{a}|(\beta)$,则对于所有整数 λ,μ 皆有

$$\mathfrak{a}|(\lambda\alpha+\mu\beta).$$

由 $\mathfrak{ab}=(1)$可知 $\mathfrak{a}=(1)$及 $\mathfrak{b}=(1)$.

若两个理想中,每一个都是另一个的因子,则它们相等.

§25. 理想理论的基本定理

定理 70 对于每两个非全为(0)的理想 $\mathfrak{a}=(\alpha_1,\cdots,\alpha_r)$,$\mathfrak{b}=$

$(\beta_1,\cdots,\beta_s)$皆存在惟一的最大公因子 $\mathfrak{d}=(\mathfrak{a},\mathfrak{b})$具有下面的性质:$\mathfrak{d}$ 是 $\mathfrak{a}$ 与 $\mathfrak{b}$ 的因子. 进而言之,若 $\mathfrak{d}_1|\mathfrak{a}$ 及 $\mathfrak{d}_1|\mathfrak{b}$,则 $\mathfrak{d}_1$ 为 $\mathfrak{d}$ 的一个因子. 事实上,$\mathfrak{d}=(\alpha_1,\cdots,\alpha_r,\beta_1,\cdots,\beta_s)$.

我们将证明 $\mathfrak{d}=(\alpha_1,\cdots,\alpha_r,\beta_1,\cdots,\beta_s)$有所说的可除性性质. 由于每一个和"$\mathfrak{a}$ 中的数 + $\mathfrak{b}$ 中的数"显然属于 $\mathfrak{d}$,所以 $\mathfrak{a}$ 中所有的数及 $\mathfrak{b}$ 中所有的数都属于 $\mathfrak{d}$,从而由定理 69 可知 $\mathfrak{d}|\mathfrak{a}$ 及 $\mathfrak{d}|\mathfrak{b}$.

进而言之,若 $\mathfrak{d}_1|\mathfrak{a}$ 及 $\mathfrak{d}_1|\mathfrak{b}$,则所有 $\mathfrak{a}$ 的数及所有 $\mathfrak{b}$ 的数都属于 $\mathfrak{d}_1$,从而每一个和"$\mathfrak{a}$ 中的数 + $\mathfrak{b}$ 中的数"亦属于 $\mathfrak{d}_1$,即每一个 $\mathfrak{d}$ 的数都属于 $\mathfrak{d}_1$. 即我们得到 $\mathfrak{d}_1|\mathfrak{d}$.

若一个理想 $\mathfrak{d}_2$ 亦有这个性质,则 $\mathfrak{d}_2|\mathfrak{d}$ 与 $\mathfrak{d}|\mathfrak{d}_2$,所以 $\mathfrak{d}=\mathfrak{d}_2$. 因此 $\mathfrak{d}$ 由这个性质惟一地决定了.

所以我们见到一个理想 $\mathfrak{a}=(\alpha_1,\cdots,\alpha_m)$可以看作主理想$(\alpha_1),(\alpha_2),\cdots,(\alpha_r)$的 GCD.

由 $\mathfrak{d}$ 的表达式,我们立即得到

$$\mathfrak{c}(\mathfrak{a},\mathfrak{b})=(\mathfrak{c}\,\mathfrak{a},\mathfrak{c}\,\mathfrak{b}). \tag{41}$$

由此我们得到基本定理的一部分:

定理 71 若 $\mathfrak{p}$ 是一个素理想及 $\mathfrak{p}|\mathfrak{a}\mathfrak{b}$,则 $\mathfrak{p}$ 整除 $\mathfrak{a}$ 或 $\mathfrak{b}$ 或它们两个.

若 $\mathfrak{p}$ 除不尽 $\mathfrak{b}$,则由素理想 $\mathfrak{p}$ 只有因子(1)与 $\mathfrak{p}$,所以

$$(\mathfrak{p},\mathfrak{b})=(1).$$

由(41)可知

$$\mathfrak{a}=\mathfrak{a}(1)=\mathfrak{a}(\mathfrak{p},\mathfrak{b})=(\mathfrak{a}\,\mathfrak{p},\mathfrak{a}\,\mathfrak{b}).$$

因为 $\mathfrak{p}|\mathfrak{a}\mathfrak{b}$,所以 $\mathfrak{p}$ 整除 $\mathfrak{a}$.

如同在有理数论(定理 5)一样,我们得到一个理想表示为素理想之积是可能的,而且除因子之次序外,表示是惟一的.

但我们仍然漏证将理想分解为素理想之积是可能的. 为此我们必须证明:

(a) 每一个非(0)理想 $\mathfrak{a}$ 只有有限多个因子.

(b) $\mathfrak{a}(\mathfrak{a}\neq(0))$的每一个真因子比 $\mathfrak{a}$ 的因子要少.

为了证明(a),每一个非(0)理想 $\mathfrak{a}$ 整除某一个主理想(α)及 $\mathfrak{a}$

的每一个因子亦是(α)的一个因子. 所以只要验证每一个主理想(α)的因子个数的有限性即足. 由于$\alpha | N(\alpha)$所以$(\alpha) | (N(\alpha))$及$N(\alpha)=N$为一个有理整数,所以我们可以取α为一个有理整数.

由定理69可知一个理想(N)仅能被那些包含N的理想$\mathfrak{a}$所整除. 现在命$\mathfrak{a}=(\alpha_1,\cdots,\alpha_r)$为$(N)$的一个因子. 所以$N$属于$\mathfrak{a}$,因为我们取$\alpha_i$为$\mathfrak{a}$的一个基,所以我们可以假定$r\leqslant n$. 由于对于任意整数$\lambda_i$皆有

$$\begin{aligned}(\alpha_1,\cdots,\alpha_r) &= (\alpha_1,\cdots,\alpha_r,N)\\ &= (\alpha_1-N\lambda_1,\alpha_2-N\lambda_2,\cdots,\alpha_r-N\lambda_r,N).\end{aligned}$$

我们来证明λ_i可以被选出来使$\alpha_i-N\lambda_i$属于一个确定的有限值域. 命$\omega_1,\cdots,\omega_n$为域的一个基. 对于每一个整数$\alpha=x_1\omega_1+\cdots+x_n\omega_n$,显然可以决定一个整数$\lambda=u_1\omega_1+\cdots+u_n\omega_n$($x_i$与$u_i$均为有理整数)使在

$$\alpha-N\lambda=(x_1-Nu_1)\omega_1+\cdots+(x_n-Nu_n)\omega_n$$

中,n个有理整数x_i-Nu_i属于区间$0,\cdots,N-1$. 我们暂时称这些数为"既约$\mathrm{mod}N$",它们共有$|N|^n$个相异者. 我们现在取λ_i使所有数$\alpha_i-N\lambda_i$都既约$\mathrm{mod}N$; 则最多n个数$\alpha_i-N\lambda_i$属于一个由N决定的确定有限数集,所以它们只能是有限多个相异的理想$\mathfrak{a}$; 即(N)只有有限多个因子及引理a得证. 为了证明引理b,命$\mathfrak{c}$为$\mathfrak{a}$的一个真因子,则$\mathfrak{a}=\mathfrak{b}\mathfrak{c}$,此处$\mathfrak{b}\neq(1)$,$\mathfrak{c}\neq\mathfrak{a}$. 则$\mathfrak{c}$不能以$\mathfrak{a}$为因子,从而$\mathfrak{c}$至少比$\mathfrak{a}$少一个因子.

除非$\mathfrak{a}$本身即(1),则在$\mathfrak{a}$的有限多个,假定为m,因子中至少有一个素理想. 实际上,由引理b可知有尽可能少的因子的理想显然就是素理想. 所以我们可以从$\mathfrak{a}$中分离出一个素理想$\mathfrak{p}_1$,$\mathfrak{a}=\mathfrak{p}_1\mathfrak{a}_1$,此处$\mathfrak{a}_1$最多只有$m-1$个$\neq(1)$的因子. 若仍有$\mathfrak{a}_1\neq(1)$,则我们又可以从$\mathfrak{a}_1$中分离出一个素理想$\mathfrak{p}_2$,$\mathfrak{a}=\mathfrak{p}_1\mathfrak{p}_2\mathfrak{a}_2$,其中$\mathfrak{a}_2$最多只有$m-2$个因子$\neq(1)$,如此等等. 由于$\mathfrak{a}_1,\mathfrak{a}_2,\cdots$总是具有递减的因子个数,所以经有限步骤之后,这一过程必须停止,最后达到$\mathfrak{a}_k=(1)$,则$\mathfrak{a}=\mathfrak{p}_1\mathfrak{p}_2\cdots\mathfrak{p}_k$为素理想乘积之表示,及我们证明了

定理 72(理想理论的基本定理) K 中每一个异于(0)与(1)的理想都可以惟一地(除次序外)被表示为素理想之乘积.

§26. 基本定理的首先应用

我们立即见到理想的这个定理可以用于数的可除性研究,例如,这一定理可以给出决定整数 α 是否能被整数 β 整除的一个全新方法. 由 §24,我们必须研究(α)是否可以被(β)整除,首先我们将这两个理想分解为相异素理想因子之积:

$$(\alpha) = \mathfrak{p}_1^{a_1}\mathfrak{p}_2^{a_2}\cdots\mathfrak{p}_k^{a_k} \qquad (a_i \geqslant 0),$$

$$(\beta) = \mathfrak{p}_1^{b_1}\mathfrak{p}_2^{b_2}\cdots\mathfrak{p}_k^{b_k} \qquad (b_i \geqslant 0).$$

则由基本定理可知 β 整除 α 当且仅当 $a_i - b_i \geqslant 0, i = 1,2,\cdots,k$.

定理 73 每一个域中都有无穷多个素理想.

每一个素数 p 定义了一个理想(p),进而言之,若 p 与 q 为互异的正素数,则在我们理想理论的含义下,$(p,q)=1$. 事实上,1 出现在(p,q)的线性型 $px+qy$ 中. 所以同样素理想不能同时整除(p)与(q); 因此至少存在与正素数 p 同样多的素理想.

为了记号的简化及不引起误解,当我们提到主理想(α)时,我们就省去括弧,但我们要牢记在心者为由两个理想 α 与 β 相等,这只能导致:$\alpha=\beta\times$单位. 同样,在所有关于(α)的可除性陈述中,我们将理想换成了数 α. 因此 α 被一个理想 $\mathfrak{a}$ 整除的含义为(α)可以被 $\mathfrak{a}$ 整除. 陈述 $\beta|\alpha$ 已经有了含义,它由我们较早说的实际上等同于$(\beta)|(\alpha)$. 所以 $\alpha_1,\cdots,\alpha_r$ 的最大公因子即为理想 $\mathfrak{a}=(\alpha_1,\cdots,\alpha_r)$. 若这个理想$=(1)$,则我们称这些数 $\alpha_1,\cdots,\alpha_r$ 互素. 从而一些数互素的充要条件为 $\mathfrak{a}$ 包含数 1,即存在 K 中整数 λ_i 使

$$\lambda_1\alpha_1 + \lambda_2\alpha_2 + \cdots + \lambda_r\alpha_r = 1.$$

由 $\mathfrak{a}|\alpha$ 与 $\mathfrak{a}|\beta$ 可知对于所有 K 中的整数 λ 与 μ 有 $\mathfrak{a}|\lambda\alpha+\mu\beta$.

定理 74 若 $\mathfrak{a}$ 与 $\mathfrak{b}$ 为异于(0)的理想,则总存在一个数使

$$(\omega,\mathfrak{ab}) = \mathfrak{a}.$$

这一 ω 显然有一个分解 $\omega=\mathfrak{a}\mathfrak{c}$,此处 $(\mathfrak{c},\mathfrak{b})=1$. 因此定理断言每一个理想 $\mathfrak{a}$ 可以乘以一个与已给理想 $\mathfrak{b}$ 互素的理想 $\mathfrak{c}$ 使之成为一个主理想.

欲证定理,我们命 $\mathfrak{p}_1,\cdots,\mathfrak{p}_r$ 为整除 $\mathfrak{a}\mathfrak{b}$ 的相异素理想,及命 $\mathfrak{a}=\mathfrak{p}_1^{a_1}\mathfrak{p}_2^{a_2}\cdots\mathfrak{p}_r^{a_r}(a_i\geqslant 0)$. 我们由

$$\mathfrak{p}_i^{a_i+1}\mathfrak{d}_i = \mathfrak{a}\mathfrak{p}_1\cdots\mathfrak{p}_r(i = 1,\cdots,r)$$

定义 r 个理想 $\mathfrak{d}_1,\cdots,\mathfrak{d}_r$. 则 $\mathfrak{d}_i$ 与 $\mathfrak{p}_i$ 互素,但包含所有剩余素理想 $\mathfrak{p}$,且较 $\mathfrak{a}$ 中 $\mathfrak{p}$ 的幂高. 因为这些 $\mathfrak{d}_i$ 的总体是互素的,所以有 $\mathfrak{d}_i$ 中的数 δ_i 使

$$\delta_1 + \delta_2 + \cdots + \delta_r = 1.$$

在此 δ_i 可被 $\mathfrak{d}_i$ 整除,因此可以被所有 $\mathfrak{p}_k(k\neq i)$ 整除. 从而由于 1 不能被 $\mathfrak{p}_i$ 整除,所以 δ_i 不能被 $\mathfrak{p}_i$ 整除.

我们决定 r 个数 α_i,使 $\mathfrak{p}_i^{a_i}|\alpha_i$,但 $\mathfrak{p}_i^{a_i+1}$ 除不尽 α_i,这是显然可能的: 只需要从 $\mathfrak{p}_i^{a_i}$ 中找一个数而它不属于 $\mathfrak{p}_i^{a_i+1}$ 即可. 则数

$$\omega = \alpha_1\delta_1 + \alpha_2\delta_2 + \cdots + \alpha_r\delta_r$$

就有定理 74 所说的性质. 事实上,每一个素理想 $\mathfrak{p}_i$ 在 $r-1$ 个被加项中至少有幂 $\mathfrak{p}_i^{a_i+1}$;而在 i 项被加项中,正好有幂 $\mathfrak{p}_i^{a_i}$;从而 ω 正好被 $\mathfrak{p}_i^{a_i}$ 整除,而不能被 $\mathfrak{p}_i$ 的更高次幂整除.

取 $\mathfrak{a}\mathfrak{b}$ 本身为一个主理想 β,它被 $\mathfrak{a}$ 整除,则得

定理 75 每一个理想 $\mathfrak{a}$ 可以被表示为域中两个元素的最大公因子:$\mathfrak{a}=(\omega,\beta)$.

§27. 同余式与剩余类模理想及加法与乘法下的剩余类群

我们现在将有理数论中同余式的概念推进至理想理论. 因为只需要对较早用到的方法做一点修改即可. 从而我们很简单地加以处理.

对于两个整数 α,β 及一个理想 $\mathfrak{a}$,本节中,我们恒假定 $\mathfrak{a}$ 异于

0,则

$$\alpha \equiv \beta (\mathrm{mod}\, \mathfrak{a})(\alpha \text{ 同余于 } \beta \bmod \mathfrak{a})$$

的含义是

$$\mathfrak{a} \mid \alpha - \beta.$$

若 $\mathfrak{a}$ 除不尽 $\alpha - \beta$,则我们将它记为 $\alpha \not\equiv \beta (\mathrm{mod}\, \mathfrak{a})$.

这些同余式满足§2 中所述关于有理数域同余式的同样计算法则,在 α, β 与 $\mathfrak{a}$ 都是有理数,则它们的含义与过去完全相同.

所有彼此同余 mod$\mathfrak{a}$ 的数构成一个剩余类 mod$\mathfrak{a}$.

定理 76 剩余类 mod$\mathfrak{a}$ 的个数是有限的.若将剩余类个数记为 $N(\mathfrak{a})$ 及若 $\alpha_1, \cdots, \alpha_n$ 为 $\mathfrak{a}$ 的一个基,则 $N(\mathfrak{a}) = \left|\Delta(\alpha_1, \cdots, \alpha_n)/\sqrt{d}\right|$.对于主理想 $\mathfrak{a} = \alpha$,则 $N(\mathfrak{a}) = |N(\alpha)|$.

$\mathfrak{a}$ 的数构成域中所有整数的群 $\mathfrak{G}$ 的一个子群.由 $\mathfrak{a}$ 决定的 $\mathfrak{G}$ 中相异陪集显然构成 mod $\mathfrak{a}$ 的相异剩余类.所以不同剩余类mod $\mathfrak{a}$ 的个数等于 $\mathfrak{a}$ 在 $\mathfrak{G}$ 中的指标.这一指标是有限的.事实上,因为若 α 是 $\mathfrak{a}$ 中任意非零数,则正有理数 $a = |N(\alpha)|$ 亦属于 $\mathfrak{a}$,从而乘积 $a\times$域中任何整元素依然属于 $\mathfrak{a}$.因此按照复合,依群论的含义可知,$\mathfrak{G}$ 的每一个元素的 a 次幂皆属于 $\mathfrak{a}$.因此由定理 40 可知指标是有限的;将它记为 $N(\mathfrak{a})$($\mathfrak{a}$ 的范数).若 $\alpha_1, \cdots, \alpha_n$ 为 $\mathfrak{a}$ 的一个基,$\omega_1, \cdots, \omega_n$ 为 $\mathfrak{G}$ 的一个基,则存在一个方程组

$$\alpha_i = \sum_{k=1}^{n} c_{ik}\omega_k \quad (i = 1, \cdots, n),$$

此处 c_{ik} 为有理整数,及由定理 39 可知行列式 $\|c_{ik}\|$ 的绝对值等于指标 $N(\mathfrak{a})$.另一方面,取共轭即得

$$\Delta(\alpha_1, \cdots, \alpha_n) = \|c_{ik}\| \cdot \Delta(\omega_1, \cdots, \omega_n),$$

及由于

$$\Delta^2(\omega_1, \cdots, \omega_n) = d \neq 0,$$

所以

$$N(\mathfrak{a}) = \left|\frac{\Delta(\alpha_1, \cdots, \alpha_n)}{\sqrt{d}}\right|.$$

对于一个主理想(α),我们显然得到一个形如$\alpha\omega_1,\cdots,\alpha\omega_n$的基,所以

$$\Delta(\alpha\omega_1,\cdots,\alpha\omega_n)=N(\alpha)\Delta(\omega_1,\cdots,\omega_n),\quad N(\mathfrak{a})=|N(\alpha)|.$$

定理 78 已给α与β,同余式

$$\alpha\xi\equiv\beta(\operatorname{mod}\mathfrak{a})$$

在K中有整数解ξ当且仅当$(\alpha,\mathfrak{a})|\beta$.若$(\alpha,\mathfrak{a})=1$,则解就被完全决定$\operatorname{mod}\mathfrak{a}$.

若我们开始假定$(\alpha,\mathfrak{a})=1$及命ξ过$N(\mathfrak{a})$个数的一个系,它们互不同余$\operatorname{mod}\mathfrak{a}$,则$\alpha\xi$过所有剩余类$\operatorname{mod}\mathfrak{a}$.事实上,由$\alpha\xi_1\equiv\alpha\xi_2(\operatorname{mod}\mathfrak{a})$,可得$\mathfrak{a}|\alpha(\xi_1-\xi_2)$.由于$(\alpha,\mathfrak{a})=1$,所以由基本定理我们必须有$\mathfrak{a}|\xi_1-\xi_2$,即$\xi_1\equiv\xi_2(\operatorname{mod}\mathfrak{a})$.因此在所有数$\alpha\xi$中,必有一个来自$\beta$所属的剩余类.同理可知显然解被惟一确定$\operatorname{mod}\mathfrak{a}$.

进而言之,若我们现在有$(\alpha,\mathfrak{a})=\mathfrak{d}$及有一个整数$\xi_0$满足$\alpha\xi_0\equiv\beta(\operatorname{mod}\mathfrak{a})$,则$\alpha\xi_0=\beta+\rho$.此处$\mathfrak{a}|\rho$.因此$\mathfrak{d}|\rho$及$\mathfrak{d}|\alpha\xi_0-\rho$,即$\mathfrak{d}|\beta$.

反之,若

$$\mathfrak{d}|\beta,\quad \beta=\mathfrak{d}\mathfrak{b},$$

则命$\alpha=\mathfrak{d}\mathfrak{a}_1,\mathfrak{a}=\mathfrak{d}\mathfrak{a}_2$,于是$(\mathfrak{a}_1,\mathfrak{a}_2)=1$,及让我们决定一个数$\mu=\mathfrak{m}\mathfrak{a}_1$使$(\mu,\mathfrak{a}_1\mathfrak{d}\mathfrak{a}_2)=\mathfrak{a}_1$,从而$(\mathfrak{m},\mathfrak{d}\mathfrak{a}_2)=1$.事实上,由定理 74 可知这是可能的.所以$\mathfrak{d}\mathfrak{a}_1|\mathfrak{m}\mathfrak{a}_1\mathfrak{d}\mathfrak{b}$,因此$\alpha|\mu\beta$.因为由$(\mathfrak{m},\mathfrak{a}_2)=1$及$(\mathfrak{a}_1,\mathfrak{a}_2)=1$可知$(\mu,\mathfrak{a}_2)=(\mathfrak{m}\mathfrak{a}_1,\mathfrak{a}_2)=1$,所以由刚才证明的事实即可知

$$\mu\xi\equiv\frac{\mu\beta}{\alpha}(\operatorname{mod}\mathfrak{a}_2)$$

关于ξ可解.由$\mathfrak{a}_2|\mu\xi-\dfrac{\mu\beta}{\alpha}$可知

$$\alpha\mathfrak{a}_2|(\alpha\mu\xi-\mu\beta),$$

即

$$\mathfrak{d}\mathfrak{a}_1\mathfrak{a}_2|(\mu)(\alpha\xi-\beta),\mathfrak{d}\mathfrak{a}_1\mathfrak{a}_2|\mathfrak{m}\mathfrak{a}_1(\alpha\xi-\beta),$$

$$\mathfrak{d}\mathfrak{a}_2|\mathfrak{m}(\alpha\xi-\beta),\mathfrak{d}\mathfrak{a}_2|\alpha\xi-\beta,$$

(由于$(\mathfrak{m},\mathfrak{d}\mathfrak{a}_2)=1$),即$\alpha\xi\equiv\beta(\operatorname{mod}\mathfrak{a})$.

两个模 $\mathfrak{a}$ 同余的数与 $\mathfrak{a}$ 有相同的 GCD,所以这一性质是整个剩余类的一个性质.与 $\mathfrak{a}$ 互素的剩余类个数记为 $\varphi(\mathfrak{a})$.

定理 79　对于两个理想 $\mathfrak{a}$ 与 $\mathfrak{b}$,我们总有

$$N(\mathfrak{ab}) = N(\mathfrak{a})N(\mathfrak{b}),$$

命 α 为一个可以被 $\mathfrak{a}$ 整除的数且满足 $(\alpha,\mathfrak{ab})=\mathfrak{a}$ 的数.若我们命 $\xi_i(i=1,2,\cdots,N(\mathfrak{b}))$ 经过一个完全剩余系 $\bmod \mathfrak{b}$ 及命 $\eta_k(k=1,2,\cdots,N(\mathfrak{a}))$ 经过一个完全剩余系 $\bmod \mathfrak{a}$,则 $\alpha\xi_i+\eta_k$ 中没有两个数是互相同余 $\bmod \mathfrak{ab}$ 的.另一方面,每一个整数 ρ 必定同余于 $\alpha\xi_i+\eta_k$ 中的一个数 $\bmod \mathfrak{ab}$.事实上,命 η_k 由

$$\eta_k \equiv \rho \pmod{\mathfrak{a}}$$

所决定,然后命 ξ 由

$$\alpha\xi \equiv \rho - \eta_k \pmod{\mathfrak{ab}}$$

决定.事实上,由于 $(\alpha,\mathfrak{ab})=\mathfrak{a}$ 及 $\mathfrak{a}\mid\rho-\eta_k$,所以由定理 78 可知上面的同余式可解及 ξ 可以由 $\bmod \mathfrak{b}$ 决定,从而 ξ 可以取作 ξ_i.因此 $N(\mathfrak{a})N(\mathfrak{b})$ 个数 $\alpha\xi_i+\eta_k$ 构成一个完全剩余系 $\bmod \mathfrak{ab}$ 及它必须亦有 $N(\mathfrak{ab})$ 个.

定理 80　若 $(\mathfrak{a},\mathfrak{b})=1$,则 $\varphi(\mathfrak{ab})=\varphi(\mathfrak{a})\varphi(\mathfrak{b})$ 及一般言之有

$$\varphi(\mathfrak{a}) = N(\mathfrak{a})\prod_{\mathfrak{p}\mid\mathfrak{a}}(1-1/N(\mathfrak{p})),$$

此处 $\mathfrak{p}$ 经过 $\mathfrak{a}$ 的不同素因子.

我们选取 α 满足 $(\alpha,\mathfrak{ab})=\mathfrak{a}$ 及 β 满足 $(\beta,\mathfrak{ab})=\mathfrak{b}$.则当 ξ 经过一个完全剩余系 $\bmod \mathfrak{b}$ 及 η 经过一个完全剩余系 $\bmod \mathfrak{a}$ 时,$\alpha\xi+\beta\eta$ 构成一个完全剩余系 $\bmod \mathfrak{ab}$.这些数与 $\mathfrak{ab}$ 互素当且仅当 $(\xi,\mathfrak{b})=1$ 及 $(\eta,\mathfrak{a})=1$.

对于一个素理想 $\mathfrak{p}$ 的幂 $\mathfrak{p}^a$,则与 $\mathfrak{p}^a$ 不互素的数为 $\mathfrak{p}$ 所能整除者.故这些数中共有 $N(\mathfrak{p}^{a-1})=(N(\mathfrak{p}))^{a-1}$ 个互不同余 $\bmod \mathfrak{p}^a$.所以

$$\varphi(\mathfrak{p}^a) = N(\mathfrak{p})^a - N(\mathfrak{p})^{a-1} = N(\mathfrak{p})^a(1-1/N(\mathfrak{p})).$$

定理 81　一个素理想 $\mathfrak{p}$ 的范数为某一个有理素数 p 的幂,$N(\mathfrak{p})=p^f$.f 称为 $\mathfrak{p}$ 的次数.当 p 为一个有理素数时,理想 (p) 最

多能分解为 n 个因子.

由于每一个素理想 $\mathfrak{p}$ 整除某一个有理整数,从而可以整除某一个有理素数 p,假定 $\mathfrak{p}\mid p$,$p=\mathfrak{p}\mathfrak{a}$.则 $N(p)=N(\mathfrak{p})N(\mathfrak{a})$.所以有理整数 $N(\mathfrak{p})$可以整除 $N(p)=p^n$.因此 $N(\mathfrak{p})=p^f$ 及 $f\leqslant n$.若将(p)分解为素理想因子 $p=\mathfrak{p}_1\mathfrak{p}_2\cdots\mathfrak{p}_r$,则正有理整数 $N(\mathfrak{p}_1)\cdots N(\mathfrak{p}_r)$有一个乘积 $N(p)=p^n$,而这些数 $N(\mathfrak{p}_i)$没有一个等于 1;所以它们的个数必须$\leqslant n$.

这样,我们就得到了联系域的次数与域中数的其他性质的少数命题之一.若已知一个素数 p 在一个域中分解为 k 个理想因子,则域的次数至少 $=k$.

如同关于有理素数的定理 12,我们有

定理 82 一个有整系数 α 模一个素理想 $\mathfrak{p}$ 的同余式

$$x^m+\alpha_1x^{m-1}+\cdots+\alpha_{m-1}x+\alpha_m\equiv 0(\bmod\mathfrak{p})$$

最多只有 m 个互不同余 $\bmod\mathfrak{p}$ 的解 x.

$N(\mathfrak{a})$个剩余类 $\bmod\,\mathfrak{a}$ 的系仍然在加法的复合下构成一个阿贝尔群,其中两个整数 α 与β 决定了它们的和$\alpha+\beta$ 所属的另一个类 $\bmod\,\mathfrak{a}$,这一个类仅依赖于类 α 与β.命按这一方法定义的阶为 $N(\mathfrak{a})$的阿贝尔群为 $\mathfrak{G}(\mathfrak{a})$.由群论的定理 19($A^h=E$)可知,对于所有 α 皆有

$$\alpha\cdot N(\mathfrak{a})\equiv 0(\bmod\,\mathfrak{a}),$$

此处单位元素是由 0 所在的剩余类来表示的.特别对于 $\alpha=1$ 时有

$$N(\mathfrak{a})\equiv 0(\bmod\mathfrak{a}).\tag{42}$$

一般言之,群 $\mathfrak{G}(\mathfrak{a})$在域 $K(\theta)$中不是循环的.例如命 $\mathfrak{a}=(a)$,此处 a 为一个正有理整数.由于一个数 $x_1\omega_1+\cdots+x_n\omega_n$(其中 x_i 为有理整数及ω_i 为域的一个基)可以被 a 整除,当且仅当所有整数 x_i 皆可以被 a 整除.所以剩余类 mod a 在形如形式 $x_1\omega_1+\cdots+x_n\omega_n$,此处 $0\leqslant x_i<a$,的数中恰好出现一次.因此对于 a 的每一个素因子p,正好有 n 个基类,其阶为素数 p 之幂.进而言之,对于素理想 $\mathfrak{p}$,我们有

定理 83 在加法合成之下，剩余类群 mod$\mathfrak{p}$ 是一个阶为 $N(\mathfrak{p})=p^f$ 的阿贝尔群 $\mathfrak{G}(\mathfrak{p})$ 及基元素个数等于素理想 $\mathfrak{p}$ 的次数 f.

由于 $\mathfrak{p}\mid p$，所以其元素适合同余式

$$p\alpha\equiv 0(\text{mod}\mathfrak{p})$$

的剩余类个数等于全部剩余类个数，即 p^f. 因此，由定理 27 可知 f 等于基元素个数. 从而正好有 f 个元素 $\omega_1,\cdots,\omega_f$ 使剩余类 mod$\mathfrak{p}$ 在代表 $x_1\omega_1+\cdots+x_f\omega_f$ 中正好出现一次，此处有理整数 x_i 适合不等式 $0\leqslant x_i<p$.

因此群 $\mathfrak{G}(\mathfrak{p})$ 对于次数 1 的素理想而且仅对这些素理想才是循环的. 我们将在 §43 中见到总是存在无穷多个一次素理想的. 这对于数域的研究起着决定性的作用.

进而言之，与 $\mathfrak{a}$ 互素的剩余类 mod$\mathfrak{a}$ 系在乘法复合之下构成一个有限阿贝尔群. 两个与 $\mathfrak{a}$ 互素的数 α,β，由其乘积决定了一个类 $\alpha\cdot\beta$ mod $\mathfrak{a}$. 它们是由剩余类 α 与 β 完全地决定的. 当然仍然与 $\mathfrak{a}$ 互素. 因此我们恰好如以前一样得到

定理 84 在乘法复合之下，与 $\mathfrak{a}$ 互素的剩余类 mod $\mathfrak{a}$ 构成一个阶为 $\varphi(\mathfrak{a})$ 的阿贝尔群，我们将这一群记为 $\mathfrak{R}(\mathfrak{a})$. 对于素理想 $\mathfrak{p}$，$\mathfrak{R}(\mathfrak{p})$ 是循环的.

若 $\mathfrak{R}(\mathfrak{p})$ 的所有类均由一个数 ρ 的幂次生成，则 ρ 称为一个原根 mod$\mathfrak{p}$.

特别对于一个素理想 $\mathfrak{p}$ 与域中的每一个整数 α，推广的费马定理

$$\alpha^{N(\mathfrak{p})}\equiv\alpha(\text{mod }\mathfrak{p})$$

成立.

另一方面，我们还不能由此得出结论，即所有群 $\mathfrak{R}(\mathfrak{p}^a)$ 都是循环的.

凡能用有理整数表示出来的 $\mathfrak{R}(\mathfrak{p})$ 的剩余类构成 $\mathfrak{R}(\mathfrak{p})$ 的一个子群；若 $N(\mathfrak{p})=p^f$，则这些类为 $1,2,\cdots,p-1$. 这些数是互不同余的类 mod$\mathfrak{p}$. 事实上，若一个有理整数 a 不能被 p 整除，则在

$k(1)$中,它与 p 互素;所以 1 在形式 $ax+py$ 之中.从而在 K 中(a)与(p)亦互素,因此$(a,\mathfrak{p})=1$ 即 a 不能被 $\mathfrak{p}$ 整除.对于这个包含 $p-1$ 个元素的子群中的每一个类 A,A^{p-1}为单位类.由于整个群 $\mathfrak{R}(\mathfrak{p})$是循环的,所以存在不多于 $p-1$ 个类 C 适合 $C^{p-1}=1$.因此 $\mathfrak{R}(\mathfrak{p})$的有理剩余类构成的子群恒同于 $p-1$ 次幂为单位类的类群.所以我们得

定理 85　一个数 α 同余于一个有理数 mod $\mathfrak{p}$ 的充要条件为 $\alpha^{p}\equiv\alpha\pmod{\mathfrak{p}}$.

§28. 整代数系数多项式

在结束同余式的初等考虑时,我们来考虑函数同余式.它们在克罗内克给出的理想理论基础中有着决定性作用,即使在今天,理想理论中的某些事实仍可由这些方法最简单地来加以证明.

在本节中,一个多项式是指任意个变量 $x_1,\cdots,x_m$ 的整有理函数,其中各种变量的幂乘积的系数都是 K 中整数.

若一个多项式 $P(x_1,\cdots,x_m)$的所有系数都可以被 $\mathfrak{a}$ 整除,则称它$\equiv0\pmod{\mathfrak{a}}$.进而言之,若 $P-Q\equiv0\pmod{\mathfrak{a}}$,则称这两个多项式 P 与 Q 互相同余 mod$\mathfrak{a}$.对于常数多项式,这里的定义与数的同余式的定义是一致的.

定理 86　若 $\mathfrak{p}$ 是一个素理想及若两个多项式 P 与 Q 之乘积适合

$$P(x_1,\cdots,x_m)\cdot Q(x_1,\cdots,x_m)\equiv0\pmod{\mathfrak{p}},$$

则其中至少有一个多项式$\equiv0\pmod{\mathfrak{p}}$.

对于 0 个变量的多项式,即对于常数,定理显然成立.现在我们由 m 过渡到 $m+1$ 来证明定理一般地成立.假定定理对 m 个变量或更少个变量的多项式已经成立.每一个 $m+1$ 个变量的多项式可以写成形式

$$P(x_0,\cdots,x_m)=\sum_k x_0^k P_k(x_1,\cdots,x_m),$$

此处 P_k 为 $x_1,\cdots,x_m$ 的多项式. 显然 $P\equiv 0(\bmod \mathfrak{p})$即表示所有 $P_k\equiv 0(\bmod \mathfrak{p})$. 假定不是 P 或 $Q\equiv 0(\bmod \mathfrak{p})$,则不失一般性,我们将 P 与 Q 换成这样的多项式,它们与 P,Q 同余 $\bmod \mathfrak{p}$,但 x_0 的最高幂不同余于零. 若最高项为 $x_0^p P_p(x_1,\cdots,x_m)$与 $x_0^q Q_q(x_1,\cdots,x_m)$,则 PQ 中 x_0 的最高项等于 $x_0^{p+q}P_pQ_q$ 及由

$$P(x_0,\cdots,x_m)\cdot Q(x_0,\cdots,x_m)\equiv 0(\bmod \mathfrak{p})$$

可以推出

$$P_p(x_1,\cdots,x_m)\cdot Q_q(x_1,\cdots,x_m)\equiv 0(\bmod \mathfrak{p}).$$

由于在此我们处理的是 m 个变量的多项式,所以至少有一个因子必须$\equiv 0(\bmod \mathfrak{p})$. 换言之,在 $P(x_0,\cdots,x_m)$或在 $Q(x_0,\cdots,x_m)$中均没有一项,它们不是$\equiv 0(\bmod \mathfrak{p})$的. 因此在 P,Q 两个多项式中,必须有一个$\equiv 0(\bmod \mathfrak{p})$.

进而言之,由此可以推出若 $\mathfrak{p}^a$ 与 $\mathfrak{p}^b$ 分别为素理想 $\mathfrak{p}$ 可以整除 $A(x_1,\cdots,x_m)$与 $B(x_1,\cdots,x_m)$的所有系数的最高幂,则 $\mathfrak{p}^{a+b}$ 为可以整除$A(x_1,\cdots,x_m)\cdot B(x_1,\cdots,x_m)$的所有系数的 $\mathfrak{p}$ 的最高幂.

欲证明这一点,我们在 K 中选取整数 α_1,α_2 使$(\alpha_1/\alpha_2)A(x_1,\cdots,x_m)$为一个多项式,其系数不能都被 $\mathfrak{p}$ 整除,为此目的,我们取

$$\alpha_2=\mathfrak{a}\mathfrak{p}^a,\alpha_1=\mathfrak{a}\mathfrak{m},\text{此处}(\mathfrak{a},\mathfrak{p})=(\mathfrak{m},\mathfrak{p})=1.$$

类似地,我们选取整数 β_1,β_2 使$(\beta_1/\beta_2)B(x_1,\cdots,x_m)$有整系数,它们亦不能都被 $\mathfrak{p}$ 整除,由定理 86 可知乘积

$$\frac{\alpha_1}{\alpha_2}\cdot\frac{\beta_1}{\beta_2}A(x_1,\cdots,x_m)\cdot B(x_1,\cdots,x_m)=C(x_1,\cdots,x_m)$$

为一个多项式,它不是$\equiv 0(\bmod \mathfrak{p})$,而 $A\cdot B=(\alpha_2\beta_2/\alpha_1\beta_1)C$ 亦有整系数. 由于数值因子为 $\alpha_2\beta_2/\alpha_1\beta_1$,所以 $\mathfrak{p}^{a+b}$正好是能整除$A\cdot B$ 的 $\mathfrak{p}$ 的最高幂.

我们现在来定义一个多项式的容度 $J(P)$,它为一个理想,即多项式的系数的 GCD. 则由已经证明过的事实可得

定理 87 两个多项式乘积的容度等于这两个因子容度之积.

为此,我们可得相当加强的克罗内克定理 67 及高斯定理 13 关于多个变量及在任意代数数域中的推广.

如果在一个正确的多项式同余式 mod $\mathfrak{a}$ 中,我们将变量 x_1,… 换成域 K 的 $\mathfrak{a}$ 属于的整数,则显然获得一个 K 中整数之间的正确数值同余式 mod$\mathfrak{a}$. 最后由于对每一个整数 α 皆有

$$\alpha^{N(\mathfrak{p})} \equiv \alpha (\bmod \mathfrak{p}), \tag{43}$$

可得

$$P(x_1, \cdots, x_m)^{N(\mathfrak{p})} \equiv P({x_1}^{N(\mathfrak{p})}, {x_2}^{N(\mathfrak{p})}, \cdots, {x_m}^{N(\mathfrak{p})}) (\bmod \mathfrak{p}). \tag{44}$$

对于仅有一项的多项式,则显然由(43)式可知(44)式成立. 假定对于最多只含 k 项的多项式已经被证明. 现在若 G 是这样一个多项式及 α 为K 中任意整数,则对于每一个正有理素数 p,

$$(G(x_1, \cdots, x_m) + \alpha x_1^{a_1} \cdots x_m^{a_m})^p \equiv G^p + \alpha^p x_1^{pa_1} \cdots x_m^{pa_m} (\bmod p),$$

在此用到二项式系数$\binom{p}{i}$的性质,从而上面方程的两端之差仅含可被 p 整除之系数.

不断提升上面同余式的 p 次方幂可知对于每一个正整数 f 均有

$$(G + \alpha x_1^{a_1} \cdots x_m^{a_m})^{p^f} \equiv G^{p^f} + \alpha^{p^f} x_1^{p^f a_1} \cdots x_m^{p^f a_m} \quad (\bmod p).$$

若素理想 $\mathfrak{p}$ 整除 p,则这一同余式亦正确 mod $\mathfrak{p}$. 若 $N(\mathfrak{p}) = p^f$,则由于我们关于 G 的假定可知论断(44)式关于括弧中最多只有 $k+1$项的多项式亦成立,从而一般地(44)式均成立.

§29. 有理素数的第一型分解定律:二次域中的分解

当我们在§27 中建立了有理素数与一个代数数域中素理想

的联系后，这种关系准确性质的问题就自然地产生了．我们对于下面三点很感兴趣：

(1) 在一个给定数域中有多少不同素理想可以整除一个给定的有理素数？

(2) 这些素理想的次数是什么？

(3) 它们的什么幂可以整除 p？

我们首先提及关于(3)的很一般的结果．它应归功于戴德金：素理想整除域的判别式有这样的特征即它们及仅仅它们可被高于一次的素理想幂整除．(比较§36,38)．

另一方面，我们可以回答(1)与(2)的知识是非常有限的．这时我们仅能对于非常特殊的代数数域给出素理想整除某素数 p 的个数与次数．如同代数中的定义，这种域完全被它们的“伽罗瓦群”性质所刻画①．因此我们现在希望熟悉的两种形式上完全相异的分解定律出现了．对于剩下的域这时我们还完全没有想法，即使是在这些域中成立的渐近性质的分解定律亦然．

在研究两种已知类型的域之前，我们对伽罗瓦域作一个一般的注记．

域中的每一个理想 $\mathfrak{a}=(\alpha_1,\cdots,\alpha_r)$ 决定 n 个理想系 $\mathfrak{a}^{(i)}$ ($i=1,2,\cdots,n$)．即将 $\mathfrak{a}$ 中的所有的数换成同样上标的共轭数；显然有 $\mathfrak{a}^{(i)}=(\alpha_1^{(i)},\cdots,\alpha_n^{(i)})$．这 n 个理想构成 $\mathfrak{a}$ 的共轭理想．由定理 55 可知若将同余式中所有的数都换成对应的共轭数，则每一个正确的同余式仍正确．

在一个伽罗瓦域中(§20 末)，由于共轭理想皆属于同一域中，所以它们可以彼此相乘．因此我们有

定理 88 对于伽罗瓦域的每一个理想 $\mathfrak{a}$，主理想 $(N(\mathfrak{a}))=\mathfrak{a}^{(1)}\mathfrak{a}^{(2)}\cdots\mathfrak{a}^{(n)}$(试比较定理 107)．

为了证明这一定理，我们由一个新变量 x 及 $\mathfrak{a}=(\alpha_1,\cdots,\alpha_r)$，

---

① 这些域的生成元可以用逐次根号来表示．对应的方程为所谓有理系数的代数可解方程．

构成多项式

$$P(x) = \alpha_1 x + \alpha_2 x^2 + \cdots + \alpha_r x^r,$$

此处系数的 GCD=$\mathfrak{a}$. 则共轭多项式之乘积

$$f(x) = \prod_{i=1}^{n} (\alpha_1^{(i)} x + \cdots + \alpha_r^{(i)} x^r)$$

是一个有理整系数多项式. 若我们将其 GCD 记为 a, 此处 a 是一个有理整数. 由于 1 是 $(1/a)f(x)$ 系数的线性组合. 所以理想 (a) 亦是系数的 GCD 作为所考虑域的一个理想. 因此由定理 87 可知

$$\mathfrak{a}^{(1)}\mathfrak{a}^{(2)}\cdots\mathfrak{a}^{(n)} = (a).$$

共轭显然有相等的范数, 从而应用

$$N(\mathfrak{a}^{(1)})\cdots N(\mathfrak{a}^{(n)}) = (N(\mathfrak{a}^{(i)}))^n = N((a)) = |a|^n$$

即得

$$N(\mathfrak{a}^{(i)}) = \pm a, \quad (N(\mathfrak{a}^{(i)})) = (a) = \mathfrak{a}^{(1)}\mathfrak{a}^{(2)}\cdots\mathfrak{a}^{(n)},$$

对于每一个 i 成立. 定理证完. 这个关系式证明了互不同余的元素 mod$\mathfrak{a}$ 的个数的范数名称的正确.

特别, 对于次数 f 的素理想有

$$p^f = N(\mathfrak{p}) = \mathfrak{p}^{(1)}\cdots\mathfrak{p}^{(n)}.$$

从而, 除共轭素理想之外, 没有其他素理想整除 p, 进而言之, 若 p 不能被任何素理想平方整除, 则在 $\mathfrak{p}^{(1)}, \cdots, \mathfrak{p}^{(n)}$ 中每一个重复 f 次及 p 为 n 个共轭素理想 $\mathfrak{p}^{(i)}$ 中 $k = n/f$ 个不同素理想之乘积.

因此若一个伽罗瓦域中有一个有理素数 p 是 k 个互异素理想之积, 则这些素理想为共轭的且有同样的次数 $f = n/k$, 从而它是 n 的一个因子.

我们现在转而研究二次数域. 不失一般性, 我们可以假定它是由一个方程 $x^2 - D = 0$ 的根生成的, 此处 D 是一个(正的或负的)除 1 之外不能被任何平方数整除的有理整数, 这一域 $K(\sqrt{D})$ 是伽罗瓦域; 它的数可以惟一地被写成形式

$$\alpha = x + y\sqrt{D},$$

此处 x, y 为有理数, 其中 $\sqrt{D}$ 为两个根中的一个任意固定值. 命 α

的共轭记为 α'，则

$$\alpha' = x - y\sqrt{D}, (\alpha')' = \alpha.$$

α 为一个整数的充要条件为

$$\alpha + \alpha' \quad 及 \quad \alpha\alpha'$$

均为整数.

若 $2x$ 与 $x^2 - Dy^2$ 为整数，则由于假定 D 无平方因子，所以 y 与 x 可以有不超过 2 之分母. 若我们置 $x = u/2, y = v/2$，其中 u，v 为有理整数，则

$$u^2 - Dv^2 \equiv 0 \pmod 4.$$

若 $D \equiv 2$ 或 $3 \pmod 4$，则由于一个平方仅可能同余于 0 或 $1 \bmod 4$，则明显地得出 u, v 皆为偶数；从而 x, y 都是整数. 若 $D \equiv 1 \pmod 4$，则 $u \equiv v \pmod 2$. 因此若

(a) $D \equiv 2, 3 \pmod 4$：$\alpha = x + y\sqrt{D}$；x, y 都是整数；$K(\sqrt{D})$ 的一个基为 $1, D$ 及判别式为 $d = 4D$.

(b) $D \equiv 1 \pmod 4$：$\alpha = g + v(1 + \sqrt{D})/2$；$g = (u - v)/2$，$v$ 为整数；$K(\sqrt{D})$ 的一个基为 $1, (1 + \sqrt{D})/2$ 及判别式为 $d = D$.

因此在任何情况下，若 d 为判别式，则

$$1, \frac{d + \sqrt{d}}{2}$$

为一个基. 事实上，这两个数都是整数而且它们的判别式等于 d. 我们现在来证明分解定理：

定理 89 命 p 为一个有理素数它不能整除 d，则当同余式

$$x^2 \equiv d \pmod{4p} \tag{45}$$

有有理整数解 x 时，p 在域 $K(\sqrt{d})$ 中分解为两个相异的素理想 $\mathfrak{p}, \mathfrak{p}'$，若同余式无解，则 p 在 $K(\sqrt{d})$ 中是一个素理想.

若 p 为一个不能整除 d 的素数，及它在 $K(\sqrt{d})$ 中分解，则它仅能分解为次数为 1 的素因子 $\mathfrak{p}, \mathfrak{p}'$. 由定理 85 可知，$K$ 中每一个整数同余于一个有理数 $\bmod \mathfrak{p}$，所以存在一个有理整数 r 使

$$r \equiv \frac{d + \sqrt{d}}{2} \pmod{\mathfrak{p}}.$$

由此推出

$$2r-d\equiv\sqrt{d}\,(\bmod 2\mathfrak{p}),$$
$$(2r-d)^2\equiv d\,(\bmod 4\mathfrak{p}).$$

进而言之,这一有理数之间的同余式 mod4p 亦真.因此 $x=2r-d$ 是(45)式的一个解.理想

$$\mathfrak{a}=\left(p,r-\frac{d+\sqrt{d}}{2}\right)$$

显然可以被 $\mathfrak{p}$ 整除及

$$\mathfrak{a}\mathfrak{a}'=\left(p^2,p\left(r-\frac{d+\sqrt{d}}{2}\right),p\left(r-\frac{d-\sqrt{d}}{2}\right),\frac{(2r-d)^2-d}{4}\right)$$

$$=(p)\left(p,\left(r-\frac{d-\sqrt{d}}{2}\right),\left(r-\frac{d+\sqrt{d}}{2}\right),\frac{(2r-d)^2-d}{4p}\right).$$

上式后面这个理想$=(1)$.事实上,这个理想包括 p 及第二个数与第三个数之差,即$\sqrt{d}$;从而这个理想包括两个互素的数 p 与d.最后由此得到

$$\mathfrak{p}=\left(p,r-\frac{d+\sqrt{d}}{2}\right),\mathfrak{p}'=\left(p,r-\frac{d-\sqrt{d}}{2}\right).$$

这两个素理想是互异的.事实上,$(\mathfrak{p},\mathfrak{p}')$包含两个互素的数 p,d.

反之,若 x 是(45)的一个解,则

$$\omega=\frac{x+\sqrt{d}}{2}$$

显然是一个整数;进而言之,由于$((\omega-\omega')/p)^2=d/p^2$ 不是整数,所以 ω/p 不是一个整数.因此,由于 p 除不尽ω 或ω',但它除得尽 $\omega\omega'$,即 p 不能是一个素理想.因此由上述可知它在 $K(\sqrt{d})$ 中可以分解为两个互异素因子.

进而言之,若 q 是d 的一个奇素因子,则理想

$$\mathfrak{q}=\left(q,\frac{d+\sqrt{d}}{2}\right)=\left(q,\frac{-d+\sqrt{d}}{2}+d\right)=\left(q,\frac{d-\sqrt{d}}{2}\right)=\mathfrak{q}',$$

$$\mathfrak{q}^2=\mathfrak{q}\mathfrak{q}'=q\left(q,\frac{d+\sqrt{d}}{2},\frac{d-\sqrt{d}}{2},\frac{d(d-1)}{4q}\right).$$

由判别式 d 的定义可知 $d(d-1)/4q$ 不能被 q 整除，即 $d(d-1)/4q$ 与 q 互素，从而 $\mathfrak{q}^2=q$ 及 $\mathfrak{q}$ 为整除 q 的惟一素理想.

最后，当 d 为偶数时，2 亦为素理想之平方 $\mathfrak{q}^2$：当 $D\equiv 2(\mathrm{mod}\,4)$时，$\mathfrak{q}=(2,\sqrt{D})$或当 $D\equiv 3(\mathrm{mod}\,4)$时，$\mathfrak{q}=(2,1+\sqrt{D})$.

由于 $d\equiv 0$ 或 $1(\mathrm{mod}4)$，如果我们记住由§14 可知(45)式关于一个奇素数 p 可解是等价于 $y^2\equiv d(\mathrm{mod}p)$的可解性的，则我们可以将这一定理写成：

定理 90　若 p 是一个奇素数，则在一个有判别式 d 的二次域中：

当 $\left(\frac{d}{p}\right)=1$ 时，p 可以分解为两个次数为 1 的互异因子.

当 $\left(\frac{d}{p}\right)=0$ 时，p 可以分解为两个次数为 1 的相同因子.

当 $\left(\frac{d}{p}\right)=-1$ 时，p 本身就是一个素理想(次数为 2).

当 d 为奇数及二次剩余 mod 8 时，素数 2 可以分解为两个相异因子；当 d 为奇数及二次非剩余 mod 8 时，2 本身就是一个素理想.若 d 为偶数，则 2 就是一个平方.

§30. 有理素数的第二型分解定理：域 $K(e^{2\pi i/m})$中的分解

我们现在来研究由 m 次单位根生成的域，此处 m 为一个有理整数>2. m 次单位根为 $x^m-1=0$ 的 m 个根，所以它们是代数整数.本原 m 次单位根则为 $\varphi(m)$个数 $e^{2\pi ia/m}$，此处$(a,m)=1$；这些数不是低次的单位根.如果我们构成

$$g(x)=\prod_{k=1}^{m-1}(x^k-1),$$

则 $g(x)$的一个根亦为 $f(x)=x^m-1$ 的一个根当且仅当它不是一个本原 m 次单位根，从而

$$F(x)=\frac{x^m-1}{d(x)},\ 此处\ d(x)=(f(x),g(x))$$

为一个有理整系数多项式，其根都是本原 m 次单位根．最后，由于在本原 m 次单位根中，每一个根都是其他根的幂，所以域 $K(e^{2\pi i/m})$ 为一个次数 $h \leqslant \varphi(m)$ 的伽罗瓦数域．（次数恰好为 $\varphi(m)$；即 $F(x)$ 是不可约的．这一事实在本节并不需要，而这将在§43 作为一个推论性结果出现．）

我们置 $\zeta = e^{2\pi i/m}$ 并铭记于心，按照定理 64 的证明 $K(\zeta)$ 中所有的整数都可以惟一地被表示为

$$\omega = r_0 + r_1\zeta + \cdots + r_{h-1}\zeta^{h-1},$$

此处 r_i 为有理数，其分母皆为某固定整数 D 的因子，其中 D 即为 $F(x)$ 的判别式．

现在命 p 为一个不能整除 D 的有理素数，及命 D' 由 $D'D \equiv 1 \pmod p$ 决定．则可见在 $K(\zeta)$ 中，每一个剩余类 mod p 里，皆存在数使 $r_0, r_1, \cdots$ 为有理整数．事实上，对于每一个整数 ω 有

$$\omega \equiv DD'\omega \pmod p.$$

及由上述可见 $DD'r_i$ 为整数．因此在研究 p 时，我们不需要首先构造域的一个基．

引理 若 p 为除不尽 $D \cdot m$ 的一个素数，则对于域 $K(\zeta)$ 的每一个整数 ω 有

$$\omega^{p^f} \equiv \omega \pmod p,$$

在此 f 为满足 $p^f \equiv 1 \pmod m$ 的最小正指数．

在证明时，我们在所在的剩余类中选取 ω 为

$$\omega = a_0 + a_1\zeta + \cdots + a_{h-1}\zeta^{h-1},$$

其中 a_i 为有理整数．则由(44)式可知，对于 $k(1)$ 上的整多项式

$$Q(x) = a_0 + a_1 x + \cdots + a_{h-1}x^{h-1},$$

我们有函数同余式：

$$Q(x)^p = Q(x^p) \pmod p$$

或更一般地

$$(Q(x))^{p^f} = Q(x^{p^f}) \pmod p.$$

如果我们将 x 换成一个代数数 ζ，则由函数同余式即得到一个正

确的数值同余式.引理证完.

定理 91 若素数 p 不能整除$D\cdot m$,则 p 不能被$K(\zeta)$中一个素理想的平方整除.

若 $\mathfrak{p}^2\mid p$,则我们取一个数 ω,它可以被 $\mathfrak{p}$ 整除,但不能被 $\mathfrak{p}^2$ 整除.于是由引理可知

$$\omega^{p^f}\equiv\omega(\bmod\mathfrak{p}^2).$$

由于 $p^f\geqslant 2$,所以 $\omega^{p^f}\equiv 0(\bmod\mathfrak{p}^2)$,从而

$$\omega\equiv 0(\bmod\mathfrak{p}^2).$$

这与假设相矛盾.

定理 92 若素数 p 不能整除$D\cdot m$,及若 f 是满足 $p^f\equiv 1(\bmod m)$的最小正指数,则 p 在$K(\zeta)$中正好分解为 $e=h/f$ 个相异的素因子：每一个有次数 f.

若 $\mathfrak{p}$ 为 p 的一个次数为f_1 的素因子,则由(43)式可知对于$K(\zeta)$中每一个整数 ω 有

$$\omega^{p^{f_1}}\equiv\omega(\bmod\mathfrak{p}),\tag{46}$$

及对于小于 f_1 的整数,这一同余式不会对每一个 ω 都对.所以由引理可知 $f_1\leqslant f$.另一方面,对于 $\omega=\zeta$,则由(46)式可知

$$\zeta^{p^{f_1}}\equiv\zeta(\bmod\mathfrak{p}).$$

这时,我们必须有 $p^{f_1}\equiv 1(\bmod m)$,否则 $\zeta^{p^{f_1}}$将为一个异于 ζ 的 m 次单位根及$\zeta^{p^{f_1}}-\zeta$将为$F(x)$的判别式 D 的一个因子,从而 $\mathfrak{p}$ 为 D 的一个因子,这与假设相矛盾.

由于 $p^{f_1}\equiv 1(\bmod m)$及 $f_1\leqslant f$,所以由 f 之定义可知$f=f_1$.

由定理 91 可知,可以整除 p 的共轭素理想仅有次数 1,而由§29 之注记可知,p 正好分解为h/f 个因子.定理证完.

域 $K(\zeta)$与 $k(1)$上的剩余类群 mod m 紧密相联.在 $K(\zeta)$中同一剩余类 mod$m$ 的素数分解正好是有相同的途径——除去有限多个例外.在以后的§43 中,我们将要证明域 $K(\zeta)$的次数为 $\varphi(m)$,从而与 $k(1)$中的群 $\mathfrak{R}(m)$的次数相同.最后,我们仅叙述

而未予证明,即 $K(\zeta)$的所谓伽罗瓦群同构于群 $\mathfrak{R}(m)$.

基于这些理由,$K(\zeta)$被称作类域,它属于有理数归于剩余类 $\bmod m$ 的分类.

由分圆数理论可知 $K(\zeta)$包含一个或多个二次域及每一个二次域亦总是含于一个 $K(\zeta)$之中,则我们见到,由 $K(\zeta)$中的分解定律可以推出它在每一个子域中的分解定理,由这一途径,对于二次域,我们得到与前一节所述的完全不同的分解定律.这两者之比较导致了§16 提到的二次互反律①的证明.

§31. 分式理想

我们现在引进分式理想——可能包括域的非整数数系及当它们仅包含整数时,即与直至现在所讨论的理想是一致的.

从今以后,域的一个整数或分数系 S,若满足下面条件就称为一个理想:

(1) 当 α 与 β 属于 S 时,$\lambda\alpha+\mu\beta$ 亦属于 S,此处 λ 与 μ 为 K 中的任意整数.

(2) 存在一个固定非零整数 v 使乘积($v\times S$ 的每一个数)为一个整数.

仅含整数的理想称为整理想,其他的理想称为分式理想.若两个理想包含相同的数,则称它们相等.

定理 93 每一个理想 $\mathfrak{g}$ 都是一个线性型

$$\xi_1\rho_1+\cdots+\xi_r\rho_r$$

的值域,此处 $\rho_1,\cdots,\rho_r$ 为 $\mathfrak{g}$ 中某些整数或分数,而 ξ_i 过 K 中所有整数,我们记 $\mathfrak{g}=(\rho_1,\cdots,\rho_r)$.

命 v 适合(2),则 v 与 $\mathfrak{g}$ 中数的乘积显然构成一个整理想 $\mathfrak{a}=$

① 二次互反律的这个证明的想法来源于克罗内克,试比较希尔伯特代数数域理论报告§122 中这个证明的表述.这一证明在本书中未采用.这个联系主要在三次单位根生成的域 $K(\sqrt{-3})$中显示.在此分解定律的两种形式均成立.

$(\alpha_1, \cdots, \alpha_r)$，从而

$$\mathfrak{g} = (\alpha_1/v, \cdots, \alpha_r/v).$$

若 $\alpha_1, \cdots, \alpha_n$ 为整理想 $\mathfrak{a}$ 的基，及若我们将 $\mathfrak{g}$ 当成一个无限阿贝尔群，则 $\alpha_1/v, \cdots, \alpha_n/v$ 显然是 $\mathfrak{g}$ 的一个基.

如同定义整理想之积一样，可以定义两个理想 $\mathfrak{g}=(\gamma_1, \cdots, \gamma_r)$ 与 $\mathfrak{r}=(\rho_1, \cdots, \rho_s)$ 之积为

$$\mathfrak{g}\mathfrak{r} = (\cdots, \gamma_i\rho_k, \cdots),$$

这一乘积亦是可交换的与可结合的. 每一个理想 $\mathfrak{g}\neq(0)$ 可以乘以一个适当的整理想 (v) 使之成为一个整理想，从而乘以一个适当的整理想可以使之成为一个主理想 (ω).

若 $\mathfrak{g}\neq(0)$，则由 $\mathfrak{g}\mathfrak{r}=\mathfrak{g}\mathfrak{n}$ 可得 $\mathfrak{r}=\mathfrak{n}$.

证明可以逐字逐句照抄定理 68 的证明.

若 $\mathfrak{g}_1$ 与 $\mathfrak{g}_2$ 为任意理想，$\mathfrak{g}_1\neq(0)$，则正好存在一个 $\mathfrak{r}$ 使

$$\mathfrak{g}_1\mathfrak{r} = \mathfrak{g}_2.$$

我们记 $\mathfrak{r}=\mathfrak{g}_2/\mathfrak{g}_1$，并称 $\mathfrak{r}$ 为 $\mathfrak{g}_2$ 与 $\mathfrak{g}_1$ 的商. 这一记号只有当 $\mathfrak{g}_1\neq(0)$ 时才有意义.

让我们选取 $\mathfrak{a}\neq(0)$ 使 $\mathfrak{a}\mathfrak{g}_1=(\omega)$ 为一个主理想；所以 $(\omega)\neq(0)$. 若 $\mathfrak{a}\mathfrak{g}_2=(\rho_1, \cdots, \rho_r)$，我们置

$$\mathfrak{r} = \left(\frac{\rho_1}{\omega}, \cdots, \frac{\rho_r}{\omega}\right),$$

则 $\mathfrak{a}\mathfrak{g}_2=(\omega)\mathfrak{r}=\mathfrak{a}\mathfrak{g}_1\mathfrak{r}$，$\mathfrak{g}_2=\mathfrak{g}_1\mathfrak{r}$，及由前所述可知 $\mathfrak{r}$ 是惟一决定的.

方程 $a/b=c/d$ 则等价于 $ad=bc$；特别对于理想 $m\neq(0)$ 有

$$\mathfrak{a}/\mathfrak{b} = \mathfrak{a}\mathfrak{m}/\mathfrak{b}\mathfrak{m}, \mathfrak{a}/(1) = \mathfrak{a}, \mathfrak{m}/\mathfrak{m} = (1).$$

因此每一个理想都可以表示为两个互素整理想之商，如同数一样，我们将称它们为分子与分母. 特别每一个分式主理想 ω 亦可以表示为整理想之商. 我们仍用一个方程

$$\omega = \mathfrak{a}/\mathfrak{b}$$

来表示，而将括号省略了.

对于分式理想，我们仍希望有可除性，即 $\mathfrak{a}\mid\mathfrak{b}$ 或 $\mathfrak{a}$ 整除 $\mathfrak{b}$ 之含义表示 $\mathfrak{b}/\mathfrak{a}$ 为一个整理想. 若 $\mathfrak{a}$ 与 $\mathfrak{b}$ 为整理想，则这个定义与以前

关于可除性的定义是一致的.

因此,一个整数 ω 属于一个理想 $\mathfrak{g}$ 当且仅当(ω)可以被 $\mathfrak{g}$ 整除,即(ω)有一个分解

$$(\omega)=\mathfrak{m}\mathfrak{g},$$

此处 $\mathfrak{m}$ 为一个整理想.

从而 1 属于所有这种理想,它们是整理想 $\mathfrak{a}$ 之倒数,即它们等于 $1/\mathfrak{a}$,而且仅仅属于这种理想.

若一个理想 $\mathfrak{g}$ 可以被表示为两个互素理想 $\mathfrak{a}$ 与 $\mathfrak{b}$ 之商,则我们可以定义 $\mathfrak{g}$ 的范数:

$$N(\mathfrak{g})=N(\mathfrak{a})/N(\mathfrak{b}),\text{ 此处 }\mathfrak{g}=\mathfrak{a}/\mathfrak{b}.$$

若 $\mathfrak{a},\mathfrak{b}$ 不互素,或它们为分式理想,上面的方程仍成立. 我们还有

$$N(\mathfrak{g}_1\mathfrak{g}_2)=N(\mathfrak{g}_1)N(\mathfrak{g}_2).$$

关于基与范数,仍有下面的关系式:

若 $\alpha_1,\cdots,\alpha_n$ 为 $\mathfrak{g}$ 的一个基,则

$$N(\mathfrak{g})=\left|\frac{\Delta(\alpha_1,\cdots,\alpha_n)}{\sqrt{d}}\right|. \tag{47}$$

欲证明(47)式,我们取一个整数 $v\neq0$ 使 $v\mathfrak{g}$ 为一个整理想 $\mathfrak{b}$,它有基 $\beta_1,\cdots,\beta_n$,则 $\beta_1/v,\cdots,\beta_n/v$ 为 $\mathfrak{g}$ 的一个基及

$$N(\mathfrak{g})=\frac{N(\mathfrak{b})}{N(v)}=\frac{\Delta(\beta_1,\cdots,\beta_n)}{|N(v)|\sqrt{d}}=\frac{\Delta\left(\frac{\beta_1}{v},\cdots,\frac{\beta_n}{v}\right)}{\sqrt{d}}.$$

§32. 关于线性型的闵可夫斯基定理

在代数数论往后的发展中,量的概念将起本质作用,而早先则每件事都依赖于可除性概念及形式的代数过程. 在此最重要的方法为线性不等式关于有理整数的可解性定理. 这可以追溯到狄利克雷而后被闵可夫斯基作了相当大地推广与精密化. 这一定理及其证明非常独立于以前处理过的理论. 现在陈述于下:

定理 94 假定我们有 n 个线性齐次表达式

$$L_p(x)=\sum_{q=1}^{n}a_{pq}x_p\quad(p=1,2,\cdots,n),$$

此处 a_{pq} 为实数及行列式 $D=|a_{pq}|$ 不等于 0. 我们还有 n 个正量 $\kappa_1,\cdots,\kappa_n$，它们满足

$$\kappa_1\cdot\kappa_2\cdots\kappa_n\geqslant|D|.$$

则恒存在 n 个不全为 0 的有理整数 $x_1,\cdots,x_n$ 满足

$$|L_p(x)|\leqslant\kappa_p\quad(p=1,2,\cdots,n).\tag{48}$$

证明将按闵可夫斯基对于数的几何的贡献的思路来进行. 我们首先要问"若 n 个不等式(48)式没有有理整数解 $x_q\neq0$，则关于量 κ，我们能说些什么?"我们将证明是在条件 $\kappa_1\cdot\kappa_2\cdots\kappa_n<|D|$ 之下.

为此目的，我们考虑 n 维空间具有笛卡尔坐标 $x_1,\cdots,x_n$ 的超平行多面体

$$|L_p(x)|\leqslant\frac{\kappa_p}{2}\quad(p=1,2,\cdots,n),$$

而且想像同样平行于自己的超平行多面体使这一超平行多面体之中心点 $0,\cdots,0$ 对应于所有的格子点 $g_1,\cdots,g_n$，此处 g_i 经过所有有理整数. 这样一来，我们有无穷多个超平行多面体 $\prod_{g_1,\cdots,g_n}$ 如下：

$$|L_p(x-g)|\leqslant\frac{\kappa_p}{2}\quad(p=1,2,\cdots,n).$$

若(48)式无解，则没有两个超平行多面体会有一个公共点. 事实上，若点(x)属于两个超平行多面体 $\prod_{g_1,\cdots,g_n}$ 与 $\prod_{g_1',\cdots,g_n'}$，则由

$$-\frac{\kappa_p}{2}\leqslant L_p(x-g)\leqslant\frac{\kappa_p}{2}$$

与

$$-\frac{\kappa_p}{2}\leqslant L_p(x-g')\leqslant\frac{\kappa_p}{2}$$

相减即得

$$|L_p(g-g')| \leqslant \kappa_p,$$

即(48)式有一个解 $x_q = g_q - g_q'$.

因此属于一个确定的超立方体 $|x_q| \leqslant L(q=1,2,\cdots,n)$ 的所有 $\prod$ 之体积必须小于超立方体之体积 $(2L)^n$，由此立即得到我们的断言. 事实上，我们首先命 c 为一个数使初始图形 $\prod_{0,\cdots,0}$ 之点的坐标的绝对值 $\leqslant c$. 则所有满足

$$|g_q| \leqslant L \quad (q=1,2,\cdots,n)$$

之 $\prod_{g_1,\cdots,g_n}$ 均属于超立方体 $|x_q| \leqslant L+c$. 这是由于从 $|L_p(x-g)| \leqslant \frac{\kappa_p}{2}$ 与 $|g_q| \leqslant L$，可知 $|x_q| = |x_q - g_q + g_q| \leqslant |x_q - g_q| + |g_q| \leqslant c + L$，所以若 L 是一个正有理整数，则共有 $(2L+1)^n$ 个这种 $\prod_{g_1,\cdots,g_n}$ 及它们的总体积为

$$(2L+1)^n J \leqslant (2L+2c)^n,$$

此处 J 为单个 $\prod$ 的体积. 除以 L^n，并取极限 $L\to\infty$，则得

$$J \leqslant 1.$$

另一方面，我们有

$$\begin{aligned} J &= \int\limits_{|L_p(x)| \leqslant \kappa_p/2} \cdots \int dx_1 \cdots dx_n \\ &= \frac{1}{|D|} \int\limits_{|y_p| \leqslant \kappa_p/2} \cdots \int dy_1 \cdots dy_n \\ &= \frac{\kappa_1 \kappa_2 \cdots \kappa_n}{|D|}. \end{aligned}$$

因此若这些不等式除 $0,\cdots,0$ 之外无整数解，则 $\kappa_1 \cdot \kappa_2 \cdots \kappa_n \leqslant |D|$. 在这一断言中，不等号 $<$ 必须成立. 这是因为对于 $\kappa_1,\cdots,\kappa_n$ 无解，由连续性可知对于略大一点的 κ 之值仍然无解，及 κ 之乘积仍然 $\leqslant D$. 所以原来的 κ 之乘积必须 $<|D|$.

由此我们证明了若 κ 之乘积等于 $|D|$ 或更大一些，则不等式(48)式必须有一个整数解.

以后,我们将取 $L_p(x)$ 为一个线性型的共轭及允许复数系数.对上面定理作一些简单的修正,则得

定理 95 命已给 n 个有实数或复数系数的线性型 $L_p(x)=\sum_{q=1}^{n}a_{pq}x_q(p=1,2,\cdots,n)$ 其系数行列式 $D\neq 0$. 进而言之,若一个型不是实的,我们假定这一型的复共轭型亦在 $L_p(x)$ 中. 最后命 $\kappa_1,\cdots,\kappa_n$ 为正量满足若 $L_\alpha(x)$ 与 $L_\beta(x)$ 为复共轭型,就有 $\kappa_\alpha=\kappa_\beta$,则存在非全为 0 的有理整数 x_q 使当

$$\kappa_1\cdot\kappa_2\cdots\kappa_n\geqslant|D|$$

时有

$$|L_p(x)|\leqslant\kappa_p\quad(p=1,2,\cdots,n).$$

欲证这一定理,我们将型系 $L_p(x)$ 换成一个实型系 $L'(x)$ 如下:即 $L_p(x)$ 的实部与虚部各自加以考虑. 若 $L_p(x)$ 为实型,则我们取 $L'_p(x)=L_p(x)$;另一方面,若 $L_\alpha(x)$ 与 $L_\beta(x)$ 为复共轭型,其中 $\alpha<\beta$,则我们置

$$L'_\alpha(x)=\frac{L_\alpha(x)+L_\beta(x)}{2},\quad L'_\beta(x)=\frac{L_\alpha(x)-L_\beta(x)}{2i}.$$

在后一种情况下,我们定义

$$\kappa'_\alpha=\kappa'_\beta=\frac{\kappa_\alpha}{\sqrt{2}},$$

及另一方面,在第一种情况下,则

$$\kappa'_p=\kappa_p.$$

于是实型系 L' 显然有行列式 D':

$$|D'|=2^{-r_2}|D|,$$

此处 r_2 为 $L_p(x)$ 中复共轭型的对数. 当 $\kappa'_1\cdots\kappa'_n\geqslant|D'|$ 时,存在非全为 0 的有理整数 x_q 使

$$|L'_p(x)|\leqslant\kappa'_p\quad(p=1,2,\cdots,n).$$

对于一个非实型 $L_\alpha(x)$,我们有

$$|L_\alpha(x)|^2=L'^2_\alpha(x)+L'^2_\beta(x)\leqslant\kappa'^2_\alpha+\kappa'^2_\beta=\kappa^2_\alpha,$$

故得定理.

§33. 理想类、类群与理想数

我们现在可以来处理在§23刚开始讲理想理论时提出来的问题了,即我们可以研究一个域所有的理想总可以被一些数来表示的问题,其中这些数或许属于另外的域.为此目的,我们引进等价的概念及由此将 K 中所有理想分类如下:

定义 若两个整理想或分式理想 $\mathfrak{a},\mathfrak{b}$ 仅相差一个主理想因子,即存在一个(整或分式)主理想 $(\omega)\neq(0)$ 使

$$\mathfrak{a}=\omega\mathfrak{b}.$$

则称 $\mathfrak{a},\mathfrak{b}$ 等价,并用记号

$$\mathfrak{a}\sim\mathfrak{b}$$

记之.

等价的概念有下面的性质:

(1) $\mathfrak{a}\sim\mathfrak{a}$.

(2) 由 $\mathfrak{a}\sim\mathfrak{b}$ 可得出 $\mathfrak{b}\sim\mathfrak{a}$.

(3) 由 $\mathfrak{a}\sim\mathfrak{b}$ 及 $\mathfrak{b}\sim\mathfrak{c}$ 可得 $\mathfrak{a}\sim\mathfrak{c}$.

(4) 由 $\mathfrak{a}\sim\mathfrak{b}$ 可得 $\mathfrak{ac}\sim\mathfrak{bc}$ 及若 $\mathfrak{c}\neq(0)$,则其逆亦真.

等价于一个固定 $\mathfrak{a}$ 的所有理想的全体构成一个理想类.特别所有主理想($\neq 0$)是互相等价的,他们构成主类.

由(4)可知类可以立即纳入一个阿贝尔群之中,若我们将 $\mathfrak{a}$ 与 $\mathfrak{b}$ 分别理解为类 A 与 B 的任何理想,则由(4)可知 $\mathfrak{ab}$ 属于仅由 A 与 B 决定的类而不依赖于类中 $\mathfrak{a}$ 与 $\mathfrak{b}$ 的选取.我们记 $\mathfrak{ab}$ 所在的类为 AB,从而我们定义了理想类的复合,在这一复合之下,理想类构成了一个(有限或无限)阿贝尔群,称之为域 K 的类群.其单位元为主类.

由理想到理想类的推移正好对应于由数到剩余类关于一个模的推移.事实上,K 中 $\neq 0$ 的整与分式理想在通常乘法之下构成一个无限阿贝尔群(在§11的含义下这个群有一个无穷多元素的

基,即所有素理想集合).这个群 $\mathfrak{M}$ 含有所有主理想$\neq 0$所成的子群.我们记这一子群为 $\mathfrak{N}$.进而言之,上面定义的类群显然为商群 $\mathfrak{M}/\mathfrak{N}$.实际上,它的元素为不同的陪集,它们包含所有只相差一个 $\mathfrak{N}$ 的元素的理想,即相差一个主理想因子.

数论的主要内容之一为研究这些类群较好的结构.他们在 K 中数的几乎所有命题中都起着本质作用.我们关于一般域中,类群的知识仍然极为稀少.我们将最重要的一般结果陈述于下面定理之中:

定理 96 在 K 的每一个理想类中皆存在一个范数$\leqslant \left|\sqrt{d}\right|$的整理想.因此 K 中理想类数是有限的.

欲证明定理,我们命 $\mathfrak{a}$ 为类 B^{-1}中一个整理想,其中 B 为任给的类.若 $\alpha_1,\cdots,\alpha_n$ 表示 $\mathfrak{a}$ 的一个基,则由定理 95 可知存在非全为 0 的有理整数满足

$$\left|w^{(i)}\right| = \left|\sum_{k=1}^{n} \alpha_k^{(i)} x_k\right| \leqslant \left|\sqrt[n]{\Delta}\right|,$$

此处 $\Delta = \Delta(\alpha_1,\cdots,\alpha_n) = N(\mathfrak{a})\sqrt{d}$为$\alpha^{(i)}$的判别式.因此关于这些 $\omega^{(i)}$之积,我们有

$$\left|N(\omega)\right| \leqslant \left|\Delta\right| = N(\mathfrak{a})\left|\sqrt{d}\right|. \tag{49}$$

由定义可知 ω 为一个可被 $\mathfrak{a}$ 整除的非零整数;因此 ω 有一个分解

$$\omega = \mathfrak{a}\mathfrak{b},$$

此处 $\mathfrak{b}$ 是某一个整理想.由于 $\mathfrak{a}\mathfrak{b}\sim(1)$,所以 $\mathfrak{b}$ 位于 B^{-1}之逆类 B 之中,因此由(49)式可知

$$\left|N(\mathfrak{b})\right| \leqslant \sqrt{d}. \tag{50}$$

定理的第一部分得证.

由§27,(42)式可知范数为给定数 z 的整理想只有有限多个.这是由于它们必定是(z)的因子.从而当范数为有理整数时只有有限多个整理想,其范数在给定界之内.因此仅有有限多个整理想 $\mathfrak{b}$ 满足条件(50)式;即 K 中相异理想类的个数是有限的.

今后将以 h 表示类数.由于 h 的有限性,我们立即由定理 21

推出：

定理 97 K 中每一个理想的 h 次幂是一个主理想.

由此我们可以最终证明§24 中所述的命题.

定理 98 对于 K 中每个理想 $\mathfrak{a}$,皆存在一个一般不属于 K 的数 A 使 $\mathfrak{a}$ 的数恒同于域 K 中被 A 整除的全体数.

由定理 97 可知 $\mathfrak{a}^h$ 等于一个主理想(ω).今往证明数 $A=\sqrt[h]{\omega}$ 即有所述性质.因为当 α 为 $\mathfrak{a}$ 中一个数时,α^h 属于 $\mathfrak{a}^h$,从而 α^h/ω 为一个整数及 $\alpha/\sqrt[h]{\omega}=\alpha/A$ 为一个整数.

反之,若 α 是域的一个数满足 α/A 为一个整数,则 α^h/ω 为一个整数,即 $\alpha^h/\mathfrak{a}^h$ 为一个整理想,由基本定理可知 $\alpha/\mathfrak{a}$ 亦是一个整理想,即 α 属于 $\mathfrak{a}$.

由于理想类的群性质可知,表示域 K 中所有理想的诸数 A 可以选自关于 K 有相对次数 h 的一个域.实际上,我们用下面的途径:若 $h>1$,则作为一个有限阿贝尔群,类群有一个基,即类,$B_1,\cdots,B_m$,它们的阶分别为 $c_1,\cdots,c_m$,若我们在每一个类中选取一个理想 $\mathfrak{b}_q(q=1,\cdots,m)$,则由基的定义可知每一个理想 $\mathfrak{a}$ 正好等价于一个幂乘积

$$\mathfrak{b}_1^{x_1}\cdots\mathfrak{b}_m^{x_m}\quad(0\leqslant x_q<c_q;q=1,\cdots,m),\tag{51}$$

即若在

$$\mathfrak{g}=\rho\mathfrak{b}_1^{x_1}\cdots\mathfrak{b}_m^{x_m}\tag{52}$$

中,我们命数 ρ 过域中所有非相伴数及 x_k 过所有满足条件(51)式的有理整数时,则我们得所有理想 $\mathfrak{g}$(整与分式的)正好一次.因此若对于每一个 $\mathfrak{b}_q$,我们按照定理 98 决定一个数 B_q,此处

$$B_q=\sqrt[c_q]{\beta_q},\quad \mathfrak{b}_q^{c_q}=(\beta_q),$$

则显然对于形如(52)式的每一个 $\mathfrak{g}$ 皆对应一个数

$$\Gamma=\rho B_1^{x_1}\cdots B_m^{x_m},\tag{53}$$

使 $\mathfrak{g}$ 的数恒同于域中被 Γ 整除的那些数.若在(53)式中,我们命 ρ 经过域中所有数,包括相伴数,则我们得到一个数系,我们称之域 K 的理想数系.与理想类相对应,这一数系分拆为理想数的 h 个

类. 每一类包含数(53)式,其中指数系 x_q 是相同的及同一类的所有数集(0 含于其中)在加法与减法之下是闭的. 所有非零理想数在乘法与除法之下亦是闭的. 在这种含义下,K 中每一个理想是真正可以被定理 98 含义下的一个数来表示了.

这种表示在较近期的解析数论研究中有着特殊重要性,最要紧的是我们需要明确指出关于 K 有次数 h 的数域 $K(B_1, \cdots, B_m)$ 一般说来并不恒同于所谓的 K 的希尔伯特类域.

§34. 单位及关于基本单位数的一个上界

本节及下一节,我们将证明以后才明确叙述的狄利克雷的一条基本定理,从而得到域 K 中单位的一个完整面貌. 一般说来,K 中存在无穷多个单位,这与必须引进理想概念一样,它是区别高次代数数域与有理数域的第二个本质的准则.

首先,K 中所有单位的集合显然在乘法复合之下构成一个阿贝尔群. 命将所有单位构成的这个群记作 $\mathfrak{G}$. 所有 K 中单位根所成的群为 $\mathfrak{M}$,它是 $\mathfrak{G}$ 的一个子群,其中至少含有两个元素,即 ± 1.

引理 a K 中最多只有有限个整数,它们及其共轭数的绝对值不超过一个给予的常数. 若一个整数的所有共轭的绝对值都等于 1,则这个整数就是单位根.

假定当 $i = 1, 2, \cdots, n$ 时,K 中整数 α 适合不等式 $|\alpha^{(i)}| \leqslant C$. 则由此立即推知 $\alpha^{(i)}$ 的初等对称函数的绝对值不超过一个仅依赖于 C 与 n 的上界. 这些函数均取有理整数值及它们为以 $\alpha^{(i)}$ 为根的 n 次方程的系数;所以只有有限多种可能的系数选取. 因此只有有限多个方程其根为整数,并且全部根的绝对值都 $\leqslant C$.

进而言之,若 α 为 K 中一个整数及当 $i = 1, \cdots, n$ 时 $|\alpha^{(i)}| = 1$,则对于所有无穷多个幂 α^q $(q = 1, 2, \cdots)$ 亦有这一性质. 由刚才证明过的,它们不能都相异. 所以有某幂 $\alpha^q = 1$,即 α 为一个单位根.

定理 99 K 中所有单位根的群 $\mathfrak{M}$ 是有限的,实际上,这是

一个阶 $\omega\geqslant 2$ 的循环群.

由于所有单位根,连同他们的共轭都有绝对值 1,所以由引理 a即可知第一个论断成立.进而言之,若 p 是一个可以整除 $\mathfrak{M}$ 阶的素数,则 $x^p=1$ 的解数等于 p^1,从而由定理 28 可知群 $\mathfrak{M}$ 属于 p 的基数等于 1.因此群是循环的.

为了进一步的研究,我们引入域 $K^{(p)}$ 的一个固定编号.命 θ 为域 K 的一个生成元,并假定其共轭之中,$\theta^{(1)},\theta^{(2)},\cdots,\theta^{(r_1)}$ 为实的,其余的 $2r_2$ 个 $\theta^{(p)}$ 是非实的.事实上,假定

$$\theta^{(p+r_2)} \text{ 为 } \theta^{(p)} \text{ 的复共轭}, p = r_1+1,\cdots,r_1+r_2.$$

由§19 可知,这一编号对于所有 K 中数的共轭亦然,所以对于 K 中每一个数 α,则 $\alpha^{(1)},\cdots,\alpha^{(r_1)}$,实的及

$$|\alpha^{(p+r_2)}| = |\alpha^{(p)}|;\quad p = r_1+1,\cdots,r_1+r_2. \tag{54}$$

最后,我们定义

$$e_p = \begin{cases} 1, & \text{当 } p = 1,2,\cdots,r_1, \\ 2, & \text{当 } p = r_1+1,\cdots,n. \end{cases}$$

所以

$$\sum_{p=1}^{r_1+r_2} e_p = n.$$

我们现在的目标为下面的狄利克雷基本定理:

定理 100 K 中所有单位构成的群 $\mathfrak{G}$ 有一个有限基.进而言之,这一基正好含有 $r=r_1+r_2-1$ 个无限阶元素,其他基元则为单位根.

因此这意味着:存在 $r+1$ 个单位 $\zeta,\eta_1,\cdots,\eta_r$,此处 ζ 是一个单位根,使域的每一个单位在形式

$$\varepsilon = \zeta^a\eta_1^{a_1}\cdots\eta_r^{a_r}$$

中正好出现一次,此处 $a_1,\cdots,a_r$ 为所有有理整数及 a 仅可取值 $0,1,\cdots,w-1$,这 r 个单位 $\eta_1,\cdots,\eta_r$ 称为域的基本单位.

作为证明的准备,我们将在本节及下一节讲一些东西.我们回忆一下,k 个无穷阶的单位 $\varepsilon_1,\cdots,\varepsilon_k$(即不属于 $\mathfrak{M}$ 者)称为在群论

含义下是独立的. 如果关系式

$$\varepsilon_1^{a_1}\varepsilon_2^{a_2}\cdots\varepsilon_k^{a_k} = 1, \tag{55}$$

此处 a_i 为有理整数,仅当 $a_1=\cdots=a_k=0$ 时成立. 而且由(55)式即可知对于所有共轭,亦有类似关系,所以

$$|\varepsilon_1^{(i)}|^{a_1}|\varepsilon_2^{(i)}|^{a_2}\cdots|\varepsilon_k^{(i)}|^{a_k} = 1 \quad (i = 1,2,\cdots,n)$$

或

$$\sum_{m=1}^{k} a_m \log|\varepsilon_m^{(i)}| = 0 \tag{56}$$

(在此对数意为取实值). 反之,由引理 a 可知从(56)式对于有理整数 a 及 $i=1,2,\cdots,n$ 成立即可知 $\varepsilon_1,\cdots,\varepsilon_k$ 不能是独立的. 事实上,数

$$\varepsilon_1^{a_1}\cdots\varepsilon_k^{a_k}$$

属于 K 的一个整数,它与其共轭均有绝对值 1. 所以它是一个单位根,其 ω 次幂$=1$. 但从 r 个方程

$$\sum_{m=1}^{k}\gamma_m \log|\varepsilon_m^{(i)}| = 0, \quad i = 1,2,\cdots,r_1+r_2-1 \tag{57}$$

(对于某些 γ)立即可知对于其余指标 $i=r_1+r_2,\cdots,n$,这些方程的真实性. 事实上,由于 ε_m 是一个单位及

$$\sum_{p=1}^{r_1+r_2} e_p \log|\varepsilon_m^{(p)}| = 0 \quad (m = 1,2,\cdots,k),$$

所以

$$e_{r_1+r_2}\sum_{m=1}^{k}\gamma_m \log|\varepsilon_m^{(r_1+r_2)}| = -\sum_{p=1}^{r_1+r_2-1} e_p \sum_{m=1}^{k}\gamma_m \log|\varepsilon_m^{(p)}| = 0;$$

即(57)式对于 $i=r_1+r_2$ 亦成立. 从而由(54)式可知它对于 $i=1,\cdots,n$ 均成立. 从而 k 个单位 $\varepsilon_1,\cdots,\varepsilon_k$ 是独立的当且仅当 k 个未知数 $\gamma_1,\cdots,\gamma_k$ 的 r 个线形齐次方程

$$\sum_{m=1}^{k}\gamma_m \log|\varepsilon_m^{(i)}| = 0 \quad (i = 1,2,\cdots,r) \tag{58}$$

除 $\gamma_m=0$ 之外无有理整数解 γ.

其次,我们由下面引理来求得独立单位个数 k 的一个上界.

引理 b 若对于 k 个单位 $\varepsilon_1,\cdots,\varepsilon_k$ 及某些不全为 0 的实数 γ_m, r 个关系式成立,则 r 个这种关系对于不全为 0 的有理整数亦成立.

显然只要对于非单位根之单位来证明引理既足. 假定我们选取 q,使单位 $\varepsilon_1,\cdots,\varepsilon_{q-1}$的 r 个方程

$$\sum_{m=1}^{q-1}\alpha_m\log|\varepsilon_m^{(i)}|=0 \quad (i=1,\cdots,r)$$

仅当 $\alpha_1=\cdots=\alpha_{q-1}=0$ 时成立及对于 q 个单位之间有非全为 0 的实数 $\beta_1,\cdots,\beta_q$ 使方程组

$$\sum_{m=1}^{q}\beta_m\log|\varepsilon_m^{(i)}|=0 \quad (i=1,\cdots,r) \tag{59}$$

成立. 因此 $2\leqslant q\leqslant k$,及关于 q 的假定,我们必须有 $\beta_q\neq 0$ 及(59)式中 $q-1$ 个商 $\beta_1/\beta_q,\cdots,\beta_{q-1}/\beta_q$ 被惟一确定. 若能证明 $q-1$ 个商 $\beta_m/\beta_q(m=1,2,\cdots,q-1)$都是有理数,则引理 b 得证.

若我们命

$$\frac{\beta_m}{\beta_q}=-\alpha_m \quad (m=1,2,\cdots,q-1),$$

则须验证 n 个方程

$$\log|\varepsilon_q^{(i)}|=\sum_{m=1}^{q-1}\alpha_m\log|\varepsilon_m^{(i)}| \quad (i=1,2,\cdots,n). \tag{60}$$

更一般些,我们考虑所有单位 η,其对数可以表成形式

$$\log|\eta^{(i)}|=\sum_{m=1}^{q-1}\rho_m\log|\varepsilon_m^{(i)}| \quad (i=1,2,\cdots,n). \tag{61}$$

其中 ρ_m 为实数. 若这种表示是可能的,则 ρ_m 由 η 惟一确定(因为关于 q 的假设). 出现在这里的数系$(\rho_1,\cdots,\rho_{q-1})$中仅有有限多个,其元素均有绝对值<1. 事实上,对应的 η 有

$$|\log|\eta^{(i)}||\leqslant\sum_{m=1}^{q-1}|\log|\varepsilon_m^{(i)}|| \quad (i=1,2,\cdots,n),$$

而由引理 a 可知域中只有有限多个整数具有这一性质. 命 H 表示满足$|\rho_i|\leqslant 1$ 的不同数系 ρ 的个数. 另一方面,(61)式中出现的数系$(\rho_1,\cdots,\rho_{q-1})$有这样的性质,即当$(\rho_1,\cdots,\rho_{q-1})$属于(61)式则,

$$(N\rho_1 - n_1, N\rho_2 - n_2, \cdots, N\rho_{q-1} - n_{q-1})$$

亦然,此处 $N, n_1, n_2, \cdots, n_{q-1}$ 为有理整数.对于每一个 N,可以选取 $n_1, \cdots, n_{q-1}$ 使所有 $|N\rho_i - n_i| \leqslant 1/2$ 成立,及对于不同的 N,若 ρ_1 为无理数,则 $N\rho_1 - n_1$ 恒取相异值.因此存在无穷多组数系 $(\rho_1, \cdots, \rho_{q-1})$,此处 $|\rho_i| < 1$.这与上面证明过的事实相矛盾.因此 ρ_1,同样 $\rho_2, \cdots, \rho_{q-1}$ 都不能是无理数,所有(60)式中的 α_m 都是有理数.引理证完.

进而言之,我们同时得知,关于可能出现于 ρ_m 中的分母,总是存在一个固定的仅依赖于 $\varepsilon_1, \cdots, \varepsilon_{q-1}$ 但不依赖于(61)式中的 η 的有理整数 $M \neq 0$ 使 $M\rho_m$ 为有理整数.用简略的记号,若 ρ_1 有形式 a/b,其中 $a, b(b>0)$ 为有理整数,则在 $|N\rho_1 - n_1|$ 中正好有 b 个互异数 <1,即 $0, 1/b, \cdots, b-1/b$.所以 b 不超过上面定义过的 H,即适合所有 $|\rho_i| < 1$ 的整系 $(\rho_1, \cdots, \rho_{q-1})$ 个数;所以 $H!\ \rho_1$ 为一个整数,因此我们可以取 $M = H!$.从而我们证明了:

引理 c 假定 $\varepsilon_1, \cdots, \varepsilon_k$ 为单位使 r 个方程

$$\sum_{m=1}^{k} \gamma_m \log|\varepsilon_m^{(i)}| = 0 \quad (i = 1, 2, \cdots, r)$$

仅当 $\gamma_m = 0$ 成立,其中 γ_m 为实数.则存在一个固定的有理整数 $M \neq 0$ 使仅当 $M\rho_m$ 为一个有理整数时,n 个表达式

$$\sum_{m=1}^{k} \rho_m \log|\varepsilon_m^{(i)}| = \log|\eta^{(i)}| \quad (i = 1, 2, \cdots, n),$$

此处 η 是 K 中一个单位.

进而言之,由引理 b 与 c 可知无限阶独立单位的个数 k 最多为 r.事实上,若 $k > r$,则 k 个未知量 $\gamma_1, \cdots, \gamma_k$ 的 r 个实系数线性齐次方程组(58)式总有实非零之解.

而且由引理 c 我们还有:

引理 d 所有单位的群 $\mathfrak{G}$ 有一个有限基,无限阶基元素个数 $k \leqslant r$.

欲证引理,我们命 $\varepsilon_1, \cdots, \varepsilon_k$ 为 k 个无限阶单位而且假定不存在 $k+1$ 个无限阶独立元素.因此由引理 b 与 c 可知对于 K 的每

一个单位 η,方程组

$$\log|\eta^{(i)}| = \sum_{m=1}^{k}\frac{g_m}{M}\log|\varepsilon_m^{(i)}| \quad (i = 1,2,\cdots,n)$$

成立,此处 M 为某一个正有理整数及 g_m 为有理整数.所以由引理 a 可知

$$\eta^M = \varepsilon_1^{g_1}\varepsilon_2^{g_2}\cdots\varepsilon_k^{g_k}\zeta,$$

此处 ζ 为 K 的一个单位根,即一个 w 次单位根.因此

$$\eta = \varepsilon_1^{g_1/M}\varepsilon_2^{g_2/M}\cdots\varepsilon_k^{g_k/M}\zeta_0^x,$$

$$\zeta_0 = e^{2\pi i/Mw},$$

其中 x 为有理整数.我们现在来考虑①$k+1$ 个数

$$H_1 = \varepsilon_1^{1/M},\cdots,H_k = \varepsilon_k^{1/M},\quad H_{k+1} = \zeta_0$$

的幂乘积的全体,其中根式需取任意固定值.这些数的集合构成一个(混合)的阿贝尔群,并以 $H_1,\cdots,H_{k+1}$ 为一个基.由已经证明者可知 K 中所有单位的群 $\mathfrak{G}$ 作为一个子群含于其中.由于每一个元素的 M 次幂均属于 $\mathfrak{G}$,所以 $\mathfrak{G}$ 是一个有限指标的子群.因此由定理 34 可知 $\mathfrak{G}$ 亦有一个有限基,而且 $\mathfrak{G}$ 的无限阶基元素个数 $\leqslant k$.在任何情况下,所有单位的 w 次幂,从而 k 个独立单位 $\varepsilon_1^w,\cdots,\varepsilon_k^w$ 都是在这些无限阶基元素的幂乘积之中.所以基元素个数正好 $=k$.引理 d 证完.

§35. 关于基本单位准确个数的狄利克雷定理

为了给出狄利克雷定理 100 一个完整的证明,我们仍必须验证数 k 正好等于 $r=r_1+r_2-1$,但至今只知道它 $\leqslant r$.

由于 $n=r_1+2r_2$, $r=\frac{1}{2}(n+r_1)-1$,所以当 $r=0$ 即得 $n+r_1=2$,即 $n=2, r_1=0$ 或 $n=1, r_1=1$.这两种情况分别为虚二次域与有理数域这一平凡情况.

---

① 在此我们回忆一下 §22 中关于一个基存在性验证的类似方法.

引理 a 若 $r=0$,则群 $\mathfrak{G}$ 恒同于 K 中单位根群 $\mathfrak{M}$.

在虚二次域中,由 $N(\varepsilon)=\pm 1$ 立即得到 $\varepsilon^{(1)}\cdot\varepsilon^{(2)}=1$,及由于 $|\varepsilon^{(1)}|=|\varepsilon^{(2)}|$,这个单位及共轭均有绝对值 1,所以这一单位是单位根.

引理 b 若 $r>0$,则对于每一组非全为 0 的实数 $c_1,\cdots,c_r$ 皆存在一个单位 ε 满足

$$L(\varepsilon)=c_1\log|\varepsilon^{(1)}|+c_2\log|\varepsilon^{(2)}|+\cdots+c_r\log|\varepsilon^{(r)}|\neq 0.$$

这个狄利克雷思想链中的第二个重要结论含于闵可夫斯基的定理 95 之中.

若 $\kappa_1,\cdots,\kappa_n$ 为 n 个正量满足

$$\kappa_1\cdot\kappa_2\cdots\kappa_n=\left|\sqrt{d}\right|,$$

$$\kappa_{p+r_2}=\kappa_p,\quad p=r_1+1,\cdots,r_1+r_2,$$

则由定理 95 可知有一个 K 中非零整数 α(因此其范数至少有绝对值 1)满足

$$|\alpha^{(i)}|\leqslant\kappa_i\quad i=1,2,\cdots,n,\quad 1\leqslant|N(\alpha)|\leqslant\sqrt{d}.$$

从而

$$|\alpha^{(i)}|\geqslant\frac{1}{|\alpha^{(1)}|\,|\alpha^{(2)}|\cdots|\alpha^{(i-1)}|\,|\alpha^{(i+1)}|\cdots|\alpha^{(n)}|}$$

$$\geqslant\frac{\kappa_i}{\kappa_1\cdots\kappa_n}=\frac{\kappa_i}{\left|\sqrt{d}\right|},$$

(进而言之,我们可得 $|d|>1$,否则若 $|d|=1$,则所有这些不等式均须取等号).对于这个数 α,表达式

$$L(\alpha)=\sum_{m=1}^{r}c_m\log|\alpha^{(m)}|$$

满足

$$\left|L(\alpha)-\sum_{m=1}^{r}c_m\log\kappa_m\right|\leqslant\sum_{m=1}^{r}|c_m|\log\left|\sqrt{d}\right|<A,$$

此处 A 的选取不依赖于 α 与 κ. r 个量 $\kappa_1,\cdots,\kappa_r$ 为正数,而且可以任意选取,从而我们可以找到一个数系序列 $\kappa_1^{(h)},\cdots,\kappa_r^{(h)}$($h=1$,

2,⋯)使

$$\sum_{m=1}^{r} c_m \log \kappa_m^{(h)} = 2Ah \quad (h = 1,2,\cdots),$$

及对于对应于 α_h,我们有

$$|L(\alpha_h) - 2Ah| < A,$$
$$A(2h-1) < L(\alpha_h) < A(2h+1).$$

从而

$$L(\alpha_1) < L(\alpha_2) < L(\alpha_3) < \cdots, \tag{62}$$

但同时有

$$|N(\alpha_h)| \leqslant |\sqrt{d}|.$$

无穷多个这种主理想(α_h),其范数不大于$\sqrt{d}$,不能所有都是互异的;所以至少存在 2 个互异的指标 h 与 m 使

$$(\alpha_h) = (\alpha_m), \quad 从而\ \alpha_m = \varepsilon\alpha_h,$$

此处 ε 是K 中一个单位.由(62)式可知

$$L(\alpha_h) \neq L(\alpha_m) = L(\varepsilon\alpha_h),$$
$$L(\varepsilon) = L(\varepsilon\alpha_h) - L(\alpha_h) \neq 0.$$

从而引理 b 得证.由此我们得到

引理 c 若 $r>0$,则域中独立单位的个数 h 正好$=r$.

由引理 b 可知存在一个单位满足

$$\log|\varepsilon_1^{(1)}| \neq 0.$$

若 $r>1$,则同样有一个 ε_2 满足

$$\begin{vmatrix} \log|\varepsilon_1^{(1)}| & \log|\varepsilon_2^{(1)}| \\ \log|\varepsilon_1^{(2)}| & \log|\varepsilon_2^{(2)}| \end{vmatrix} \neq 0,$$

如此等等.因此由引理 b 可知存在 r 个单位$\varepsilon_1,\cdots,\varepsilon_r$ 使行列式

$$\begin{vmatrix} \log|\varepsilon_1^{(1)}|\cdots\log|\varepsilon_r^{(1)}| \\ \log|\varepsilon_1^{(2)}|\cdots\log|\varepsilon_r^{(2)}| \\ \vdots \qquad\qquad \vdots \\ \log|\varepsilon_1^{(r)}|\cdots\log|\varepsilon_r^{(r)}| \end{vmatrix} \neq 0.$$

由这一行列式非零立即导出这些单位都不是单位根,同时 $\gamma_1,\cdots,\gamma_r$ 的线性齐次方程组

$$\sum_{m=1}^{r}\gamma_m\log|\varepsilon_m^{(i)}|=0\quad(i=1,2,\cdots,r)$$

只有一个解 $\gamma_1=\cdots=\gamma_r=0$. 所以由前节证明过的定理可知无限阶的独立单位个数 k 正好为 r,与前面引理相联系可知狄利克雷单位根定理即定理 100 得证.

由 §11,定理 38 立即可见在 K 中两个单位系:$\eta_1,\cdots,\eta_r$ 与 $\varepsilon_1,\cdots,\varepsilon_r$ 之间,形如

$$\eta_m=\zeta_m\varepsilon_1^{a_{m1}}\varepsilon_2^{a_{m2}}\cdots\varepsilon_r^{a_{mr}}\quad(m=1,2,\cdots,r)$$

的方程成立. 此处 ζ_m 为单位根,而 a_{mk} 为有行列式 ±1 的有理整数. 因此对于 K 的每一个基本单位系,行列式

$$\begin{vmatrix}\log|\eta_1^{(1)}|\cdots\log|\eta_r^{(1)}|\\ \vdots\qquad\qquad\vdots\\ \log|\eta_1^{(r)}|\cdots\log|\eta_r^{(r)}|\end{vmatrix}$$

的绝对值有同样的非零值;因此这个值是域的常数.

行列式

$$\begin{vmatrix}e_1\log|\eta_1^{(1)}|\cdots e_1\log|\eta_r^{(1)}|\\ \vdots\qquad\qquad\vdots\\ e_r\log|\eta_1^{(r)}|\cdots e_r\log|\eta_r^{(r)}|\end{vmatrix}=\pm R$$

的绝对值 R 称为域 K 的调整子 R.

§36. 差积与判别式

本节我们将关注域的判别式 d 的较深刻的性质. 至今 d 是相当形式地定义为域的一个基的行列式;我们现在企图找一个基于内蕴性质的 d 的定义,它将有利于被推广至相对域(§38).

我们首先定义 $K^{(p)}$ 中数 $\alpha^{(p)}$ 的差积为数

$$\delta(\alpha^{(p)}) = \prod_{h \neq p} (\alpha^{(p)} - \alpha^{(h)}).$$

若 $F(x)$ 为一个有理整系数且首项系数为 1 的 n 次多项式，它有 n 个根 $\alpha^{(1)},\cdots,\alpha^{(n)}$，则显然

$$\delta(\alpha) = F'(\alpha). \tag{63}$$

所以，$\delta(\alpha^{(p)})$ 是 $K^{(p)}$ 中的一个数及由定理 54 可知它等于 0 当且仅当 α 是一个低于 n 次的数. 我们得 α 的判别式

$$d(\alpha) = \prod_{n \geqslant i > k \geqslant 1} (\alpha^{(i)} - \alpha^{(k)})^2 = (-1)^{n(n-1)/2} N(\delta(\alpha))$$

之值.

现在命 $\mathfrak{a}(\neq 0)$ 为 K 的任意理想，它有基 $\alpha_1,\cdots,\alpha_n$.

定理 101　K 中的数 λ 使

$$S(\lambda\alpha) = \sum_{p=1}^{n} \lambda^{(p)} \alpha^{(p)} = \text{整数} \tag{64}$$

对所有 $\mathfrak{a}$ 中数皆成立的集合构成一个理想 $\mathfrak{m}$. 在此 $\mathfrak{m}\mathfrak{a}$ 为一个独立于 $\mathfrak{a}$ 的理想，它仅由域 K 决定，及它为一个整理想 $\mathfrak{d}$ 之逆. $\mathfrak{m}$ 的一个基由 n 个数 $\beta_1,\cdots,\beta_n$ 构成，它们仅由共轭及方程

$$S(\beta_i \alpha_k) = e_{ik} \quad (i, k = 1, 2, \cdots, n)$$

决定，此处当 $i = k$ 时，$e_{ik} = 1$，否则 $e_{ik} = 0$.

证　具有性质(64)式的数 λ 不会有任意大的理想分母. 事实上，我们的假定相当于 n 个方程

$$S(\lambda\alpha_k) = g_k \quad (k = 1, \cdots, n),$$

此处 g_k 为有理整数. 由 $\lambda^{(1)},\cdots,\lambda^{(n)}$ 的 n 个线性方程可得 $\lambda^{(i)}$ 为两个行列式之商. 分母是一个 $\alpha_k^{(i)}$ 的固定行列式，它等于 $N(\mathfrak{a})\sqrt{d}$. 分子为 $\alpha_k^{(i)}$ 的一个整多项式，从而有一个仅依赖于 α 的整数 ω 使 $\omega\lambda$ 为一个整数. 进而言之，若 λ_1 与 λ_2 属于 λ 的这个集合，则对于所有整数 ξ_1, ξ_2 可知 $\xi_1\alpha, \xi_2\alpha$ 仍属于理想 $\mathfrak{a}$；所以 $\lambda_1\xi_1 + \lambda_2\xi_2$ 亦属于 λ 的集合，从而

$$S((\lambda_1\xi_1 + \lambda_2\xi_2)\alpha) = S(\lambda_1\xi_1\alpha) + S(\lambda_2\xi_2\alpha)$$

亦为一个整数. 由 §31 可知这个集合是一个理想，它依赖于 $\mathfrak{a}$，我

们记之为 $\mathfrak{m}=\mathfrak{m}(\mathfrak{a})$. 进而言之,我们有 $\mathfrak{a}\mathfrak{m}(\mathfrak{a})=\mathfrak{m}(1)$,这是独立于 $\mathfrak{a}$ 的. 事实上,若 λ 属于 $\mathfrak{m}(\mathfrak{a})$,则对于每一个整数 ξ,$S(\lambda\alpha_k\xi)$仍为一个整数,即 $\lambda\alpha_k$ 属于 $\mathfrak{m}(1)$. 反之,若 μ 属于 $\mathfrak{m}(1)$及 $\rho_1,\cdots,\rho_n$ 表示 $1/\mathfrak{a}$ 的一个基,则 $\alpha\rho_k$ 为整数,从而 $S(\mu\rho_k\alpha)$为一个整数,即 μ 与 $1/\mathfrak{a}$ 中每一个数之乘积属于 $\mathfrak{m}(\mathfrak{a})$,所以 μ 属于 $\mathfrak{a}\mathfrak{m}(\mathfrak{a})$.

由于数 1 明显地属于 $\mathfrak{m}(1)$,所以 $\mathfrak{m}(1)$是一个整理想 $\mathfrak{d}$ 之逆. 从而

$$\mathfrak{m} = \mathfrak{m}(\mathfrak{a}) = \frac{1}{\mathfrak{a}\mathfrak{d}},$$

此处 $\mathfrak{d}$ 是独立于 $\mathfrak{a}$ 的一个整理想.

最后,若我们由惟一地可解方程组

$$\sum_{p=1}^{n} \beta_i^{(p)} \alpha_k^{(p)} = e_{ik} \quad (i, k = 1,2,\cdots,n) \tag{65}$$

来定义 n^2 个数 $\beta_i^{(p)}$ 及若我们置

$$S(\lambda\alpha_k) = g_k \quad (k = 1,2,\cdots,n),$$

此处 λ 适合(64)式,则我们亦得

$$S(\lambda_0\alpha_k) = g_k, \quad 其中\ \lambda_0 = g_1\beta_1 + \cdots + g_n\beta_n,$$

从而

$$\lambda = \lambda_0 = g_1\beta_1 + \cdots + g_n\beta_n,$$

及当 $\beta_1,\cdots,\beta_n$ 为K 中数时,它们就构成 $\mathfrak{m}(\mathfrak{a})$的一个基. 后一事实可以由(65)式的解的行列式表示中得出. 另一方面,将(65)式乘以 $\alpha_i^{(q)}$ 并关于 i 求和,则得等价的方程

$$\sum_p \alpha_k^{(p)} \sum_i \beta_i^{(p)} \alpha_i^{(q)} = \sum_i e_{ik} \alpha_i^{(q)} = \alpha_k^{(q)} = \sum_p e_{pq} \alpha_k^{(p)},$$

并由此可以推出

$$\sum_i \beta_i^{(p)} \alpha_i^{(q)} = e_{pq}, \quad \sum_i \beta_i^{(p)} \sum_q \alpha_i^{(q)} \alpha_k^{(q)} = \sum_q e_{pq} \alpha_k^{(q)}$$

或

$$\sum_{i=1}^{n} \beta_i^{(p)} S(\alpha_i\alpha_k) = \alpha_k^{(p)}.$$

由于左端的系数为有理的,所以 $\beta_i^{(p)}$ 为$K^{(p)}$的数,定理 101 证完.

为了以后的应用(第八章),我们用另一方法来叙述这个结果:

定理 102 若 $\alpha_1,\cdots,\alpha_n$ 为一个理想 $\mathfrak{a}$ 的基,则由(65)式定义的 n 个数系 $\beta_1^{(p)},\cdots,\beta_n^{(p)}(p=1,\cdots,n)$ 为 K 中数的共轭序列及 $\beta_1,\cdots,\beta_n$ 构成 $1/\mathfrak{a}\mathfrak{d}$ 的一个基.

进而言之,由于

$$\Delta^2(\beta_1,\cdots,\beta_n)=\frac{1}{\Delta^2(\alpha_1,\cdots,\alpha_n)}=\frac{1}{dN^2(\mathfrak{a})}$$

及由(47)式得

$$\Delta^2(\beta_1,\cdots,\beta_n)=N^2(\mathfrak{m})d=\frac{d}{N^2(\mathfrak{a}\mathfrak{d})}.$$

因此我们证明了

定理 103 $N(\mathfrak{d})=d$.

由定理 101 定义的理想 $\mathfrak{d}$ 称为域的差积或基本理想.

为了发现域的这个差积与域中数的差积之间的基本联系,我们必须研究 K 中能够表成形式

$$G(\theta)=a_0+a_1\theta+a_2\theta^2+\cdots+a_{n-1}\theta^{n-1}$$

的数集,此处 a_i 为有理整数.命 θ 为 K 的一个整数生成元.命数 $G(\theta)$ 的集合为一个数环或整环,其中 a_i 为有理整数.并将它记为 $R(\theta)$.首先,环中的数确实构成以 $1,\theta,\theta^2,\cdots,\theta^{n-1}$ 为基元素的一个模及其次它们在乘法之下是闭的.

引理 a 若域中每一个数 α 满足 $\mathfrak{d}\alpha$ 为整理想,则它必能表为形式

$$\alpha=\frac{\rho}{F'(\theta)},$$

此处 ρ 为环 $R(\theta)$ 中的一个整数及 $F'(\theta)$ 为(63)式中 θ 的差积.

欲证明引理,我们考虑 x 的多项式

$$G(x)=\sum_{i=1}^{n}\alpha^{(i)}\frac{F(x)}{x-\theta^{(i)}},\tag{66}$$

此处

$$F(x)=\prod_{i=1}^{n}(x-\theta^{(i)})=c_0+c_1x+\cdots+c_{n-1}x^{n-1}+c_nx^n.$$

由于

$$\frac{F(x)}{x-\theta}=\frac{F(x)-F(\theta)}{x-\theta}=\sum_{h=1}^{n}c_h\sum_{0\leqslant r\leqslant h-1}x^r\theta^{h-r-1},$$

所以 $G(x)$是一个有理整系数多项式,从而

$$G(x)=\sum_{h=1}^{n}c_h\sum_{0\leqslant r<h-1}x^rS(\alpha\theta^{h-r-1}).$$

由假定 $\alpha\mathfrak{d}$ 是整理想,所以由定理 101 可知上式出现的迹为有理整数.若在(66)式中置 $x=\theta$,则得

$$\alpha=\frac{G(\theta)}{F'(\theta)},$$

此处 $G(\theta)$是环中一个数.

若 $\mathfrak{d}\alpha$ 为整理想,则由此可知 $F'(\theta)\cdot\alpha$ 为整数,因此 $F'(\theta)$有分解式

$$F'(\theta)=\mathfrak{d}\mathfrak{f},\tag{67}$$

此处 $\mathfrak{f}$ 为一个整理想.

引理 b 对于每一个属于环 $R(\theta)$的数 ρ,我们有

$$S\left(\frac{\rho}{F'(\theta)}\right)=\text{整数}.$$

显然只要对于 $\rho=1,\theta,\cdots,\theta^{n-1}$来证明这一论断即可,这可以直接由所谓欧拉公式

$$\sum_{i=1}^{n}\frac{\theta^{(i)^k}}{F'(\theta^{(i)})}=\begin{cases}0, & \text{当 } k=0,1,2,\cdots,n-2,\\ 1, & \text{当 } k=n-1\end{cases}$$

中推出来.

为了完全起见,我们提及拉格朗日插值公式:

$$\sum_{i=1}^{n}\frac{\theta^{(i)^{k+1}}}{F'(\theta^{(i)})}\cdot\frac{F(x)}{x-\theta^{(i)}}=\begin{cases}x^{k+1}, & \text{当 } k=1,2,\cdots,n-2\\ x^n-F(x), & \text{当 } k=n-1\end{cases}$$

置 $x=0$ 即得欧拉公式(或除以 $F(x)$并展开为 $1/x$ 之幂).

定理 104 理想 $\mathfrak{f}=F'(\theta)/\mathfrak{d}$ 中所有数均属于环 $R(\theta)$,若一个理想 $\mathfrak{a}$ 的所有数都属于环 $R(\theta)$,则 $\mathfrak{a}$ 可被 $\mathfrak{f}$ 整除.

若 $\omega\equiv0(\bmod\mathfrak{f})$,则 $\alpha=\omega/F'(\theta)$为一个有分母 $\mathfrak{d}$ 的数,及由引理 a 可知 $\alpha F'(\theta)$必定是这个环中的一个数.因此定理的第一部

分得证.

反之,若 $\mathfrak{a}$ 中所有的数都属于环 $R(\theta)$,则对于所有 $\mathfrak{a}$ 中的数 α,由引理 b 可知,$S(\alpha/F'(\theta))$为整数.从而由定理 101 可知 $1/F'(\theta)$为理想 $\mathfrak{m}(\mathfrak{a})=1/\mathfrak{a}\mathfrak{d}$ 中的一个数;因此 $F'(\theta)=\mathfrak{d}\mathfrak{f}$ 可以整除 $\mathfrak{a}\mathfrak{d}$,所以 $\mathfrak{f}|\mathfrak{a}$.定理证完.

引理 c　K 中总有环 $R(\theta)$,其导子 $\mathfrak{f}$ 不能被一个任意的素理想 $\mathfrak{p}$ 整除.

若 ω 为整数,它可以被 $\mathfrak{p}$ 整除,但不能被 $\mathfrak{p}^2$ 整除,则显然表达式

$$\gamma_0+\gamma_1\omega+\gamma_2\omega^2+\cdots+\gamma_h\omega^h \tag{68}$$

表示所有剩余类 $\bmod \mathfrak{p}^{h+1}$,此处 $\gamma_0,\cdots,\gamma_h$ 独立地过一个完全剩余类 $\bmod \mathfrak{p}$.命 θ 为一个原根 $\bmod \mathfrak{p}$ 使数

$$\omega=\theta^{N(\mathfrak{p})}-\theta$$

可以被 $\mathfrak{p}$ 整除,但不能被 $\mathfrak{p}^2$ 整除(若 θ 没有后面这一性质,则 $\theta+\pi$ 必有这一性质,其中 π 为一个可被 $\mathfrak{p}$ 整除,但不能被 $\mathfrak{p}^2$ 整除的数).进而言之,对剩余类 $\bmod \mathfrak{p}^2$ 作些变动,我们可以安排 θ 与其所有共轭相异,而且

$$\theta\equiv 0(\bmod \mathfrak{a}),\quad 此处\ p=\mathfrak{p}^e\mathfrak{a},\quad (\mathfrak{a},\mathfrak{p})=1, \tag{69}$$

及 p 为可以被 $\mathfrak{p}$ 整除的有理素数.

若在(68)式中,命 γ_i 经过 $N(\mathfrak{p})$个数

$$0,\theta,\theta^2,\cdots,\theta^{N(\mathfrak{p})-1},$$

它们是互不同余 $\bmod \mathfrak{p}$ 的.我们看到每一个剩余类 $\bmod \mathfrak{p}^{h+1}$都表示环 $R(\theta)$中一个数.但是,若(69)式成立,则环的导子 $\mathfrak{f}$ 不能被 $\mathfrak{p}$ 整除.事实上,若

$$N(\mathfrak{d}\mathfrak{f})=p^k a,\quad 此处(a,p)=1,$$

则由上述,对于每一个 ω,皆有环中一个 ρ 使

$$\pi\equiv\omega-\rho\equiv 0(\bmod \mathfrak{p}^{ek}).$$

在此 $\pi a\theta^k$ 可被 $F'(\theta)=\mathfrak{d}\mathfrak{f}$ 整除.事实上,由(69)式可知

$$\frac{\pi a\theta^k}{F'(\theta)}=\frac{\pi\theta^k N(\mathfrak{d}\mathfrak{f})}{\mathfrak{d}\mathfrak{f}p^k}=\frac{N(\mathfrak{d}\mathfrak{f})}{\mathfrak{d}\mathfrak{f}}\cdot\frac{\pi\theta^k}{\mathfrak{p}^{ek}\mathfrak{a}^k}.$$

所以由引理 a 可知这个数可以表示为形式

$$\frac{\pi a\theta^k}{F'(\theta)}=\frac{\rho_1}{F'(\theta)},\quad 因此\ \pi=\frac{\rho_1}{a\theta^k},$$

其中 ρ_1 为 $R(\theta)$中一个数.从而

$$a\theta^k\omega=a\theta^k(\rho+\pi)=a\theta^k\rho+\rho_1$$

亦是环中一个数,及理想 $a\theta^k$(它不能被 $\mathfrak{p}$ 整除)仅包含环中的数,所以由定理 104 可知它可以被 $\mathfrak{f}$ 整除;从而 $\mathfrak{f}$ 不能被 $\mathfrak{p}$ 整除.由此我们立即得到这个理论的主要定理:

定理 105 K 中所有整数 θ 的差积的最大公因子等于域的差积 $\mathfrak{d}$.

值得注意者为与差积相比较,域的判别式 d 实际上是 K 的所有整数 θ 的判别式 $d(\theta)$的一个公因子,但不需要是最大公因子①.

§37. 相对域与不同域中理想之间的关系

我们现在转入这样一个问题,即域 K 不再是相对于 $k(1)$而言,而是相对于任意代数数域 k,其中 k 是 K 的一个子域,在这种情况下,我们如何来修正前几节所发展的概念.当然如同在 K 中一样,至今所发展的理想理论在 k 中亦成立.我们能找到 K 中理想与 k 中理想之间一个关系吗?

我们将 K 中元素(数或理想)用大写字母表示,而用小写字母表示 k 中元素.命 K 关于 k 有相对次数 m(比较§20,定理 59),而 K 与 k 关于有理数域的次数则分别为 N 与 n.则

$$N=n\cdot m.$$

进而言之,k 中任意 q 个数 $\alpha_1,\cdots,\alpha_q$ 定义了 K 中一个理想,

① R. Dedekind, Uber den Zusammenhang zwischen der Theorie der Ideale und der Theorie der hoheren Kongruenzen, and: Uber die Diskriminanten endlicher Korper, Abh. d. K. Ges. d. Wiss zu Gottingen 1878 and 1882 and as well the later papers of Hensel in Crelles Journal, Vol. 105(1889) and Vol. 113(1894).

亦定义了 k 中一个理想,这两个理想都记为$(\alpha_1,\cdots,\alpha_q)$,但我们用

$$\mathfrak{a}=(\alpha_1,\cdots,\alpha_q)_k \quad 与 \quad \mathfrak{A}=(\alpha_1,\cdots,\alpha_q)_K \tag{70}$$

来加以区别.进而言之,若 β 属于 $\mathfrak{a}$,则它当然属于 $\mathfrak{A}$.反之亦真:

引理 a 若 β 属于 $\mathfrak{A}$,则当(70)式成立时,β 亦属于 $\mathfrak{a}$.

若方程

$$\beta=\sum_h \Gamma_h\alpha_h$$

成立,此处 Γ_h 为K 中整数,则方程

$$\beta=\sum_h \Gamma_h^{(i)}\alpha_h \quad (i=1,\cdots,m)$$

对于对应的相对共轭亦成立及相乘得

$$\beta^m=\prod_{i=1}^m\Big(\sum_h \Gamma_h^{(i)}\alpha_h\Big).$$

对于未知量 $x_1,\cdots,x_q$ 显然表达式

$$\prod_{i=1}^m\Big(\sum_{h=1}^q \Gamma_h^{(i)}x_h\Big)=\sum_{n_1,\cdots,n_q}\gamma_{n_1,\cdots,n_q}x_1^{n_1}x_2^{n_2}\cdots x_q^{n_q} \tag{71}$$

是 $x_1,\cdots,x_q$ 的 m 次齐次多项式,此处

$$n_1+n_2+\cdots+n_q=m.$$

这些系数 γ 为 $\Gamma_h^{(i)}$ 的对称整表示式,所以是 k 中整数.对于 $x_h=\alpha_h(h=1,2,\cdots,q)$,则方程(71)式为理想 $\mathfrak{a}^m$ 中一个数,从而 $\beta^m/\mathfrak{a}^m$为一个整数,所以 $\beta/\mathfrak{a}$ 亦为一个整数,即 β 属于 $\mathfrak{a}$.

若我们还有另一对对应的理想,则由(70)式可知

$$\mathfrak{b}=(\beta_1,\cdots,\beta_s)_k \quad 与 \quad \mathfrak{B}=(\beta_1,\cdots,\beta_s)_K.$$

则得

引理 b 若 $\mathfrak{a}=\mathfrak{b}$,则 $\mathfrak{A}=\mathfrak{B}$,且其逆亦真.

第一部分是显然的,今往证明其逆部分,即若 $\mathfrak{A}=\mathfrak{B}$,则每一个 β 均属于 $\mathfrak{A}$,及由引理 a 可知它亦属于 $\mathfrak{a}$.同样每一个 α 属于 $\mathfrak{B}$,亦属于 $\mathfrak{b}$;从而 $\mathfrak{a}=\mathfrak{b}$.

对于 k 中每一个理想 $\mathfrak{a}$,我们用下面的描述使它对应 K 中的

一个理想 $\mathfrak{A}$:我们置 $\mathfrak{a}=(\alpha_1,\cdots,\alpha_q)_k$ 及定义 $\mathfrak{A}=(\alpha_1,\cdots,\alpha_q)_K$. 由引理 b 可知这一对应导出的 $\mathfrak{A}$ 是由 $\mathfrak{a}$ 惟一确定的(与 $\mathfrak{a}$ 的表示是无关的)及按这一办法我们明显得到 K 中每一个理想,它们可以表示为基域的 GCD. 我们用记号

$$\mathfrak{a}\leftrightarrows\mathfrak{A} \tag{72}$$

来表示这个对应. 按照引理 b,这是惟一的一一映射. 从而我们得到

定理 106 在 k 中所有理想与 K 中所有可以用 k 中数的 GCD 表示的理想之间,由(72)可知存在一个明确定义的可逆对应满足:若(72)式成立,则对于任意 k 中数 α,两个陈述"α 属于 $\mathfrak{a}$"与"α 属于 $\mathfrak{A}$"同时成立. 进而言之,我们有

$$\mathfrak{a}\mathfrak{b}\leftrightarrows\mathfrak{A}\mathfrak{B},\text{当 } \mathfrak{a}\leftrightarrows\mathfrak{A} \text{ 及 } \mathfrak{a}\leftrightarrows\mathfrak{B}.$$

定义 因此我们称由(72)式相联系的两个理想彼此相等,并称 K 中理想 $\mathfrak{A}$ 位于域 k 之中.

由于在不同域中理想间的关系式"="尚未定义,所以这一定义与较早的规定并无矛盾. 由定理 106 可知下面的规则成立:

(1) 由 $\mathfrak{a}=\mathfrak{A}$ 及 $\mathfrak{a}=\mathfrak{b}$ 可得 $\mathfrak{b}=\mathfrak{A}$.

(2) 由 $\mathfrak{a}=\mathfrak{A}$ 及 $\mathfrak{b}=\mathfrak{A}$ 可得 $\mathfrak{a}=\mathfrak{b}$.

(3) 由 $\mathfrak{a}=\mathfrak{A}$ 及 $\mathfrak{A}=\mathfrak{B}$ 可得 $\mathfrak{a}=\mathfrak{B}$.

(4) 由 $\mathfrak{a}=\mathfrak{A}$ 及 $\mathfrak{b}=\mathfrak{B}$ 可得 $\mathfrak{a}\mathfrak{b}=\mathfrak{A}\mathfrak{B}$.

(5) 由 $\mathfrak{a}^p=\mathfrak{A}^p$ 可得 $\mathfrak{a}=\mathfrak{A}$($p$ 为一个有理整数).

这些论断的含义表明在不同域中理想的关系式"="是已经定义了的关系式的一个推广. 同一域中,理想的关系亦用记号"="表示.

因此,由上述定义,我们可以决定两个记号

$$(\alpha_1,\cdots,\alpha_q)\text{ 在 } k \text{ 中},(A_1,\cdots,A_s)\text{ 在 } K \text{ 中}$$

是相等的或否. 在此 K 是 k 的扩张域. 在某些情况下,这两个记号在 K 的一个子域 K' 中已经有了意义. 现在我们希望看到由一个域中的等式亦能推出其他域中的等式.

事实上,若 K' 为 k 的扩张域但为 K 的一个子域,使 A 属于

K',则显然由

$$(\alpha_1,\cdots,\alpha_q)_{K'} = (A_1,\cdots,A_s)_{K'} \tag{73}$$

立即推出

$$(\alpha_1,\cdots,\alpha_q)_K = (A_1,\cdots,A_s)_K.$$

反之,若后面这一方程正确,则将引理 b 的第二部分用于 K'的扩张域 K,即可知方程(73)式对 K'亦正确.

所以记号$(\alpha_1,\cdots,\alpha_q)$在每一个它有意义的域都定义了相同的理想.现在我们可以定义两个理想 $\mathfrak{a}_1$ 与 $\mathfrak{a}_2$ 相等与否了,此处 $\mathfrak{a}_1$ 与 $\mathfrak{a}_2$ 分别表示两个任意域 k_1 与 k_2 数的 GCD.事实上,我们考虑任意包含 k_1 与 k_2 的域 K,然后决定这两个 GCD 按照我们最初理想相等的定义(§24),它们在 K 中是否相等.在所有域中,结果是一样的.因此在记号 $\mathfrak{a}=(\alpha_1,\cdots,\alpha_q)$中,我们不需要提及一个确定的域.由规则 4 可知两个理想 $\mathfrak{a},\mathfrak{b}$ 的乘积为一个完全由 $\mathfrak{a}$ 与 $\mathfrak{b}$ 决定的理想;这对于商与 GCD 同样成立.

特别,陈述"代数整数 $\alpha_1,\cdots,\alpha_q$ 是互素的(有 GCD(1))"是独立于特殊数域的,而且等价于陈述"存在代数整数 $\lambda_1,\cdots,\lambda_q$ 使

$$\lambda_1\alpha_1 + \cdots + \lambda_q\alpha_q = 1".$$

从而这是一个惊人的事实,即由我们的规定立即推出若具有上面性质任意整数 λ 存在,则它总可以选自由 $\alpha_1,\cdots,\alpha_q$ 生成的数域之中.

需要强调者,尽管一个理想 $\mathfrak{a}$ 按这一途径是限于一个固定域,但一般说来,按照上述定义,$\mathfrak{a}$ 并不属于每一个域,例如

$$\mathfrak{a} = (5,\sqrt{10}) = (\sqrt{5})$$

成立,这是由于其平方等于(5).因此,例如 $\mathfrak{a}$ 属于二次域 $k(\sqrt{10})$ 与 $k(\sqrt{5})$,但不属于 $k(1)$.

属于一个理想的素理想这一性质仅仅对它所在的固定域而言的.

如果我们将这些概念与§33 关于理想数定理相联系时,则我们得到:若 $\mathfrak{a}$ 为 k 中一个理想及 $\mathfrak{a}^h$ 等于主理想(ω),则按照我们

的规定

$$\mathfrak{a} = (\sqrt[h]{\omega})$$

是有意义的,而事实上这是一个正确的方程.进而言之,若在 k 的理想数系中,数 A 对应于理想 $\mathfrak{a}$,则同样 $\mathfrak{a}=(A)$成立.所有理想数集合皆属于关于 k 有相对次数 h 的域,而这一事实可以表示如下:若 h 是 k 的类数,则有一个关于 k 有相对次数 h 的相对域,其中 k 的所有理想都变成主理想.但是用任何方法,按这一要求相对域都不是惟一确定的.而其类数亦不需要是 1.

§38. 数与理想的相对范数、相对差积与相对判别式

若 A 是域 K 中某个数及若 $A^{(i)}(i=1,\cdots,m)$为 A 关于 k 的相对共轭,则

$$S_k(A) = A^{(1)} + A^{(2)} + \cdots + A^{(m)}$$

$$N_k(A) = A^{(1)}A^{(2)}\cdots A^{(m)}$$

分别称为 A(关于 k)的相对迹与相对范数.它们为 k 中的数.若 S 与 s 表示关于 $k(1)$在 K 中与在 k 中的迹,同样用 N 与 n 表示在 K 中与在 k 中的范数,则由定理 59 可知

$$S(A) = s(S_k(A)); \quad N(A) = n(N_k(A)). \tag{74}$$

数

$$\delta_k(A^{(q)}) = \prod_{i=1, i\neq q}^{m} (A^{(q)} - A^{(i)})$$

称为 $A^{(q)}$在域 $K^{(q)}$中关于 k 的相对差积,这是域 $K^{(q)}$中的一个数.若

$$\Phi(x) = \prod_{i=1}^{m} (x - A^{(i)}) = x^m + \alpha_1 x^{m-1} + \cdots + \alpha_{m-1}x + \alpha_m$$

(此处 α_r 明显地为 k 中数),则

$$\delta_k(A) = \Phi'(A).$$

乘积

$$d_k(A)=\prod_{1\leqslant i<q\leqslant m}(A^{(i)}-A^{(q)})^2=(-1)^{m(m-1)/2}\prod_{i=1}^{m}\Phi'(A^{(i)})$$
$$=(-1)^{m(m-1)/2}N_k(\delta_k(A))$$

称为 A 的相对判别式;它是 k 中一个数.

若 $\mathfrak{A}$ 是 K 中一个理想,则若将 $\mathfrak{A}$ 中的数 A 换成 $A^{(i)}$ 即得相对共轭理想 $\mathfrak{A}^{(i)}$. 对于两个理想 $\mathfrak{A}$ 与 $\mathfrak{B}$,我们显然有

$$(\mathfrak{A}\cdot\mathfrak{B})^{(i)}=\mathfrak{A}^{(i)}\cdot\mathfrak{B}^{(i)}.$$

定义 理想

$$N_k(\mathfrak{A})=\mathfrak{A}^{(1)}\mathfrak{A}^{(2)}\cdots\mathfrak{A}^{(m)}$$

称为 $\mathfrak{A}$ 关于 k 的相对范数. 我们有 $N_k(\mathfrak{A}\mathfrak{B})=N_k(\mathfrak{A})\cdot N_k(\mathfrak{B})$.

定理 107 理想 $N_k(\mathfrak{A})$ 是 k 的一个理想. 若 k 是有理数域,则 $N_k(\mathfrak{A})=(N(\mathfrak{A}))$.

首先,命 $\mathfrak{A}=(A_1,\cdots,A_s)$ 为一个整理想,此处 A_i 为 K 中的数. 则由 §28 可知对于任意变量 $u_1,\cdots,u_s$,共轭多项式

$$F^{(i)}(u)=A_1^{(i)}u_1+\cdots+A_s^{(i)}u_s$$

的容度等于 $\mathfrak{A}^{(i)}$. 因此由定理 87 可知

$$\mathfrak{A}^{(1)}\cdots\mathfrak{A}^{(m)}=J(F^{(1)})\cdots J(F^{(m)})=J(F^{(1)}\cdots F^{(m)}).$$

显然多项式

$$Q(u)=F^{(1)}F^{(2)}\cdots F^{(m)}$$

是 k 的一个多项式;所以 $J(Q)$ 是 k 的一个理想. 若我们回顾一下,每一个理想数均可以写成两个整理想之商,而且由定义

$$N_k\left(\frac{\mathfrak{A}}{\mathfrak{B}}\right)=\frac{N_k(\mathfrak{A})}{N_k(\mathfrak{B})}.$$

故得定理 107 的第一部分. 关于定理 107 的第二部分的证明,命 h 为 K 的类数,则

$$\mathfrak{A}^h=(A),$$

此处 A 为 K 中某一个数,及

$$N_k(\mathfrak{A})^h=N_k(\mathfrak{A}^h)=N((A))=(N(A)).$$

由于

$$\pm N(A) = N(\mathfrak{A}^h) = N(\mathfrak{A})^h = a^h, \quad 此处 a = N(\mathfrak{A}),$$

所以

$$N_k(\mathfrak{A})^h = (a^h), \quad N_k(\mathfrak{A}) = (a).$$

因此仅对于伽罗瓦域证明的§29 定理 88 现在对于每一个数域都成立了,同时,关于剩余类 mod$\mathfrak{A}$ 的个数的述语"$\mathfrak{A}$ 的范数"得到证实.

定理 108 对于 K 的每一个素理想 $\mathfrak{P}$,正好存在 k 的一个可被 $\mathfrak{P}$ 整除的素理想 $\mathfrak{p}$.则

$$N_k(\mathfrak{P}) = \mathfrak{p}^{f_1},$$

此处 f_1 为自然数$\leqslant m$. f_1 称为 $\mathfrak{P}$ 关于 k 的相对次数. $\mathfrak{p}$ 在 K 中最多可以分拆为 m 个因子.

由定理 107 可知 $N_k(\mathfrak{P})$为 k 中一个理想,按定义它可以被 $\mathfrak{P}$ 整除.若将 $N_k(\mathfrak{P})$分解为素因子,则由基本定理可知 $\mathfrak{P}$ 至少必须能整除 k 中这些素理想中的一个.若 $\mathfrak{P}$ 可以整除 k 中两个相异的素理想 $\mathfrak{p}_1, \mathfrak{p}_2$,则它也是$(\mathfrak{p}_1, \mathfrak{p}_2)=1$ 的一个因子,这是不可能的.所以在 k 中只存在一个可被 $\mathfrak{P}$ 整除的素理想 $\mathfrak{p}$.若 $\mathfrak{p}$ 在 K 中的素理想分解式为

$$\mathfrak{p} = \mathfrak{P}_1\mathfrak{P}_2\cdots\mathfrak{P}_r,$$

则由相对范数可知

$$N_k(\mathfrak{P}_1) \cdot N_k(\mathfrak{P}_2)\cdots N_k(\mathfrak{P}_v) = N_k(\mathfrak{p}) = \mathfrak{p}^m.$$

由前一定理可知,左边每一个因子都是 k 的一个理想及由这一方程可知每一个因子都必须是 $\mathfrak{p}$ 的幂.因此

$$N_k(\mathfrak{P}_i) = \mathfrak{p}^{f_i} \quad 及 \quad f_1 + f_2 + \cdots + f_v = m,$$

所以

$$f_i \leqslant m \quad 及 \quad v \leqslant m.$$

定理 109 若 N 表示K 中范数及n 表示k 中范数,则对于 K 中每一个理想 $\mathfrak{A}$ 有

$$N(\mathfrak{A}) = n(N_k(\mathfrak{A})).$$

首先,对于 K 中每一个数 A,这一论断立即由(74)式得出.由定理 107,或考虑主理想 $\mathfrak{A}^h$,则对于 K 中每一个理想亦成立.

定理 110 若素理想 $\mathfrak{P}$ 的相对次数等于 1,则 K 中每一个数都同余于 k 中一个数模 $\mathfrak{P}$.

由定理 108 可知 $N(\mathfrak{P})=n(\mathfrak{p})^{f_1}$:所以对于 $f_1=1$,在 K 中剩余类 mod$\mathfrak{P}$ 的个数与 k 中剩余类 mod$\mathfrak{p}$ 的个数是一样的.若 k 中一个数 α 能被 $\mathfrak{P}$ 整除,则 $(\alpha,\mathfrak{p})$ 至少可以被 $\mathfrak{P}$ 整除,所以 $(\alpha,\mathfrak{p})\neq 1$.因此作为一个 k 中的理想,$(\alpha,\mathfrak{p})$ 必须 $=\mathfrak{p}$.从而 k 中互不同余 mod$\mathfrak{p}$ 的数系亦互不同余 mod$\mathfrak{P}$,所以在 k 中共有 $n(\mathfrak{p})=N(\mathfrak{P})$ 个互不同余的数 mod$\mathfrak{P}$.

我们对下面的事实给予特殊关注:若 K 中一个数等于它的相对共轭,则由定理 56 可知它是 k 中一个数.但对应的命题对于理想是不对的.例如,关于 $k(1)$,理想 $(\sqrt{5})$ 在 $K(\sqrt{5})$ 中等于它的共轭.但 $(\sqrt{5})$ 不是 $k(1)$ 中的理想.

最后,§36 的概念可以推广至相对域并导至相对判别式的概念.

定义 K 中满足下列条件的数 Δ 的集合:对于每一个 K 中整数 A,相对迹 $S_k(\Delta A)$ 为一个整数,构成 K 中的一个理想 $\mathfrak{M}$.进而言之

$$\frac{1}{\mathfrak{M}}=\mathfrak{D}_k$$

为整理想并称之为 K 关于 k 的相对差积.

平行于定理 101 的证明可以证明 $\mathfrak{M}$ 与 $\mathfrak{D}_k$ 为理想.

定理 111 若 $\mathfrak{D}$ 与 $\mathfrak{d}$ 分别表示 K 与 k 的差积,则对于相对差积 $\mathfrak{D}_k$,关系式

$$\mathfrak{D}=\mathfrak{D}_k\cdot\mathfrak{d} \tag{75}$$

成立.

证 若 Δ 为 K 中一个数使 $\Delta\mathfrak{D}_k\mathfrak{d}$ 为整理想,则由 $\mathfrak{D}_k$ 的定义可知对于每一个整数 A,

$$\mathfrak{d}S_k(\Delta A)\ 为整的. \tag{76}$$

事实上，由于对于 k 中每一个可被 $\mathfrak{d}$ 整除的数 ξ

$$S_k(\Delta A\xi) = \xi S_k(\Delta A)$$

为一个整数. 由 $\mathfrak{d}$ 的定义，由(76)式可知 $s(S_k(\Delta A))$是一个整数. 因此 $S(\Delta A)$为整数，所以

当 $\mathfrak{D}_k \cdot \mathfrak{d}\Delta$ 为整理想，则 $\mathfrak{D}\Delta$ 亦然.

反之，若 $\mathfrak{D}\Delta$ 为整的，则对于 K 中每一个整数 A 及 k 中每一个整数 ξ，$S(\Delta A\xi)$为整数，所以

$$s(S_k(\Delta A\xi)) = s(\xi S_k(\Delta A))$$

为整数. 因此

$\mathfrak{d}S_k(\Delta A)$ 为整理想，即 $S_k(\rho\Delta A)$ 为整数，

其中 ρ 为 k 中 $\mathfrak{d}$ 的一个数，从而 $\rho\Delta\mathfrak{D}_k$ 为整的. 这就证明了若 $\mathfrak{D}\Delta$ 是整的，则 $\mathfrak{D}_k\mathfrak{d}\Delta$ 亦然. 因此定理 111 得证.

相对差积的含义已于这个简单的方程(75)式中展现，在证明了下面的亦可以看作 $\mathfrak{D}_k$ 的定义的事实后将变得更为明显.

定理 112 K 的相对差积为所有 K 的整数关于 k 的相对差积的 GCD.

关于这一定理的证明，我们必须做与定理 105 的证明几乎相同的事.

若 θ 是生成域 K 的一个整数，则相对环 $R_k(\theta)$就是所有数

$$\alpha_0 + \alpha_1\theta + \cdots + \alpha_{m-1}\theta^{m-1}$$

的集合，此处 $\alpha_0, \cdots, \alpha_{m-1}$经过 k 中所有整数. 若 $\Phi(x)$为 k 上有首项系数 1 的不可约多项式，它以 θ 为根，则如同 §36，我们有下面引理：

引理 a 若 A 为 K 中一个整数使 $A\mathfrak{D}_k$ 为整理想，则 A 可以被表示为

$$A = \frac{B}{\Phi'(\theta)},$$

此处 B 为 $R_k(\theta)$中一个数. 因此 $\Phi'(\theta)$可被 $\mathfrak{D}_k$ 整除.

引理 b 对于每个 $R_k(\theta)$中的数 B，

$$S_k\left(\frac{B}{\Phi'(\theta)}\right)\text{均为整数.}$$

定理 113 仅含 $R_k(\theta)$中数的所有理想的 GCD 为 $\mathfrak{F}$,此处 $\mathfrak{F}\mathfrak{D}_k=\Phi'(\theta)$.

引理 c 对应于 K 中每一个素理想 $\mathfrak{P}$,皆存在一个相对环 $R_k(\theta)$,此处 $\mathfrak{P}$ 不能整除 $\mathfrak{F}=\Phi'(\theta)\mathfrak{D}_k^{-1}$.

为此命 $\mathfrak{p}$ 为 k 中的素理想,它可以被 $\mathfrak{P}$ 整除

$$\mathfrak{p}=\mathfrak{P}^e\mathfrak{A},\quad \text{此处}(\mathfrak{A},\mathfrak{P})=1.$$

命 A 为一个原根 mod$\mathfrak{P}$ 使 K 中每一个整数同余于$R_k(A)$中一个数模 $\mathfrak{P}$ 的每一个幂及使

$$A\equiv 0(\mathrm{mod}\mathfrak{A}).$$

最后命 β 为k 中一数,它可以被 $\Phi'(A)=\mathfrak{D}_k\mathfrak{F}$ 整除,并假定 $\mathfrak{p}$ 整除 β 的最高幂为 $\mathfrak{p}^b$.则 β 的适当方幂$\alpha=\beta^h$ 在k 中有两个因子的分解式

$$\alpha=\pi\cdot\mu,\quad \text{此处 }\pi=\mathfrak{p}^{hb},(\mu,\mathfrak{p})=1,$$
$$\alpha\equiv 0(\mathrm{mod}\mathfrak{F}\mathfrak{D}_k).$$

对于 K 中任意给定的整数Δ,决定 $R_k(A)$中一个数 Γ 满足

$$\Delta\equiv\Gamma(\mathrm{mod}\mathfrak{P}^{ehb})$$

数 $B\mu A^{hb}=(\Delta-\Gamma)\mu A^{hb}$可以被 $\mathfrak{D}_k\mathfrak{F}=\Phi'(A)$整除.事实上,由于

$$\frac{B\mu A^{hb}}{\Phi'(A)}=\frac{\pi\mu}{\mathfrak{D}_k\mathfrak{F}}\frac{BA^{hb}}{\pi}=\frac{\alpha}{\mathfrak{D}_k\mathfrak{F}}\cdot\frac{BA^{hb}}{\mathfrak{P}^{ehb}\mathfrak{A}^{hb}}\text{为整理想.}$$

若我们应用引理 a,对于每一个 Δ,我们得到一个表示式

$$\Delta\mu A^{hb}=R_k(A)\text{ 的数.}$$

由定理 113 可知 μA^{hb}生成一个可被 $\mathfrak{F}$ 整除的理想,而 $\mathfrak{F}$ 与 $\mathfrak{P}$ 是互素的.

这样,定理 112 亦得证.

我们然后定义 K 关于k 的相对判别式为K 的相对差积的范数.由定理 103 可知按这一方法定义的关于 $k(1)$的判别式理想与理想(d)是一致的,此处 d 为K 的判别式.但我们必须区别一个域的判别式,它是一个有确定定义的数 d,及同样域关于 $k(1)$的

相对判别式,它是一个理想,即(d).

关于差积研究的结束,我们最后来证明下面的定理,它联系着关于基域 $k=k(1)$,我们在§29 开端提出的一般问题:

定理 114 若 K 中一个素理想 $\mathfrak{P}$ 能整除 k 中一个素理想 $\mathfrak{p}$ 至一个高于 1 的幂,则 $\mathfrak{P}$ 是关于 k 的相对差积的一个因子.因此只存在这种类型的有限多个素理想 $\mathfrak{P}$.

假定 $\mathfrak{p}$ 在 K 中的分解式为

$$\mathfrak{p} = \mathfrak{P}^e\mathfrak{A},\text{此处}(\mathfrak{P},\mathfrak{A}) = 1, e \geqslant 2.$$

对于 K 中每一个整数 A,我们用通常用到的二项式系数 $\binom{p}{n}$ 的性质可得

$$S_k(A)^p = S_k(A^p)(\mathrm{mod}\, p)\text{ 从而亦有 } \mathrm{mod}\,\mathfrak{p}, \qquad (77)$$

此处 p 是可被 $\mathfrak{p}$ 整除的有理素数.若我们选取

$$A \equiv 0(\mathrm{mod}\,\mathfrak{P}^{e-1}\mathfrak{A}),$$

则由于 $e\geqslant 2$,所以

$$A^p \equiv 0(\mathrm{mod}\,\mathfrak{p}) \quad \text{及} \quad S_k(A^p) \equiv 0(\mathrm{mod}\,\mathfrak{p}). \qquad (78)$$

因此由(77)式,(78)式可知

$$S_k(A) \equiv 0(\mathrm{mod}\,\mathfrak{p}), \quad \text{当 } A \equiv 0(\mathrm{mod}\,\mathfrak{P}^{e-1}\mathfrak{A}). \qquad (79)$$

现在命 α 为 k 中一个具有理想分母 $\mathfrak{p}$ 的非整数

$$\alpha = \frac{\mathfrak{a}}{\mathfrak{p}}, \quad (\mathfrak{a},\mathfrak{p}) = 1,$$

由(79)式,若 A 经过 $\mathfrak{P}^{e-1}\mathfrak{A}$ 的所有数,即 $\mathfrak{a}/\mathfrak{P}$ 的所有数,则

$$\alpha S_k(A) = S_k(\alpha A)\text{ 为整数}.$$

因此由定义可知 $\mathfrak{P}$ 可以整除相对差积 $\mathfrak{D}_k$.

定理 114 之逆亦成立,但较难于证明.在此我们仅处理相对伽罗瓦域 K 的特殊情况.

定理 115 假定 K 恒同于所有关于 k 的相对共轭域(即假定 K 是一个相对伽罗瓦域).则 K 中能整除 K 的相对差积的仅有素理想为那些能整除 k 的一个素理想达高于一次幂者.

若 $\mathfrak{p}$ 是 k 的一个素理想及 $\mathfrak{P}$ 为 $\mathfrak{p}$ 的一个素因子,但其平方不

能整除 $\mathfrak{p}$,则相对共轭素理想 $\mathfrak{P}^{(i)}$ 亦正好能整除 $\mathfrak{p}$ 至一次幂. $\mathfrak{P}$ 的相对范数 $\mathfrak{p}^f$ 为所有 $\mathfrak{P}^{(i)}$ 的乘积,后者分成每个包含 f 个素数之集合,其中每个集合的元素都一样; $\mathfrak{P}^{(i)}$ 中共有 m/f 个互异者. 命 $\mathfrak{P}^{(1)},\cdots,\mathfrak{P}^{(f)}$ 为与 $\mathfrak{P}$ 恒同者.

由定理 112 可知欲证明定理 115,只要在 K 中展示一个数 A,其差积不能被这一 $\mathfrak{P}$ 整除即可. 我们选取 A 为一个原根 $\mathrm{mod}\mathfrak{P}$,但它可以被 $\mathfrak{p}\mathfrak{P}^{-1}$ 整除. 则由上述可知 $\mathfrak{P}^{(f+1)},\cdots,\mathfrak{P}^{(m)}$ 与 $\mathfrak{P}$ 相异,所以

$$\frac{\mathfrak{p}}{\mathfrak{P}^{(i)}} \text{ 可被 } \mathfrak{P} \text{ 整除}, \quad \text{其中 } i = f+1,\cdots,m.$$

从而

$$A^{(i)} \equiv 0(\mathrm{mod}\mathfrak{P}), \quad i = f+1,\cdots,m.$$

另一方面,若

$$\Phi(x) = \prod_{r=1}^{m}(x - A^{(r)})$$

为 k 上一个多项式,则由(44)可知

$$(\Phi(x))^{n(p)} \equiv \Phi(x^{n(p)})(\mathrm{mod}\mathfrak{p});$$

所以 $\Phi(x) \equiv 0(\mathrm{mod}\mathfrak{P})$ 有根 $0, A, A^{n(\mathfrak{p})},\cdots,A^{n(\mathfrak{p})^{f-1}}$. 由于 A 是一个原根 $\mathrm{mod}\mathfrak{P}$,所以这 $f+1$ 个数的确互异 $\mathrm{mod}\mathfrak{P}$. 由 $\Phi(x)$ 的因子分解式,所以在数 $A^{(1)},\cdots,A^{(m)}$ 中至少有 $f+1$ 个互异之数 $\mathrm{mod}\mathfrak{P}$,及由于最后 $m-f$ 个同余于 $0\mathrm{mod}\mathfrak{P}$,所以 $A^{(1)},\cdots,A^{(f)}$ 互异 $\mathrm{mod}\mathfrak{P}$. 所以相对差积

$$\delta_k(A^{(1)}) = (A^{(1)} - A^{(2)})\cdots(A^{(1)} - A^{(m)})$$

不能被 $\mathfrak{P}$ 整除. 定理证完.

§39. 相对域 $K(\sqrt[l]{\mu})$ 中的分解规则

我们现在来研究最重要的一个例子,即由基域 k 添加 k 中某一数 μ 的 l 次根所得的相对域 K 中,基域 k 的素理想的分解规则. 为此我们需要作如下假设: 域 k 包含 l 次单位根 $\zeta = e^{2\pi i/l}$,此

处 l 是一个有理素数(可能是 2).

引理 数 $1-\zeta^a$ ($a\not\equiv 0 \pmod{l}$)均为相伴的. 它们满足理想方程

$$(l) = (1-\zeta)^{l-1}. \tag{80}$$

命 a 与 a_1 为与 l 互素的有理整数,则我们可以决定正有理整数 b 使

$$ab \equiv a_1 \pmod{l}, \quad 所以\ \zeta^{a_1} = \zeta^{ab}.$$

从而

$$\frac{1-\zeta^{a_1}}{1-\zeta^a} = \frac{1-\zeta^{ab}}{1-\zeta^a} = 1+\zeta^a+\zeta^{2a}+\cdots+\zeta^{(b-1)a}$$

为一个整数及同样其逆亦为整数;因此这一商必须是一个单位.

更进一步,由多项式

$$\begin{aligned}1+x+x^2+\cdots+x^{l-1} &= \frac{x^l-1}{x-1}\\ &= (x-\zeta)(x-\zeta^2)\cdots(x-\zeta^{l-1}),\end{aligned}$$

当 $x=1$ 时得出

$$l = (1-\zeta)(1-\zeta^2)\cdots(1-\zeta^{l-1}).$$

由此及刚才证明的事实而得理想方程(80)式.

进而言之,我们由这一引理推知这样的事实,即域 $k(\zeta)$正好有次数 $l-1$. 事实上,由 §30 可知 $k(\zeta)$的次数最多为 $\varphi(l)=l-1$. 另一方面,素数 l 在$k(\zeta)$中变成一个理想的$(l-1)$次幂;由定理 81 可知其次数至少为 $l-1$,因此恰为 $l-1$. 从而 $1-\zeta$ 是 $k(\zeta)$中的一个素理想.

定理 116 若 μ 是k 中一个数它不是k 中一个数的 l 次幂,则域 $K(\sqrt[l]{\mu};k)$关于 k 有相对次数l. 域 $K(\sqrt[l]{\mu};k)$与其相对共轭域是恒同的.

数 $M=\sqrt[l]{\mu}$(假定其根的值是固定的)适合方程 $x^l-\mu=0$,它的根为 l 个数

$$\zeta^a M(a = 0,1,\cdots,l-1).$$

在任何情况下,M 的所有相对共轭都在其中. 命这些共轭为 m(m

$\leqslant l$)个数 $\zeta^{a_1}M,\cdots,\zeta^{a_m}M$. 作为 M 的相对范数,它们的乘积是 k 中一个数;所以 M^m 属于 k,我们已知 $M^l=\mu$ 属于 k. 若 $m<l$,则由于 l 为一个素数,所以 m 与 l 互素. 从而 M 可以表为 M^l 与 M^m 的幂乘积. 因此 M 是 k 中一个数,即相对次数 $=1$. 所以仅有的可能为 $m=1$ 或 $m=l$;定理得证.

此后,我们假定 $K(\sqrt[l]{\mu};k)$ 的相对次数等于 l. 很明显数 $M_1=\sqrt[l]{\mu_1}$ 与 $M_2=\sqrt[l]{\mu_2}$ 生成同一个域,只要方程

$$\mu_1^a\mu_2^b=\alpha$$

成立,其中 α 为 k 中一个数及 a 与 b 为不能被 l 整除的有理整数. 每一个 K 中的数均可以惟一地写成形式

$$A=\alpha_0+\alpha_1M+\cdots+\alpha_{l-1}M^{l-1},$$

此处 $\alpha_0,\cdots,\alpha_{l-1}$ 为 k 中的数. A 的相对共轭为依次将 M 换成 $\zeta M,\zeta^2M,\cdots,\zeta^{l-1}M$ 而得到. 一般言之, sA 表示将 M 换成 ζM 所得的共轭数:

$$sA=\alpha_0+\alpha_1(\zeta M)+\alpha_2(\zeta M)^2+\cdots+\alpha_{l-1}(\zeta M)^{l-1}$$

$$sM=\zeta M$$

对于每一个有理整数 $n(n\geqslant 1)$

$$s^1A=sA,s^nA=s(s^{n-1}A),\quad 所以\ s^nM=\zeta^nM,$$

因此对于每一个正有理整数 m 我们总有

$$s^lA=s^{2l}A=\cdots=s^{ml}A=A.$$

很显然这 l 个“代换” $s,s^2,\cdots,s^l$ 构成一个阶为 l 的循环群,此处 s^l 起着单位元素的作用. s 的负幂则如§5 来定义:

$$s^0A=A,\quad s^{-1}A=s^{l-1}A,\cdots,s^{-n}A=s^{n(l-1)}A\quad(n>0).$$

由定理 55 立即推知,若将 K 中数 $A_1,A_2,\cdots$ 同时换成 $sA_1,sA_2,\cdots$,则以 k 中数为系数, $A_1,A_2,\cdots$ 之间的每一个有理方程仍成立. 从而若将 $A_1,A_2,\cdots$ 换成 $s^mA_1,s^mA_2,\cdots$ 亦有同样结论.

由于这一事实,循环群: $(s,s^2,\cdots,s^{l-1},s^l)$ 称为域 K 关于 k 的伽罗瓦群及 K 称为关于 k 的相对循环域.

由于相对次数 l 为一个素数,所以由定理 54 可知 K 中一个

数A或者与所有数$sA, s^2A, \cdots, s^{l-1}A$皆相异,或者它等于所有这些数.

我们亦将代换记号 s^m 用于理想使 $s^m\mathfrak{A}$ 表示共轭于 $\mathfrak{A}$ 的理想,即将 $\mathfrak{A}$ 中所有的数 A 均换成s^mA 后所得的理想.

定理 117 k 中素理想 $\mathfrak{p}$ 的性质放在 K 中只存在下列几种可能性:

$\mathfrak{p}$ 仍为 K 中一个素理想,

$\mathfrak{p}$ 为 K 中一个素理想之 l 次幂,

$\mathfrak{p}$ 为 K 中 l 个互异素理想之积.

命 $\mathfrak{P}$ 为 K 中一个可以整除 $\mathfrak{p}$ 之素理想,则由定理 108 可知 $\mathfrak{P}$ 的相对范数为

$$\mathfrak{P} \cdot s\mathfrak{P} \cdots s^{l-1}\mathfrak{P} = \mathfrak{p}^{f_1},$$

此处 f_1 为 $\mathfrak{P}$ 的相对次数;所以除素理想 $s^m\mathfrak{P}$ 之外,没有素理想可以整除 $\mathfrak{p}$.若 $\mathfrak{P}$ 等于 $s^m\mathfrak{P}(m \not\equiv 0 (\bmod l))$之一,则它等于所有的 $s^m\mathfrak{P}$,所以有一个有理整数 a 使

$$\mathfrak{p} = \mathfrak{P}^a.$$

取相对范数,则得 $\mathfrak{p}^l = \mathfrak{p}^{f_1 a}, l = f_1 a$;从而 $a=1$,这时 $\mathfrak{p}$ 是 K 中一个素理想,或 $a=l$ 及 $\mathfrak{p}$ 变成一个素理想 $\mathfrak{P}$ 的 l 次幂.另一方面,若 $\mathfrak{P}$ 相异于所有的相对共轭理想,则分解式

$$\mathfrak{p} = \mathfrak{P}^a \cdot (s\mathfrak{P})^{a_1} \cdots (s^{l-1}\mathfrak{P})^{a_{l-1}}$$

成立.若将代换 $s, s^2, \cdots, s^{l-1}$用于这个式子,则得

$$a = a_1 = \cdots = a_{l-1}$$

与

$$\mathfrak{p} = (\mathfrak{P} \cdot s\mathfrak{P} \cdots s^{l-1}\mathfrak{P})^a = \mathfrak{p}^{f_1 a},$$

$$1 = f_1 a, \quad a = f_1 = 1.$$

在这种情况下,$\mathfrak{p}$ 为 l 个相异共轭理想 $\mathfrak{P}, \cdots, s^{l-1}\mathfrak{P}$ 之乘积,其中所有理想之相对次数均为 1.

定理 118 假定素理想 $\mathfrak{p}$ 整除数 μ 正好达到幂 $\mathfrak{p}^a$.若 a 不能被 l 整除,则 $\mathfrak{p}$ 为 K 中一个素理想之 l 次幂:$\mathfrak{p} = \mathfrak{P}^l$,若 $a=0$ 及 $\mathfrak{p}$ 不能整除 l,假定同余式

$$\mu = \xi^l(\bmod \mathfrak{p})$$

在 k 中有整数解 ξ,则 $\mathfrak{p}$ 变成 K 中 l 个互异素理想之积,另一方面,若同余式无解,则 $\mathfrak{p}$ 是 K 中一个素理想.

证 Ⅰ.若 a 不能被 l 整除,则我们可以假定 $a=1$.事实上,我们选取一个 k 中整数 β,它可以被 $\mathfrak{p}$ 整除,但不能被 $\mathfrak{p}^2$ 整除.由于 $(a,l)=1$,我们可以选取有理整数 x,y 使 $\mu^* = \mu^x\beta^{ly}$ 可以被 $\mathfrak{p}$ 整除,但不能被 $\mathfrak{p}^2$ 整除,同时 $\sqrt[l]{\mu^*}$ 与 $\sqrt[l]{\mu}$ 生成了相同的相对域.因此对于这个 μ^* 的新指数就是 $a=1$,这就是我们希望对 μ 作的假定.取理想

$$\mathfrak{P} = (\mathfrak{p},\sqrt[l]{\mu})$$

的 l 次幂,我们得 $\mathfrak{P}^l=(\mathfrak{p}^l,\mu)=\mathfrak{p}$.因此由定理 108 可知 $\mathfrak{P}$ 是 K 中一个素理想.

Ⅱ.假定 a 可以被 l 整除.则我们仍希望将 μ 换成某 $\mu^* = \mu\beta^{-a} = \mu(\beta^{-a/l})^l$,它生成同样的域 $K=K(\sqrt[l]{\mu^*})$,其中对应的指数 $a=0$.

Ⅱ(1):假定 $\mathfrak{p}$ 既除不尽 l 亦除不尽 μ,及存在一个 k 中整数 ξ 使

$$\mu \equiv \xi^l(\bmod \mathfrak{p}).$$

所以 $\mathfrak{p}$ 可以除尽乘积

$$\mu - \xi^l = (M-\xi)(sM-\xi)\cdots(s^{l-1}M-\xi). \tag{81}$$

但它不能整除任何因子,否则作为 k 中一个理想,它可以除尽所有的(相对共轭)因子,从而亦可整除两个因子之差,即

$$\mathfrak{p} \mid \zeta^a M - \zeta^b M, \mathfrak{p} \mid (\zeta^a - \zeta^b)M.$$

由于 $\mathfrak{p}$ 与 M 互素,所以它可以整除 $\zeta^a-\zeta^b$,即由引理可知它可以整除 l.这与假设相矛盾.所以 $\mathfrak{p}$ 不是 K 中一个素理想及

$$\mathfrak{P} = (\mathfrak{p}, M-\xi)$$

为 $\mathfrak{p}$ 的一个因子,它异于 1 亦异于它的相对共轭.显然其相对范数为 $\mathfrak{p}$.

Ⅱ(2):假定 $\mathfrak{p}$ 既除不尽 l,亦除不尽 μ 及 $\mathfrak{p}$ 在 K 中分解为 l

个相异因子,

$$\mathfrak{p} = \mathfrak{P} \cdot s\mathfrak{P} \cdots s^{l-1}\mathfrak{P}.$$

则 $\mathfrak{P}$ 有相对次数 1,所以由定理 110 可知 K 中每一个数都同余于 k 中一个数 mod$\mathfrak{P}$,即有一个 ξ 使

$$M \equiv \xi(\operatorname{mod}\mathfrak{P});$$

$M-\xi$ 的相对范数,即 $M-\xi^l$,可被 $\mathfrak{P}$ 的相对范数整除,即

$$\mu \equiv \xi^l(\operatorname{mod} \mathfrak{p}).$$

定理 118 证完.

正如一个素数 p 在二次域$K(\sqrt{d})$中的分解式联系着 $k(1)$中的二次剩余,我们见到了至 $K(\sqrt[l]{\mu};k)$中 $\mathfrak{p}$ 的分解式与域 k 中 l 次幂剩余之间的一般联系. l 的因子分解式由下面的定理给出:

定理 119 命 $\mathfrak{l}$ 为 $1-\zeta$ 的一个素因子,它整除 $1-\zeta$ 恰好至 a 次幂:$1-\zeta=\mathfrak{l}^a\mathfrak{l}_1$. 假定 $\mathfrak{l}$ 不能整除 μ. 若同余式

$$\mu \equiv \xi^l(\operatorname{mod}\mathfrak{l}^{al+1}) \tag{82}$$

在 k 中有一个解 ξ,则 $\mathfrak{l}$ 分解为 l 个因子,它们在 $K(\sqrt[l]{\mu};k)$中是互异的. 若同余式

$$\mu \equiv \xi^l(\operatorname{mod}\mathfrak{l}^{al}) \tag{83}$$

有解,但(82)式无解,则 $\mathfrak{l}$ 为 K 中一个素理想. 最后若(83)式亦无解,则 $\mathfrak{l}$ 为 K 一个素理想的 l 次幂.

Ⅰ. (82)式的可解性恒同于 $\mathfrak{l}$ 在 K 中可以分解为相异因子,即从 $\mathfrak{l}=\mathfrak{L}\cdot s\mathfrak{L}\cdots s^{l-1}\mathfrak{L}$,此处共轭是互异的,由定理 110 的证明可以推出 K 中每一个整数都同余于k 中一个整数模 $\mathfrak{L}$ 的每一个幂. 即对于每一个有理整数 b 皆有k 中对应的ξ 使

$$M - \xi \equiv 0(\operatorname{mod}\mathfrak{L}^b);$$

从而这个数 $M-\xi$ 的相对范数可以被$N_k(\mathfrak{L})^b=\mathfrak{l}^b$ 整除,所以 $\mu\equiv\xi^l(\operatorname{mod}\mathfrak{l}^b)$关于 ξ 可解. 反之,假定 $\mu\equiv\xi^l(\operatorname{mod}\mathfrak{l}^{al+1})$,命 ρ 为k 中一个非整数,它可以被表示为商

$$\rho = \frac{\tau}{\mathfrak{l}^a}, \quad (\tau,\mathfrak{l}) = 1,$$

此处 τ 为与 $\mathfrak{l}$ 互素的整理想. 则数 $A=\rho(M-\xi)$是多项式

$$f(x) = (x + \rho\xi)^l - \rho^l\mu$$
$$= x^l + \binom{l}{1}\rho\xi x^{l-1} + \binom{l}{2}\rho^2\xi^2 x^{l-2} + \cdots$$
$$+ \binom{l}{l-1}\rho^{l-1}\xi^{l-1}x + \rho^l(\xi^l - \mu)$$

的一个根,从而它是一个整数.上式中的二项式系数可以被 l 整除,所以由假定及(80)可知它们可以被 $\mathfrak{l}^{a(l-1)}$ 整除.从而 $\rho^{l-1}\mathfrak{l}^{a(l-1)}$为一个整数,及由(82)式可知常数项亦为一个整数.若我们置 $\mathfrak{L} = (\mathfrak{l}, A)$,由于 $N_k(A) = \rho^l(\xi^l - \mu)$可被 $\mathfrak{l}$ 整除,所以理想 $\mathfrak{L}$ 不是 1.又由于

$$A - sA = \rho M(1 - \zeta),$$

显然与 $\mathfrak{l}$ 互素,且含于$(\mathfrak{L}, s\mathfrak{L})$之中,所以 $\mathfrak{L}$ 与所有共轭互素.因此 $\mathfrak{l}$ 包含 K 中一个与它所有共轭均相异的因子;故由定理 117 可知它分拆为 l 个互异的因子.

Ⅱ.假定 $\mu \equiv \xi^l (\mathrm{mod}\,\mathfrak{l}^{al})$可解,则我们同样可证明 $A = \rho(M - \xi)$是 K 中整数,其相对差积与 $\mathfrak{l}$ 互素.从而,由定理 114 可知 $\mathfrak{l}$ 不能是 K 中一个素理想的 l 次幂,所以若(82)式不可解,则由Ⅰ可知 $\mathfrak{l}$ 不能分拆成 l 个相异因子.因此由定理 117,$\mathfrak{l}$ 必须是 K 中一个素理想.

Ⅲ.假定 $\mu \equiv \xi^l (\mathrm{mod}\,\mathfrak{l}^{al})$不可解及命 u 为使$\mu \equiv \xi^l (\mathrm{mod}\,\mathfrak{l}^u)$有解的最高幂.则由费马定理可知每一个数皆同余于一个 l 次幂模 $\mathfrak{l}$.所以 $u \geqslant 1$.进而言之,u 不能被 l 整除,否则若

$$\mu \equiv \xi^l (\mathrm{mod}\,\mathfrak{l}^{bl}), \quad 0 < b \leqslant a - 1$$

可解,则它对于 $\mathrm{mod}\,\mathfrak{l}^{bl+1}$亦可解.事实上,取 λ 为 k 中整数,它满足:

λ 可被 $\mathfrak{l}^b$ 整除,但不能被 $\mathfrak{l}^{b+1}$ 整除,

则对于每一个整数 ω,当 $b \leqslant a - 1$ 时有

$$(\xi + \lambda\omega)^l \equiv \xi^l + \lambda^l\omega^l (\mathrm{mod}\,\mathfrak{l}^{bl+1}).$$

但由于 ω^l 可表示每一个剩余类 $\mathrm{mod}\,\mathfrak{l}$,所以 ω 可以按下面方法来决定:

$$\mu-(\xi+\lambda\omega)^l\equiv 0(\bmod \mathfrak{l}^{bl+1}).$$

由于 $u<al$，所以由此导出 u 不能被 l 整除. 命 $u=bl+v(0<v\leqslant l-1)$，及 $u<al$，及命

$$\rho\text{ 为一个数，其理想分母为 }\mathfrak{l}^b.$$

则如上，我们可以看到若 $\mu\equiv\xi^l(\bmod \mathfrak{l}^u)$则 $A=\rho(M-\xi)$为整数，它不能被 l 整除，但 $N_k(A)$可被 $\mathfrak{l}^v$ 整除，因此 $\mathfrak{L}=(\mathfrak{l},A)$为 K 中理想，它异于 $\mathfrak{l}$ 与(1). 因此 $\mathfrak{l}$ 不是 K 中素理想，及由于情况 I 不成立，所以由定理 117 可知 l 只可能是 K 中一个素理想的 l 次幂.

进一步，由定理 118 与 119 立即推出

定理 120 $K(\sqrt[l]{\mu};k)$关于 k 的相对判别式等于 1 当且仅当 μ 是 k 中一个理想的 l 次幂，及同时假定 μ 选作与 l 互素，同余式 $\mu\equiv\xi^l(\bmod (1-\zeta)^l)$在 k 中有一个解 ξ.

正如前面提过的，一个域的判别式不能等于 ± 1. 现在对于所有算术都是基本事实，即关于异于 $k(1)$的数域的相对判别式很容易等于 1. 这种发展导源于克罗内克. 希尔伯特认识到这些域对于一般算术及在它们上面的高次互反定律的重要性. 例如有定理①说域 $K(\sqrt[l]{\mu};k)$有相对判别式为 1 存在当且仅当 k 中理想类②个数可被 l 整除. 这样的相对域被称为 k 的希尔伯特类域.

---

① 关于这些问题，请比较希尔伯特的数论报告 §54～58，亦可见他的基本论文 Uber die Theorie der relative Abelschen Zahlkorper, Acta Mathematica, Vol. 26(1902) and Gottinger Nachrichten 1898. 希尔伯特的贡献被富尔特万革勒尔继续着并在一个长系列论文中得到了部分的结论(两篇最重要者为: Allgemeiner Existenzbeweis fur den Klassenkorper eines beliebigen algebraischen zahlkorpers, I, II, III, Math. Ann. Vol. 67, 72, 74(1909 through 1913).

② 对于 $l=2$ 之情况，则基础必须建立在一个较窄类的概念上(请比较本书最后一节).

第六章　数域算术中的超越方法引论

§40. 一类中理想的密度

在1840年,狄利克雷在他的开创性论文"Recherches sur diverses applications de l'analyse infinitesimale a la theorie des nombres"(Crelles Journal, Vol. 19. Werke Vol. 1 p. 411)中显示了连续变量分析的强有力方法是怎样被用于纯算术问题的求解的.对于数域算术来说,这些方法变成极端的重要.即使在今天,类数问题及素理想分布问题仍然只能用这些超越方法来处理,即仍然完全不能用纯算术方法来处理.

在本章中,我们将讨论上面提到的两个问题及狄利克雷方法对它们的解决.

狄利克雷发现①的基本事实为,使我们可以说一个域 K 中一个固定的理想类中理想的"密率",而且对于 K 中所有理想类来说,这一密率都是相同的.更确切地说,下面定理成立:

定理 121　命 A 为 K 的任意一个理想类,及命 $Z(t;A)$ 表示类 A 中范数 $\leqslant t$ 的整理想的个数.则极限

$$\lim_{t\to\infty}\frac{Z(t;A)}{t}=\kappa$$

存在,并且由公式

$$\kappa=\frac{2^{r_1+r_2}\pi^{r_2}R}{w\left|\sqrt{d}\right|}$$

---

①　狄利克雷只对二次域发展了他的结果并未对这里所讨论的理想来讨论,即他论及的是二次型.(请比较§53).由戴德金将此方法引进一般代数数域.

给出,此处 κ 独立于 A 而且是仅由域来决定的.(记号见§§34,35).

证 命 $\mathfrak{a}$ 为 A 的逆类 A^{-1} 中的一个整理想使 A 中每一个理想乘以 $\mathfrak{a}$ 以后都变成一个主理想.所以对于 A 中每一个整理想 $\mathfrak{b}$ 皆存在一个惟一的主理想(ω).它可被 $\mathfrak{b}$ 整除且满足

$$\mathfrak{a}\mathfrak{b} = \omega.$$

从而 $Z(t;A)$ 等于可以被 $\mathfrak{a}$ 整除,范数的绝对值 $\leqslant t \cdot N(\mathfrak{a})$ 的非相伴整数 ω 的个数.

我们企图用不等式在每一个相伴数系中提取一个元素,为此命 $\varepsilon_1,\varepsilon_2,\cdots,\varepsilon_r$ 为§35所说的一个基本单位系.对于域中每一个异于0的数 ω,皆存在惟一确定的实数 $c_1,c_2,\cdots,c_r$ 系使其前 r 个共轭有

$$\log\frac{\omega^{(p)}}{\sqrt[n]{N(\omega)}} = c_1\log|\varepsilon_1^{(p)}| + \cdots + c_r\log|\varepsilon_r^{(p)}|$$

$$(p = 1,2,\cdots,r). \tag{84}$$

我们称诸 c_i 为 ω 的指数.又当 $K^{(p)}$ 为实时, $e_p=1$, 否则 $e_p=2$.由于

$$\sum_{p=1}^{r+1} e_p\log\left|\frac{\omega^{(p)}}{\sqrt[n]{N(\omega)}}\right| = 0$$

及

$$\sum_{p=1}^{r+1} e_p\log|\varepsilon_k^{(p)}| = 0,$$

所以对于 $p=r+1$ (84)式亦成立,从而对于所有共轭皆成立.由定理100可知每一个单位均有形式

$$\zeta\varepsilon_1^{m_1}\varepsilon_2^{m_2}\cdots\varepsilon_r^{m_r},$$

此处 ζ 为 K 中存在的一个单位根,而 m_i 为有理整数,所以 ω 的相伴数系有指数

$$c_1 + m_1, c_2 + m_2, \cdots, c_r + m_r.$$

从而对于每一个 ω,皆有其一个相伴数具有指数

$$0 \leqslant c_i < 1 \qquad (i = 1,\cdots,r).$$

进而言之,在相伴于 ω 的元素中恰好有 w 个相异的这种元素.因此 $w\cdot Z(t;A)$等于域中可被 $\mathfrak{a}$ 整除及适合下面条件的整数个数

$$|N(\omega)| = |\omega^{(1)}\cdot\omega^{(2)}\cdots\omega^{(n)}| \leqslant N(\mathfrak{a})t, \tag{85}$$

$$\log\left|\frac{\omega^{(p)}}{\sqrt[n]{N(\omega)}}\right| = \sum_{q=1}^{r} c_q \log|\varepsilon_q^{(p)}|,$$

$$0 \leqslant c_q < 1 \quad (p = 1,\cdots,n). \tag{86}$$

欲 ω 能被 $\mathfrak{a}$ 整除,其充分必要条件为

$$\omega^{(p)} = \sum_{k=1}^{n} x_k \alpha_k^{(p)} \quad (p = 1,2,\cdots,n), \tag{87}$$

此处 $x_1,\cdots,x_n$ 为有理整数及 $\alpha_1,\cdots,\alpha_n$ 表示理想 $\mathfrak{a}$ 的一组确定基.从而 $w\cdot Z(t;A)$表示适合三个条件(85)式,(86)式,(87)式的非全为 0 的有理整数 $x_1,\cdots,x_n$ 的组数.

若我们现在取任意实数值 x_i,对于对应的 $\omega^{(p)}\neq 0$,则由方程(86)式可知存在惟一确定的 c_q.命 $x_1,\cdots,x_n$ 为 n 维空间一个点的笛卡儿直角坐标及开始时,我们只考虑那些不位于一个低维流形 $\omega^{(p)}=0$ 中的那些点,则不等式(85)式与(86)式显然在补空间中定义了完全位于有限空间中的一个区域 B_t;事实上,我们有

$$|\omega^{(p)}| = |\sqrt[n]{N(\omega)}|\, e^{\sum_{q=1}^{r} c_q \log|\varepsilon_q^{(p)}|} \leqslant \sqrt[n]{tN(\mathfrak{a})}\, e^{rM}$$

$$(p = 1,2,\cdots,n),$$

此处 M 表示 $\log|\varepsilon_q^{(p)}|$的绝对值的最大值.我们现在将原域 B_t 完善成为一个闭区域B_t^*:将线性流形 $\omega^{(p)}=0$ 中的有限部分,即仍适合条件

$$|\omega^{(p)}| \leqslant e^{rM}\sqrt[n]{tN(\mathfrak{a})} \quad (p = 1,2,\cdots,n);$$

但至少有一个 $\omega^{(p)}=0$ 之部分添在 B_t 之上.则 B_t^* 仍位于有限空间之中.格点 $x_1,\cdots,x_n$(即有理整数坐标之点)属于闭区域 B_t^* 中的点数等于$w\cdot Z(t;A)$再加 1(对应于原点).由于格点个数渐近于这个区域的体积.实际上,置 $x_k = y_k\sqrt[n]{t}$,则 x 空间的区域B_t^* 就变成y 空间的B_1^*.而格点 x,则对应于点 y,其坐标有形式

$$\frac{\text{有理整数}}{\sqrt[n]{t}};$$

所以 y 空间被边长为$\frac{1}{\sqrt[n]{t}}$的立方体的一个网所覆盖，及由体积或者定积分的定义，可得

$$\lim_{t\to\infty}\frac{w\cdot Z(t;A)}{t}=\int_{(B_1^*)}\cdots\int dy_1\cdots dy_n=J.$$

同时，B_1^* 又是由下面不等式确定的区域，我们置

$$\omega^{(p)}=\sum_{k=1}^{n}y_k\alpha_k^{(p)}\qquad(p=1,2,\cdots,n)$$

及我们有

$$0<|\omega^{(1)}\cdot\omega^{(2)}\cdots\omega^{(n)}|\leqslant N(\mathfrak{a}),$$

$$\log\left|\frac{\omega^{(p)}}{\sqrt[n]{N(\omega)}}\right|=\sum_{q=1}^{r}c_q\log|\varepsilon_q^{(p)}|$$

及 $0\leqslant c_q<1(p,q=1,\cdots,r)$或

$$|\omega^{(p)}|\leqslant e^{rM}\sqrt[n]{N(\mathfrak{a})}\text{ 并且至少有一个 }\omega^{(p)}=0.$$

由于最后一个条件仅定义了低维流形，而区域的这部分对 n 重定积分是不起影响的，从而这些条件可以被取消掉.

为了计算积分 J，我们引入 $\omega^{(p)}$的实部与虚部作为新变量来代替诸 y.

置

$$z_p=\omega^{(p)},\quad\text{当 }p=1,2,\cdots,r_1,$$

$$z_p+iz_{p+r_2}=\omega^{(p)},\quad\text{当 }p=r_1+1,\cdots,r_1+r_2,$$

则函数行列式(如定理 95)

$$\left|\frac{\partial(z_1,\cdots,z_n)}{\partial(y_1,\cdots,y_n)}\right|=2^{-r_2}N(\mathfrak{a})|\sqrt{d}|.$$

若关于 z_p 与 z_{p+r_2}我们引入极坐标：

$$z_p=\rho_p\cos\varphi_{p-r_1}$$

$$(\rho_p>0,0\leqslant\varphi_{p-r_1}<2\pi,p=r_1+1,\cdots,r_1+r_2),$$

$$z_{p+r_2} = \rho_p \sin\varphi_{p-r_1}$$

及若为了对称性我们置

$$z_p = \rho_p, \qquad p = 1, \cdots, r_1.$$

则

$$\left| \frac{\partial(z_1, \cdots, z_n)}{\partial(\rho_1, \cdots, \rho_{r+1}, \varphi_1, \varphi_2, \cdots, \varphi_{r_2})} \right| = \rho_{r_1+1} \cdots \rho_{r_1+r_2}$$

及 B_1^* 可以用新变量表述如下：

$$0 < \prod_{p=1}^{r+1} |\rho_p|^{e_p} \leqslant N(\mathfrak{a}),$$

$$\log |\rho_p| = \frac{1}{n} \log \prod_{k=1}^{r+1} |\rho_k|^{e_k} + \sum_{q=1}^{r} c_q \log |\varepsilon_q^{(p)}|, \quad 0 \leqslant c_q < 1,$$

$$\rho_p > 0 \text{ 及 } 0 \leqslant \varphi_{p-r_1} < 2\pi, \quad p = r_1 + 1, \cdots, r_1 + r_2.$$

关于 φ_i 的积分可以直接算出来；如果我们将积分前置一个因子 2^{r_1}，则我们仅需在区域的一部分 $\rho_1 > 0, \cdots, \rho_r > 0$ 求积分即可. 所以如果我们引入 $v_k = \rho_k^{e_k}$，则

$$J = \frac{2^{r_1+2r_2}\pi^{r_2}}{N(\mathfrak{a})|\sqrt{d}|} \int \cdots \int \rho_{r_1+1} \cdot \rho_{r_1+2} \cdots \rho_{r_1+r_2} d\rho_1 d\rho_2 \cdots d\rho_{r+1}$$

$$= \frac{2^{r_1+r_2}\pi^{r_2}}{N(\mathfrak{a})|\sqrt{d}|} \int \cdots \int dv_1 dv_2 \cdots dv_{r+1},$$

此处 v_i 的条件为

$$0 < v_1 \cdot v_2 \cdots v_{r+1} \leqslant N(\mathfrak{a}), v_p > 0,$$

$$\log v_p = \frac{e_p}{n} \log(v_1 \cdot v_2 \cdots v_{r+1}) + e_p \sum_{q=1}^{r} c_q \log |\varepsilon_q^{(p)}|, 0 \leqslant c_q < 1.$$

最后我们引入 $c_1, \cdots, c_r$ 作为新变量来代替 v_i 并置

$$u = v_1 \cdot v_2 \cdots v_{r+1},$$

则得

$$\log v_p = \frac{e_p}{n} \log u + e_p \sum_{q=1}^{r} c_q \log |\varepsilon_q^{(p)}|,$$

$$\frac{\partial(v_1,\cdots,v_{r+1})}{\partial(u,c_1,\cdots,c_r)}=\frac{v_1\cdot v_2\cdots v_{r+1}}{u}\begin{vmatrix} e_1\log|\varepsilon_1^{(1)}|\cdots e_1\log|\varepsilon_r^{(1)}| \\ \vdots \qquad\qquad \vdots \\ e_r\log|\varepsilon_1^{(r)}|\cdots e_r\log|\varepsilon_r^{(r)}| \end{vmatrix}$$

$$=\pm R.$$

最后得

$$J=\frac{2^{r_1+r_2}\pi^{r_2}}{N(\mathfrak{a})\left|\sqrt{d}\right|}R\int_0^{N(\mathfrak{a})}du\int\limits_{0\leqslant c_q<1}\cdots\int dc_1\cdots dc_r=\frac{2^{r_1+r_2}\pi^{r_2}R}{\left|\sqrt{d}\right|},$$

定理 121 证完.

§41. 理想的密率与类数

如果我们应用刚才证明的对于每个个别理想类的极限方程，然后对于所有理想类来求和，则我们立即得到由狄利克雷与戴德金发现的域的整理想密率与其类数之间的联系，即

定理 122 命 $Z(t)$ 表示域的范数 $\leqslant t$ 的整理想的个数. 则

$$\lim_{t\to\infty}\frac{Z(t)}{t}=h\kappa, \tag{88}$$

此处 h 表示域的类数.

类的概念的定义在数 $Z(t)$ 中并不出现，现在可以用另法来计算，即用我们关于域的有理素数分解式的知识，按这一途径，类数联系着分解定律，从而在某些情况下，类数非常简单的表达式可以被推导出来，至今尚无其他方法可寻.

若 $F(m)$ 表示域中范数等于一个正数 m 的整理想个数，则显然

$$Z(t)=\sum_{m=1}^{t}F(m),$$

此处 $\sum\limits_{m=1}^{t}$ 表示指标 m 的求和范围为适合 $1\leqslant m\leqslant t$ 中的所有有理整数. 进而言之，对于两个有理整数 a,b 有

$$F(ab)=F(a)\cdot F(b),\quad 其中(a,b)=1. \tag{89}$$

事实上,对于两个理想 $\mathfrak{a}$ 与 $\mathfrak{b}$ 满足 $N(\mathfrak{a})=a$,$N(\mathfrak{b})=b$,则有理想 $\mathfrak{c}=\mathfrak{a}\mathfrak{b}$ 及 $N(\mathfrak{c})=ab$.反之,若 $\mathfrak{c}$ 是一个理想并有范数 ab,则我们置

$$(\mathfrak{c},a)=\mathfrak{a}_1,\qquad(\mathfrak{c},b)=\mathfrak{b}_1;\tag{90}$$

由乘法得

$$\mathfrak{a}_1\mathfrak{b}_1=(\mathfrak{c}^2,\mathfrak{c}a,\mathfrak{c}b,ab)=\mathfrak{c}\left(\mathfrak{c},a,b,\frac{ab}{\mathfrak{c}}\right)=\mathfrak{c}.$$

实际上,取共轭即由(90)式可知 $N(\mathfrak{a}_1)$是 a^n 的因子,所以与 b 互素,同理 $N(\mathfrak{b}_1)$与 a 互素,而乘积 $N(\mathfrak{a}_1)N(\mathfrak{b}_1)=ab$.从而 $N(\mathfrak{a}_1)=a$,$N(\mathfrak{b}_1)=b$,及 $\mathfrak{c}$ 分解为两个范数分别为 a 与 b 的因子.故得论断(89)式.

一般言之,利用这一公式,$F(m)$的计算可以归结为 $F(p^k)$的计算,此处 p^k 为一个素数幂.

决定 $F(p^k)$,从而决定 $F(m)$的计算在引入一个新函数后可以有相当大的简化,由此极限过程(88)式转化为一个较便于计算的极限过程.这一函数就是狄利克雷-戴德金的截塔(zeta)-函数.

§42. 戴德金截塔(zeta)函数

我们称形如

$$\sum_{n=1}^{\infty}\frac{a_n}{n^s}$$

的级数为狄利克雷级数,此处 $a_1,a_2,\cdots$为给定的一个数列,在此后的讨论中,假定 s 为一个实变量,及记号 n^s 表示幂的正值.a_n 称为级数的系数.当级数收敛时,它表示 s 的一个函数.

引理 a　当 $s>1$ 时,级数 $\sum_{n=1}^{\infty}1/n^s$ 收敛,及表示一个 s 的连续函数,即所谓黎曼截塔函数 $\zeta(s)$.进而言之

$$\lim_{s\to1}(s-1)\zeta(s)=1.$$

由定积分的定义可知

$$\int_n^{n+1}\frac{dx}{x^s}<\frac{1}{n^s}<\int_{n-1}^{n}\frac{dx}{x^s}\qquad (n>1),$$

所以当 $s>1$ 时级数收敛;从而这个仅有正连续项的级数,表示一个连续函数 $\zeta(s)$,及

$$\int_1^{\infty}\frac{dx}{x^s}<\zeta(s)<\int_1^{\infty}\frac{dx}{x^s}+1,$$

$$1<(s-1)\zeta(s)<s,$$

由此得到极限关系.

引理 b 置

$S(m)=a_1+\cdots+a_m$; 所以 $a_n=S(n)-S(n-1)$.

若存在一个数 $\sigma(\sigma>0)$使商式

$$\left|\frac{S(m)}{m^{\sigma}}\right|<A\qquad (m=1,2,\cdots),\tag{91}$$

此处 A 是一个与 m 无关的常数,则当 $s>\sigma$ 时级数 $\sum_{n=1}^{\infty}\frac{a_n}{n^s}$ 收敛并表示一个 s 的连续函数.

对于所有正整数 m 与 h,

$$\sum_{n=m}^{m+h}\frac{a_n}{n^s}=\sum_{n=m}^{m+h}\frac{S(n)-S(n-1)}{n^s}$$

$$=\frac{S(m+h)}{(m+h)^s}-\frac{S(m-1)}{m^s}+\sum_{n=m}^{m+h-1}S(n)\left(\frac{1}{n^s}-\frac{1}{(n+1)^s}\right).$$

由于

$$\frac{1}{n^s}-\frac{1}{(n+1)^s}=s\int_n^{n+1}\frac{dx}{x^{s+1}},$$

当 $s>\sigma$ 时,由(91)式可知

$$\left|\sum_{n=m}^{m+h}\frac{a_n}{n^s}\right|<\frac{2A}{m^{s-\sigma}}+As\int_m^{\infty}\frac{dx}{x^{s-\sigma+1}}=\frac{2A}{m^{s-\sigma}}+\frac{As}{s-\sigma}\cdot\frac{1}{m^{s-\sigma}},$$

从而当 $s>\sigma$ 时,级数收敛,事实上在每一个区间 $\sigma+\delta\leqslant s\leqslant\sigma+\delta'$(其中 $\delta'>\delta>0$)中一致收敛;因此它表示 s 的一个连续函数.

引理 c 若在上面的记号中

$$\lim_{m\to\infty}\frac{S(m)}{m}=c,$$

则若 s 趋于 1(由 $s>1$),我们有

$$\lim_{s\to1}(s-1)\sum_{n=1}^{\infty}\frac{a_n}{n^s}=c.$$

当 $s>1$ 时由引理 b 可知级数收敛.若我们置

$$S(n)=cn+\varepsilon_n n,$$

此处由假设可知 $\lim\limits_{n\to\infty}\varepsilon_n=0$,及

$$\varphi(s)=\sum_{n=1}^{\infty}\frac{a_n}{n^s},$$

则当 $s>1$ 时由上可知

$$|\varphi(s)-c\zeta(s)|=s\left|\sum_{n=1}^{\infty}n\varepsilon_n\int_n^{n+1}\frac{dx}{x^{s+1}}\right|<s\sum_{n=1}^{\infty}|\varepsilon_n|\int_n^{n+1}\frac{dx}{x^s}.$$

对于任意 $\delta>0$,我们可以选取一个整数 N 使当 $n\geqslant N$ 时有 $|\varepsilon_n|<\delta$,及对于所有 n 我们选取 C 满足 $|\varepsilon_n|<C$.所以

$$\begin{aligned}&|(s-1)\varphi(s)-c(s-1)\zeta(s)|\\&<Cs(s-1)\sum_{n=1}^{N-1}\int_n^{n+1}\frac{dx}{x}+\delta s(s-1)\sum_{N}^{\infty}\int_n^{n+1}\frac{dx}{x^s}\\&<Cs(s-1)\log N+\delta s(s-1)\int_N^{\infty}\frac{dx}{x^s}.\end{aligned}$$

由于当 s 趋于 1 时,后面的表达式趋于 δ,所以

$$\lim_{s\to1}\{(s-1)\varphi(s)-c(s-1)\zeta(s)\}=0.$$

因此由引理 a 即得引理 c.

对于每一个代数数域 k,我们定义一个连续变量 s 的所谓 k 的截塔函数,即

$$\zeta_k(s)=\sum_{\mathfrak{a}}\frac{1}{N(\mathfrak{a})^s},\tag{92}$$

狄利克雷对于二次域而戴德金对于一般域 k 引进了这一函数.此处 $\mathfrak{a}$ 过 k 中所有非零互异理想.如果我们用前一节的记号 $F(n)$,则级数亦可以写成

$$\zeta_k(s)=\sum_{n=1}^{\infty}\frac{F(n)}{n^s},$$

及由定理 122 及引理 b 与 c,我们得

定理 123 当 $s>1$ 时,$\zeta_k(s)$由收敛级数(92)定义,它是 s 的连续函数及当s 趋于 1 时有

$$\lim_{s\to 1}(s-1)\zeta_k(s)=h\kappa.$$

若我们借助于 k 的素理想将 $\zeta_k(s)$表为一个本质上不同的形式,则由这个公式出发,我们就有一个计算 h 的机会.

定理 124 当 $s>1$ 时,方程

$$\zeta_k(s)=\prod_{\mathfrak{p}}\frac{1}{1-\dfrac{1}{N(\mathfrak{p})^s}} \tag{93}$$

成立,此处 $\mathfrak{p}$ 经过 k 的所有互异素理想.

由于作为级数 $\zeta_k(s)$的一部分,所以 $\sum\limits_{\mathfrak{p}}\dfrac{1}{N(\mathfrak{p})^s}$收敛,从而这一乘积收敛.对于一个单个因子,我们得到一个正项收敛级数

$$\frac{1}{1-N(\mathfrak{p})^{-s}}=1+\frac{1}{N(\mathfrak{p})^s}+\frac{1}{N(\mathfrak{p}^2)^s}+\cdots. \tag{94}$$

若对于所有 $\mathfrak{p}$,我们纯粹从形式上将这些表达式乘起来,则得一个以

$$\frac{1}{N(\mathfrak{p}_1^{\alpha_1}\mathfrak{p}_2^{\alpha_2}\cdots\mathfrak{p}_r^{\alpha_r})^s}$$

为项的级数,此处每一个素理想幂乘积在范数记号中正好出现一次.由基本定理,在这种形式中我们获得 k 的每一个整理想亦正好一次,而收敛级数 $\zeta_k(s)$的所有项都正好出现一次.当 $s>1$ 时由于级数的每一单因子都绝对收敛而 $s>1$ 时乘积收敛,所以由级数项的相同即得两端相等,即(93)成立.

定理 125 按戴德金方法,类数 h 的决定归结为域的素理想由方程

$$h\kappa=\lim_{s\to 1}(s-1)\prod_{\mathfrak{p}}\frac{1}{1-\dfrac{1}{N(\mathfrak{p})^s}} \tag{95}$$

来决定.

这一基本事实为已经提及过的(88)式的另外书写途径;无论如何,作为进一步计算的起始点,这比过去的方程更为方便一些.

关于类数有用的表达式现在可以对那些域被推导出来,其中有理素数 p 的分解式已经知道(试比较§51 在那里是对二次域来进行计算的),在相反的方向,若我们仅用这样的事实,即在任何情况下 $h\cdot\kappa$ 均非 0,则我们可以由定理 123 与 124 推出关于素理想的结果.这将要在以后的节中加以讨论.

§43. 次数 1 的素理想分布,特别是算术级数中有理素数分布

由定理 123,我们立即得到:当 s 趋于 1 时,戴德金截塔函数 $\zeta_k(s)$ 变成一阶无穷大,从而

$$\log\zeta_k(s)=\log\frac{1}{s-1}+g(s),\tag{96}$$

此处当 s 趋于 1 时,$g(s)$是有界的.由乘积表示式(93),我们得

定理 126　若 $\mathfrak{p}_1$ 过 k 的次数为 1 的互异素理想,则当 $s>1$ 时,

$$\sum_{\mathfrak{p}_1}\frac{1}{N(\mathfrak{p}_1)^s}=\log\frac{1}{s-1}+g_1(s),\tag{97}$$

此处当 s 趋于 1 时,$g_1(s)$仍为有界的.因此在 k 中有无穷多个次数为 1 的素理想.

证　当 $f=1,2,\cdots,n$ 时,命 $\mathfrak{p}_f$ 过次数为 f 的互异素理想.(当然 $\mathfrak{p}_f$ 不一定对每一个 f 都存在.)由于在 k 中最多只有 n 个不同的素理想整除一个给予的有理素数 p.所以当 $s>1$ 时,在任何情况下皆有

$$1\leqslant\prod_{\mathfrak{p}_f}\frac{1}{1-\dfrac{1}{N(\mathfrak{p}_f)^s}}\leqslant\prod_{p}\frac{1}{\left(1-\dfrac{1}{p^{fs}}\right)^n}=\zeta(fs)^n.$$

因此当 $s\to1$ 时,对于 $f\geqslant2$ 关于 $\mathfrak{p}_f$ 的乘积介于两个正的界之

间.从而仅由素理想 $\mathfrak{p}_1$ 才可以将 $\zeta_k(s)$变为无穷,及实际上,取对数可知

$$\log\zeta_k(s) = -\sum_{\mathfrak{p}_1}\log\left(1-\frac{1}{N(\mathfrak{p}_1)^s}\right)+f(s), \tag{98}$$

此处 $f(s)$为有界的.由于 $N(\mathfrak{p}_1)\geqslant 2$,所以当 $s>1$ 时有

$$-\log\left(1-\frac{1}{N(\mathfrak{p}_1)^s}\right)=\frac{1}{N(\mathfrak{p}_1)^s}+\varphi(\mathfrak{p}_1,s),$$

$$0\leqslant\varphi(\mathfrak{p}_1,s)=\frac{1}{2}\frac{1}{N(\mathfrak{p}_1)^{2s}}+\frac{1}{3}\frac{1}{N(\mathfrak{p}_1)^{3s}}+\cdots$$

$$<\frac{1}{N(\mathfrak{p}_1)^{2s}}\left(1+\frac{1}{2^s}+\frac{1}{4^s}+\cdots\right)<\frac{2}{N(\mathfrak{p}_1)^{2s}},$$

及关于 $\mathfrak{p}_1$ 求和得

$$0\leqslant\sum_{\mathfrak{p}_1}\varphi(\mathfrak{p}_1,s)\leqslant 2\sum_{\mathfrak{p}_1}\frac{1}{N(\mathfrak{p}_1)^{2s}}\leqslant 2n\sum_{p}\frac{1}{p^{2s}}\leqslant 2n\sum_{p}\frac{1}{p^2},$$

即当 $s\geqslant 1$ 时,上式右端有界.因此由(98)可知当 s 趋于 1 时

$$\log\zeta_k(s)-\sum_{\mathfrak{p}_1}\frac{1}{N(\mathfrak{p}_1)^s}$$

是有界的,再由(96)式即得(97)式,因此当 s 趋于 1 时,关于 $\mathfrak{p}_1$ 的和变成任意大,从而它必定含有无穷多项.

这个一般性的定理关于每一个代数数域都是对的,现在我们来证明与素数分布相关的有理算术非常重要的事实.

我们取 k 为 m 次单位根生成的域.由定理 92 可知除有限多个例外,一次素理想的范数正好等于满足同余式 $p\equiv 1(\bmod m)$的有理素数.从而由定理 126 推出

定理 127 存在无穷多个正有理素数满足 $p\equiv 1(\bmod m)$.

若 n_0 表示 m 次单位根的域的次数(由 §30 可知它不大于 $\varphi(m)$),则正好有 k 中 n_0 个相异的素理想可以整除这样一个 p,及因此方程(97)变成

$$n_0\sum_{p\equiv 1(\mathrm{m})}\frac{1}{p^s}=\log\frac{1}{s-1}+g_1(s). \tag{99}$$

狄利克雷用相对简单的考虑证明了如何亦可以得到其他剩余类 mod m 中素数存在性的信息.为此目的,我们引进在§15 定义了的剩余特征 mod m.

定理 128　若 $\chi(n)$表示一个 n 的剩余特征 mod n,则当 $s>1$ 时,狄利克雷级数

$$L(s,\chi)=\sum_{n=1}^{\infty}\frac{\chi(n)}{n^s}$$

绝对收敛及当 $s>1$ 时,我们有乘积表达式

$$L(s,\chi)=\prod_{p}\frac{1}{1-\frac{\chi(p)}{p^s}},\tag{100}$$

此处 p 经过所有正有理素数,进而言之,若 χ 不是主特征,则当 $s>0$ 时,$L(s,\chi)$的无穷级数就收敛了.

首先由于 $\chi(m)$或者为一个单位根,或者当$(n,m)>1$ 时,它等于 0,所以 $\chi(n)$的绝对值不超过 1.从而当 $s>1$ 时,级数的绝对收敛性及乘积表达式立即得证.由于对于任何一对正整数 a,b 皆有

$$\chi(ab)=\chi(a)\chi(b),$$

所以对于乘积的每一个单独因子我们有

$$\frac{1}{1-\frac{\chi(p)}{p^s}}=1+\frac{\chi(p)}{p^s}+\frac{\chi(p^2)}{p^{2s}}+\cdots;$$

如同上面定理 124 的证明,由此及乘法与绝对收敛性即得方程(100).

最后,若 χ 为非主特征 χ_1 mod m,则由特征的基本性质:$\sum_n\chi(n)=0$,此处 n 经过任何完全剩余系 mod m 可知当 $x=y\cdot m+r$,此处 y 与 r 为整数及 $0\leqslant r<m$,时有

$$\left|\sum_{n=1}^{x}\chi(n)\right|=\left|\sum_{n=1}^{ym}\chi(n)+\sum_{n=0}^{r}\chi(n)\right|=\left|\sum_{n=0}^{r}\chi(n)\right|\leqslant m,$$

即当 x 趋于无穷时,上式有界.所以由上节引理 b 可知当 $s>0$ 时,狄利克雷级数收敛.特别由此推出若 χ 非主特征,则函数

$L(s,\chi)$在点 $s=1$ 亦是连续的.

定理 129 对于每一个特征 $\chi \bmod m$,若 $s>1$,则

$$\log L(s,\chi)=\sum_{p}\frac{\chi(p)}{p^{s}}+g(s,\chi),$$

此处当 s 趋于 1 时,$g(s,\chi)$是有界的.

对于 $s>1$,若我们用收敛级数

$$\log\frac{1}{1-\dfrac{\chi(p)}{p^{s}}}=\frac{\chi(p)}{p^{s}}+\frac{1}{2}\frac{\chi(p^{2})}{p^{2s}}+\frac{1}{3}\frac{\chi(p^{3})}{p^{3s}}+\cdots$$

$$=\frac{\chi(p)}{p^{s}}+\frac{f(s,p)}{p^{2s}}$$

来定义对数函数,此处显然有

$$|f(s,p)|\leqslant 1,\qquad p\geqslant 2,s\geqslant 1,$$

则当 $s>1$ 时这种表达式对于所有正素数之和收敛,因此这一和表示了 $\log L(s,\chi)$无穷多个值的一个.即对于这个值定理 129 成立.

进而言之,对于主特征 $\chi=\chi_1$,我们有更确切的

$$L(s,\chi_1)=\log\frac{1}{s-1}+H(s),\qquad(101)$$

此处当 $s\geqslant 1$ 时,$H(s)$是有限的.

若在(97)式中,我们取 k 为$k(1)$,则知当 $s\to 1$ 时

$$\sum_{p}\frac{1}{p^{s}}-\log\frac{1}{s-1}$$

为有限的;另一方面,一般言之,$\chi_1(p)$等于 1 及仅对于有限多个可以整除 m 的素数 p,它的值异于 1(实际上,等于 0).因此(101)式得证.

为了由此得到仅关于一个剩余类 mod m 中的素数求和时,命 a 为任意与 m 互素的有理整数及命 b 为有理整数满足

$$ab\equiv 1(\bmod m).$$

则对于 $s>1$,若 $\sum_{\chi}$ 表示过所有特征 $\chi \bmod m$ 的一个和,我们有

$$\sum_{\chi}\chi(b)\log L(s,\chi)=\sum_{\chi}\chi(b)\sum_{p}\frac{\chi(p)}{p^{s}}+\sum_{\chi}\chi(b)g(s,\chi).$$

我们将后面一个和记为 $f(s)$,则当 s 趋于 1 时,在任何情况下,它都是有限的.二重和适合

$$\sum_{\chi}\chi(b)\chi(p)=\sum_{\chi}\chi(bp)=\begin{cases}0, & 当\ bp\not\equiv 1(\bmod m),\\ \varphi(m), & 当\ bp\equiv 1(\bmod m),\end{cases}$$

所以

$$\sum_{\chi}\chi(b)\log L(s,\chi)=\varphi(m)\sum_{p\equiv a(\bmod m)}\frac{1}{p^{s}}+f(s), \quad (102)$$

此处仅对满足 $p\equiv a(\bmod m)$的正素数求和.

最后,让 s 趋于临界值 1.由(101)式可知左端由主特征 $\chi=\chi_1$ 构成的项变为正无穷.因此若剩余诸项有限,则(102)式的整个左端的增长将超过任何给予的界.从而右端必须包含无穷多项;因此有无穷多个素数 p,它$\equiv a(\bmod m)$.

因此下面论断的验证是狄利克雷思想链的主要环节:

若 χ 非主特征,则当 s 趋于 1 时,$\log L(s,\chi)$为有限的.

由于这些 $L(s,\chi)$是 s 的连续函数,所以当 $s>0$ 时,由定理 128 的最后一部分,这一论断恒同于

定理 130 若 χ 非主特征,则

$$L(1,\chi)=\lim_{s\to 1}L(s,\chi)\neq 0.$$

实际上 L 级数不等于 0 是 $\zeta_k(s)$在 $s=1$ 处有一级无穷大的直接推论.由(102)可知当 $a=b=1$ 时有

$$\sum_{\chi}\log L(s,\chi)=\varphi(m)\sum_{p\equiv 1(\bmod m)}\frac{1}{p^{s}}+G(s),$$

及若我们利用(99)式则得

$$\sum_{\chi}\log L(s,\chi)=\frac{\varphi(m)}{n_0}\log\frac{1}{s-1}+G_1(s), \quad (103)$$

其中 $G(s)$与 $G_1(s)$都是有限的.由(101)式可知左端仅由主特征 $\chi_1(s)$对应的项变为无穷大,则剩下诸项有

$$\sum_{\chi\neq\chi_1}\log L(s,\chi)=\left(\frac{\varphi(m)}{n_0}-1\right)\log\frac{1}{s-1}+G_2(s),$$

$$\prod_{\chi\neq\chi_1}L(s,\chi)=\left(\frac{1}{s-1}\right)^{(\varphi(m)/n_0)-1}e^{G_2(s)}.$$

我们已知 $\varphi(m)\geqslant n_0$. 若 $\varphi(m)>n_0$，则当 s 趋于 1 时，右端变成无穷，而左端每一个因子都有限，从而左端有限. 所以首先得到 $\varphi(m)=n_0$；其次整个右端等于

$$e^{G_2(s)}.$$

它是一个指数量，所以不会趋于 0. 由于左端每一因子都有一个有限极限，所以左端亦然. 从而定理 130 成立.

由此及上述，狄利克雷的著名结果得证.

定理 131 若$(a,m)=1$，则存在无穷多个正素数 p 满足$p\equiv a(\mathrm{mod}\ m)$. 即当 $x=1,2,3,\cdots$时，$p=mx+a$ 无穷次表示素数.

作为一个附带结果，我们由证明得到了

$$\varphi(m)=n_0.$$

即 m 次单位根的域的准确次数亦由分解定律得到. 由此我们证明了 $\zeta=e^{2\pi i/m}$的代数方程在有理数域上是不可约的.

如果我们更深入地考虑导至定理 131 证明的结论链条，则 $L(1,\chi)\neq0$ 的验证应为最困难之点，而这一验证是由方程(103)及在 $s=1$，$\zeta_k(s)$变成一阶无穷大而得到的. 后面的这个事实则是基于§40 关于理想密率的诸定理. 在那些证明中，需要单位的整个理论. 现在重要的是用 $L(s,\chi)$函数理论的精确知识来代替数论方法亦会取得同样的成功. 作为方向，关于这点我们作几点注记.

首先，由§42，引理 b 可以证明在 $s=1$，$L(s,\chi)$是可微的(级数的逐项微分法)，从而若 $L(1,\chi)=0$，则这一函数在 $s=1$ 有一个至少一次零点，因此

$$\lim_{s\to1}\frac{L(s,\chi)}{s-1}=\lim_{s\to1}\frac{L(s,\chi)-L(1,\chi)}{s-1}=\frac{dL(s,\chi)}{ds}\Big|_{s=1}$$

存在，另一方面，当 $s>1$ 时，所有 $\varphi(m)$个级数的乘积是一个仅有

正项的收敛级数. 事实上, 若在剩余类 mod m 的群中, p 是一个阶为 f 的元素, 则由定理 32 可知 $\varphi(m)$个数 $\chi(p)$皆 f 次单位根, 每一个根被计算的次数相等, 所以

$$\prod\left(1-\frac{\chi(p)}{p^s}\right)=\left(1-\frac{1}{p^{fs}}\right)^e,\left(e=\frac{\varphi(m)}{f}\right),$$

从而 $\prod\limits_{\chi}L(s,\chi)$是一个有正系数的级数. 而且对所有 $s>1$, 这个级数均>1. 由于级数 $L(s,\chi_1)$对应于主特征, 除一些不重要的因子外, 它与 $\zeta(x)$恒同. 在 $s=1$ 处, 它变成一阶无穷大. 进而言之, 在 $s=1$ 处, 剩下的 $L(s,\chi)$或者变成至少一阶零点, 或者有一个有限极限, 但最多只有一个 $L(s,\chi)$可能等于 0. 事实上, 使这件事发生的 χ 只可能是实特征(它仅取值± 1,0, 即它是一个二次特征 mod m). 若 χ 为一个非实特征, 则共轭复函数 $\bar{\chi}$ 亦为一个特征 mod m, 但它与 χ 相异, 及由 $L(1,\chi)$等于 0 不能导出其共轭复量 $L(1,\bar{\chi})$不等于 0. 这不可能. 因此我们只要对于二次特征 χ 来验证 $L(1,\chi)\neq 0$ 即可.

麦尔顿斯①用直接估计级数的所有实项, 从而证明了这个论断. 由此我们得到了一个不依赖于域理论的狄利克雷定理的证明.

狄利克雷本人利用二次互反律得知对应于实特征的级数 $L(s,\chi)$作为某二次数域的截塔函数的因子出现, 所以当 $s=1$ 时由此可知它不能是 0, 与上面的证明相比较, 他不需要分圆域的算术, 而仅用到二次域.

纯函数论的证明由后面论证构成; 它们可能作最远的推广. 在这些证明中, 函数 $L(s,\chi)$作为复变量 s 的解析函数来研究. 可以证明除 $L(s,\chi_1)$在 $s=1$ 处有一个一阶极外, $L(s,\chi)$在所有有限值 s 处都是正则解析函数. 现在若有一个 L 级数在 $s=1$ 处等于

① Mertens Uber das Nichtverschwinden Dirichletscher Reihen mit reellen Gliedern. Sitzungsber. d. Akad. d. Wiss. in Wien. math.-naturw. Klasse, Vol. 104 (1895)

0,则所有这些级数的乘积在有限平面上的每一处都是 s 的正则函数.这样就导出了矛盾.借助于函数论的一个一般定理,即有正系数的这样一个狄利克雷级数在有限平面上必须至少有一个奇点①.

这一思路是狄利克雷引入群特征方法的基础,它可以作很远的推广.首先我们可以不从 $k(1)$ 中有理整数按剩余类 mod m 的分类,而是以任意域中的数,它们按其他方法分类,使之构成一个阿贝尔群②.最后,定理 126 可以直接用于 $k(e^{2\pi i/m})$ 以外的其他域,甚至用于相对域.进而言之,每一次我们得到由分解定理得来的有某些性质的基域的无穷多个素数(素理想)的存在性验证.这些贡献将更准确地在下一章二次域中陈述(§48).

① 见 E. Landau, Handbuch der Lehre von der Verteilung der Primzahlen (Leipzig 1909) Vol. Ⅰ §121; or Hecke, Uber die L-Funktionen und den Dirichletschen Primzahlsatz fur einen beliebigen Zahlkorper, Nachr. v. d. K. Ges. d. Wissensch. zu Gottingen 1917.

② 这方面一般的贡献是属于 H. Weber, Uber Zahlengruppen in algebraischen Korpern Ⅰ,Ⅱ,Ⅲ. Math. Ann. 48,49,50,(1897~1898).

第七章　二次数域

§44. 梗概与理想类系

二次域作为一个例子已经在§29中处理过了，在这一章中，我们将作更详细的讨论. 首先，我们回忆一下§29中证明过的东西.

命 D 为一个正或负的有理整数，异于1，且不能被除1以外的有理整数平方整除，则$\sqrt{D}$生成最一般的二次域其判别式为

$$d = \begin{cases} D, & \text{当 } D \equiv 1 \pmod 4 \\ 4D, & \text{当 } D \equiv 2 \text{ 或 } 3 \pmod 4 \end{cases}.$$

在每一种情况下，$1, (d+\sqrt{d})/2$ 都是基. 域的每一个整数都具有形式 $\alpha = (x + y\sqrt{d})/2$，其中 x, y 为有理整数. 一个奇正素数 p 按照二次剩余记号$\left(\frac{d}{p}\right)$有值 $1, 0$ 或 -1，以决定它可以分拆为两个相异的，或相同的素因子，或其本身为不可约的.

我们现在仅对那些作为二次域判别式 d 的数，来定义分母为2的二次剩余记号.

若 d 为偶数，则命$\left(\frac{d}{2}\right)=0$. 若 d 为奇数，则当 d 为一个二次剩余 mod 8 时，命$\left(\frac{d}{2}\right) = +1$；而当 d 为一个二次非剩余 mod 8 时，$\left(\frac{d}{2}\right) = -1$. 则在 $k(\sqrt{d})$ 中2的分解定律正好形式上与上面奇素数 p 的规则是一致的.

在一个实二次域中，由定理100可知，基本单位个数等于1. 由于仅有的实单位根为 ± 1，数 $\pm \varepsilon^n (n = 0, \pm 1, \cdots)$ 为域的所有单位，此处 ε 为一个基本单位；增加条件 $\varepsilon > 1$，它就惟一确定了. 所

有单位 $\eta=(x+y\sqrt{d})/2$ 显然都从方程 $N(\eta)=\pm 1$ 即

$$x^2-dy^2=\pm 4 \tag{104}$$

的解中得到,其中 x 与 y 为有理整数,这一方程称为**佩尔方程**.

在虚二次域中,每一个单位 η 都是一个单位根.当 $d<0$ 时,上面的方程(此处当然只能取上面的符号)除平凡解 $y=0,x=\pm 2$即 $\eta=\pm 1$ 外,只有当 $d\geqslant -4$ 时才有解,事实上,当 $d=-4$ 时,方程还需增加解 $x=0,y=\pm 1$,且当 $d=-3$ 时,方程有四个添加解 $x=\pm 1,y=\pm 1$.因此在三次单位根域 $k(\sqrt{-3})$中单位根的个数 w 等于6及在 $k(\sqrt{-1})$中单位根的个数等于4,而在其他二次域中则等于2.

我们试图从一般理论中寻找一个方法来决定二次域中两个理想 $\mathfrak{a},\mathfrak{b}$ 是否等价,并由此来给出非等价理想的一个完全系,从而可以计算类数.

由于 $N(\mathfrak{b})=\mathfrak{b}\mathfrak{b}'$ 为一个有理主理想,所以等价性 $\mathfrak{a}\sim\mathfrak{b}$ 与 $\mathfrak{a}\mathfrak{b}'\sim 1$是同一件事;因此我们必须决定一个给予的理想何时为主理想.若理想 $\mathfrak{a}$ 是两个主理想的最大公约(α,β),则 $\mathfrak{a}$ 是形式 $\alpha u+\beta v$ 的容度.从而 $\mathfrak{a}\mathfrak{a}'=N(\mathfrak{a})$为

$$(\alpha u+\beta v)(\alpha' u+\beta' v)=\alpha\alpha' u^2+uv(\alpha'\beta+\alpha\beta')+\beta\beta' v^2$$

的容度,即 $N(\mathfrak{a})$为有理整数 $\alpha\alpha',\alpha'\beta+\alpha\beta',\beta\beta'$ 的最大公约.若正有理数 n 是由这个 GCD 得来的,则问题变成何时 $\pm n$ 为域中整数之范数且进而言之,若 $N(\omega)=\pm n$,方程$(\omega)=(\alpha,\beta)$何时正确,这种情况当且仅当 α/ω 与β/ω 为整数.在这种情况下,由构造知$(\alpha/\omega,\beta/\omega)$为具有范数 1 的整理想,所以它本身等于(1).

因此仅有的困难为寻找所有相异的主理想(ω),其范数为一个给定数,这导致这样的问题,即寻找所有的有理整数 x,y(若我们置 $\omega=(x+y\sqrt{d})/2$)使

$$x^2-dy^2=\pm 4n. \tag{105}$$

对于虚二次域,由有限步即不难得到解答.由于 $d<0$,所以我们只要验证满足

$$|x|\leqslant 2\sqrt{n},\left|\sqrt{d}\right||y|\leqslant 2\sqrt{n}$$

的有理整数对 x,y,即由计算决定满足 $0\leqslant y\leqslant 2\left|\sqrt{n/d}\right|$ 的有理整数 y,使表达式 $\sqrt{4n+dy^2}$ 为一个有理整数.

当 $d>0$,即在实二次域中寻找(105)式的解,则需要有异于 ± 1 的单位的知识(不必须是基本单位).若我们假定

$$\eta=\frac{u+v\sqrt{d}}{2}\,(v>0)$$

为 $k(\sqrt{d})$ 中的一个单位且 $\eta>1$,则在相伴于 ω 的数 $\alpha=\omega\eta^n$($n=0,\pm 1,\pm 2,\cdots$)中,我们可以找到 α 使

$$1\leqslant\left|\frac{\alpha}{\alpha'}\right|<\eta^2$$

(比较方程(86)).因此对于我们的问题来说,只要考虑那些满足上述不等式的解 $\omega=(x+y\sqrt{d})/2$ 即足.这个不等式可以写成形式

$|\omega'|\leqslant|\omega|<|\omega'|\eta^2$ 或 $|\omega'|\eta^{-2}<|\omega'|\leqslant|\omega|$ 或,由于 $|\omega\omega'|=n$,所以

$$\sqrt{n}\leqslant|\omega|<\eta\sqrt{n},$$
$$\eta^{-1}\sqrt{n}<|\omega'|\leqslant\sqrt{n}. \tag{106}$$

进而言之,若我们假定 $\omega>0$,则由具有正符号的方程(105)可知 $\omega'>0$ 且由(106)可知

$$(\eta^{-1}+1)\sqrt{n}<x<(\eta+1)\sqrt{n}. \tag{107}$$

另一方面,在方程(105)中取负号,则得

$$(\eta^{-1}+1)\sqrt{n}<y\sqrt{d}<(\eta+1)\sqrt{n}. \tag{108}$$

在任何情况下,我们仅需验证适合方程(105)的有限多个值 x,y.然后我们可以用简单的除法来决定由此得到的 $\omega=(x+y\sqrt{d})/2$ 是否仍有相合数.

有多种途径可以获得一个单位 η,狄利克雷单位定理(§35 引理 b)的证明立即给出一个程序,其实质为将 $\sqrt{d}$ 展开成连分数. §52 关于类数的结果将给出 $k(\sqrt{d})$ 中一个单位的另一种表达式,它亦可以由 d 次单位根来构筑.

在任何情况下,一种有限多步骤的有理运算方法可以用来决定二次域中的两个已给理想是否等价.

为了由这一途径来寻找类数,我们需记住,由定理 96,即在每一个类中,皆有一个整理想,其范数$\leqslant\left|\sqrt{d}\right|$.所以我们首先列出范数适合这个条件的所有整理想.开始时,由分解定理(§29)可以对素理想这样做,从而由乘法得到这种类型的所有理想,类数就等于这有限多个理想中非等价理想的个数.我们用若干个数值例子来阐明这些关系是很有用的.

1. $k(\sqrt{-1})$,$k(\sqrt{-3})$与$k(\sqrt{\pm 2})$皆有类数$h=1$,仅小于$|\sqrt{d}|$的整数分别为1,1,2.在前两个域中,在每个类中存在一个范数$\leqslant 1$的整理想;这一理想必须是(1),所以是一个主理想.在$k(\sqrt{\pm 2})$中,我们还要进一步研究范数等于2的理想.在此2是一个素理想$\mathfrak{p}$的平方;显然它$=(\sqrt{\pm 2})$.所以它是一个主理想.

2. 域$k(\sqrt{7})$,这时$d=28$.我们要寻找范数等于2,3,4,5的理想,在此素数2,3,5素理想的分解如下:

$2=\mathfrak{p}_2^2$,$3=\mathfrak{p}_3\mathfrak{p}_3'$,5本身为一个素理想.在此只有一个有范数4的理想,即$\mathfrak{p}_2^2=2$,所以是一个主理想.因此除了主类外,仅有由$\mathfrak{p}_2,\mathfrak{p}_3,\mathfrak{p}_3'$表示的类,由试验得知$2=3^2-7\cdot 1^2$,即$\mathfrak{p}_2=(3+\sqrt{7})$,所以$\mathfrak{p}_2\sim 1$.由于$\mathfrak{p}_2\sim\mathfrak{p}_2'$,$3+\sqrt{7}$与$3-\sqrt{7}$必须相伴,所以商

$$\eta=\frac{3+\sqrt{7}}{3-\sqrt{7}}=\frac{(3+\sqrt{7})^2}{2}=8+3\sqrt{7}$$

是一个单位.若$\mathfrak{p}_3$是一个主理想$(a+b\sqrt{7})$,则

$$\pm 3=a^2-7b^2,\qquad \text{从而 } \pm 3\equiv a^2 \pmod{7}$$

成立.由于$+3$为非剩余 mod 7,所以只能取-3.由(108)式可知,对于b,只要验证下式

$$(9-3\sqrt{7})\sqrt{3}<b\sqrt{28}<(9+3\sqrt{7})\sqrt{3}.$$

即

$$0<b<\left(\sqrt{\frac{81}{28}}+\frac{3}{2}\right)\sqrt{3}<3+\sqrt{\frac{27}{4}},\qquad 0<b\leqslant 5.$$

$b=1$ 即推出

$$a=\sqrt{-3+7\cdot 1^2}=2,$$

所以 $\mathfrak{p}_3=(2+\sqrt{7})$ 是一个主理想,所以在此亦有 $h=1$.

3. 在§23 中已阐明理想 $\mathfrak{p}_3=(3,4+\sqrt{-5})$ 不是主理想,所以 $k(\sqrt{-5})$ 的类数异于 1;但 $\mathfrak{p}_3^2=(2+\sqrt{-5})$ 确实是一个主理想. 由于 $d=-20$,所以由上可知范数为 2,3,4 的理想需要加以研究. 我们得到 $2=\mathfrak{p}_2^2$;因为 2 不是形式 a^2+5b^2,所以 $\mathfrak{p}_2$ 不是主理想. 以 4 为范数的仅有理想为主理想 $\mathfrak{p}_2^2=2$;最后,由于 $\mathfrak{p}_3\mathfrak{p}_3'=3$ 及 $\mathfrak{p}_3^2\sim 1$, $\mathfrak{p}_3\sim\mathfrak{p}_3'$ 及除主理想类外,这里还有由 $\mathfrak{p}_2$, $\mathfrak{p}_3$ 表示的理想类. 若 $\mathfrak{p}_2$ 不等价于 $\mathfrak{p}_3$,则我们正好有三个互异类,由群的性质可知 $\mathfrak{p}_2$ 的三次幂将为一个主理想;已知 $\mathfrak{p}_2^2\sim 1$, $\mathfrak{p}_2\sim 1$,这不可能. 因此 $\mathfrak{p}_2\sim\mathfrak{p}_3$,从而 $h=2$.

4. $k(\sqrt{-23})$, $d=-23$;范数的可能值为 2,3,4. 我们有

$$\left(\frac{-23}{2}\right)=+1,\quad 2=\mathfrak{p}_2\mathfrak{p}_2'.$$

$$\left(\frac{-23}{3}\right)=+1,\quad 3=\mathfrak{p}_3\mathfrak{p}_3'.$$

所以具有范数 2,3,4 的理想为

$$\mathfrak{p}_2,\mathfrak{p}_2',\mathfrak{p}_3,\mathfrak{p}_3',\mathfrak{p}_2^2,\mathfrak{p}_2'^2,\mathfrak{p}_2\mathfrak{p}_2'. \tag{109}$$

显然最后一个为主理想. 欲 $\mathfrak{p}_2\sim\mathfrak{p}_3$ 则我们将有 $\mathfrak{p}_2\mathfrak{p}_3'\sim 1$,因为 $N(\mathfrak{p}_2\mathfrak{p}_3')=6$,所以我们必须检查 6 是否一个数的范数;这就是

$$6=\frac{x^2+23y^2}{4}.$$

它只有当 $x=\pm 1$, $y=\pm 1$ 时成立. 只有两个范数为 6 的主理想,它们是共轭的,所以 $\mathfrak{p}_2\mathfrak{p}_3'$ 或 $\mathfrak{p}_2\mathfrak{p}_3$ 为主理想. 选取共轭的记号,则 $\mathfrak{p}_2\mathfrak{p}_3'\sim 1$,从而(109)式中最多只有

$$1,\mathfrak{p}_2,\mathfrak{p}_2',\mathfrak{p}_2^2,\mathfrak{p}_2'^2$$

为互不等价理想. 理想 $\mathfrak{p}_2$ 既不等价于 $\mathfrak{p}_2'$ 亦不等价于 $\mathfrak{p}_2^2$;实际上, $\mathfrak{p}_2\sim\mathfrak{p}_2'^2$ 表示 $\mathfrak{p}_2^3\sim 1$,所以 $N(\mathfrak{p}_2^3)=8$ 及 8 为整数 $(3+\sqrt{-23})/2$ 的

范数. 除 ± 1 外,它显然不被其他有理整数整除. 以 8 为范数且没有有理整数因子的理想仅为 $\mathfrak{p}_2^3$ 与 $\mathfrak{p}_2'^3$,从而其中之一与其他一个都是主理想.

因此我们发现 $h=3$ 及三个类

$$\mathfrak{p}_2, \mathfrak{p}_2^2, \mathfrak{p}_2^3 \sim 1$$

为代表.

§45. 严格等价性概念与类群的结构

对于二次域的研究,引入等价性概念的某些修改是有用的.

定义 假定 $\mathfrak{a}, \mathfrak{b}$ 为二次域 k 的两个非零理想. 若在 k 中存在一个数 λ 使

$$\mathfrak{a} = \lambda \mathfrak{b} \quad 及 \quad N(\lambda) > 0,$$

则称 $\mathfrak{a}, \mathfrak{b}$ 在严格意义下是等价的. 我们记为

$$\mathfrak{a} \approx \mathfrak{b},$$

并将 $\mathfrak{a}$ 与 $\mathfrak{b}$ 放在同一个**严格意义下的理想类**中.

我们可以用熟知的办法将这些类构成一个阿贝尔群. 若 $\mathfrak{M}$ 为所有非零理想构成的群, $\mathfrak{N}_0$ 为所有适合 $N(\mu)>0$ 的主理想 (μ) 的群, 及 $\mathfrak{N}$ 为所有非零主理想群, 其中的乘法为理想的乘法, 则在严格意义下的理想类为 $\mathfrak{M}$ 模 $\mathfrak{N}_0$ 的分解而产生的陪集或剩余类; 商群 $\mathfrak{M}/\mathfrak{N}_0$ 为严格意义下的理想类群, 在此单位为 $\mathfrak{N}_0$ 中的理想系. 但至今类群的含义则为商群 $\mathfrak{M}/\mathfrak{N}$.

由 $\mathfrak{a} \approx \mathfrak{b}$ 立即导出 $\mathfrak{a} \sim \mathfrak{b}$. 反之, 若 $\mathfrak{a} \sim \mathfrak{b}$, 则显然 $\mathfrak{a} \approx \mathfrak{b}$ 或 $\mathfrak{a} \approx \mathfrak{b}\sqrt{d}$. 所以一个广泛意义下的类相对于等价性的严格概念最多分拆成两个类. 因此在严格意义下的类数 h_0 仍为有限的且 $\leqslant 2h$.

由于在理想方程 $\mathfrak{a} = \mu \mathfrak{b}$ 中, μ 被决定至一个单位因子, 所以若具有正范数相伴数的完全系中的两个等价性的概念是一致的, 即若 k 为虚域或 k 为实域, 而 k 的基本单位的范数为 -1, 则 $h_0 = h$.

剩下的情况为 k 是实域及 k 的每一个单位有范数 ± 1, 则 $\mathfrak{a}$ 与

$\mathfrak{a}\sqrt{d}$在严格意义下显然不等价，所以 $h_0=2h$.

现在的主要问题为类群结构的研究，但至今这个问题只有很小一部分成绩.结果述于下面定理中：

定理 132　严格类群属于 2 的基数 $e_0(2)=t-1$，此处 t 表示 k 的判别式 d 的相异素因子个数.

由定理 27.我们必须证明 k 中正好存在 2^{t-1}个类，其平方为严格主类.为此目的，我们记住能整除 d 的 t 个相异素理想 $\mathfrak{q}_1,\cdots,\mathfrak{q}_t$ 具有这样的性质，即由上述的分解定律，它们的平方为有理主理想，从而≈ 1.我们首先往证适合 $\mathfrak{a}^2\approx 1$ 的每一个理想 $\mathfrak{a}$ 必须等价于这些 $\mathfrak{q}$ 的幂乘积.由 $\mathfrak{a}^2\approx 1$ 及 $\mathfrak{a}\mathfrak{a}'\approx 1$ 可知

$$\frac{\mathfrak{a}}{\mathfrak{a}'}\approx 1,\qquad \frac{\mathfrak{a}}{\mathfrak{a}'}=\alpha,$$

此处 α 是一个具有正范数的数，其中若它是实数，我们取它>0.由于 α 为两个共轭理想之商，所以 $N(\alpha)=1$.从而这个数亦为两个共轭数之商：

$$\alpha=\frac{1+\omega}{1+\omega'}.$$

理想等于其共轭：

$$\frac{\mathfrak{a}}{1+\omega}=\frac{\mathfrak{a}'}{1+\omega'}.$$

所以由分解定律可知

$$\frac{\mathfrak{a}}{1+\omega}=r\cdot\mathfrak{q}_1^{a_1}\cdots\mathfrak{q}_t^{a_t},$$

此处 r 为一个有理数且 a_i 为 0 或 1.这表示

$$a\approx\mathfrak{q}_1^{a_1}\cdots\mathfrak{q}_t^{a_t}.$$

在此 $N(1+\omega)=\alpha(1+\omega')^2>0$.

$k(\sqrt{d})$中的这种整理想，它等于它们的共轭但不包含有理因子(除± 1)，就被称为**歧义理想**.理想类等于其共轭理想类就被称为**歧义类**.进而言之，由上面的证明可知歧义理想含于每一个歧义类中.

我们必须证明分别由 $\mathfrak{q}_1,\cdots,\mathfrak{q}_t$ 定义的歧义类 $Q_1,\cdots,Q_t$ 中，

存在 $t-1$ 个独立的类(按群论的含义). 现在若有一个非平凡的关系

$$Q_1^{a_1}\cdots Q_t^{a_t}=1, \tag{110}$$

此处并非所有的 a_i 均为偶数的平凡关系,则有一个数 α 使

$$\alpha=\mathfrak{q}_1^{a_1}\cdots\mathfrak{q}_t^{a_t},\qquad N(\alpha)>0. \tag{111}$$

在此我们则有$(\alpha)=(\alpha')$, $\alpha=\eta\alpha'$,其中 η 为一个单位, $N(\eta)=+1$. 我们区分三种情况:

(a) $d<0$,在此我们立即可以假定 $d<-4$. 实际上,对于 $d=-3$ 或 $d=-4$,由于 $h=1$ 及 $t=1$,定理 132 已经成立. 则 k 中仅有的单位为 ± 1,所以

$$\alpha=\pm\alpha',\alpha=r(\sqrt{d})^n\qquad(n=0\text{ 或 }1), \tag{112}$$

此处 r 为一个有理数. 当 $n=0$,则(111)式中所有 a_i 都是偶的;当 $n=1$ 时,由于 d 不是一个平方,所以至少有一个 a_i 是奇数.

(b) $d>0$ 及基本单位 ε 的范数为 -1. 由于 $N(\alpha)>0$,所以在此 $\eta>0$,因此 $\eta=\varepsilon^{2n}$,其中 n 为有理整数. 由于

$$\varepsilon^2=-\frac{\varepsilon}{\varepsilon'}=\frac{\varepsilon\sqrt{d}}{-\varepsilon'\sqrt{d}},$$

所以

$$\frac{\alpha}{(\varepsilon\sqrt{d})^n}=\frac{\alpha'}{(-\varepsilon'\sqrt{d})^n},\qquad\alpha=r(\varepsilon\sqrt{d})^n, \tag{113}$$

其中 r 为一个有理数. 同样,对于偶数 n,有一个仅含偶数的指数系与之对应. 对于奇数 n,至少有一个 a_i 为奇数.

(c) $d>0$ 及基本单位 $\varepsilon(\varepsilon>0)$的范数为 1,在此

$$\eta=\varepsilon^n,\quad\varepsilon=\frac{1+\varepsilon}{1+\varepsilon'},\quad\eta=\frac{(1+\varepsilon)^n}{(1+\varepsilon')^n},$$

$$\alpha=r(1+\varepsilon)^n. \tag{114}$$

理想$(1+\varepsilon)$等于其共轭,但它的确不等于任何有理主理想. 事实上,若

$$1+\varepsilon=r_1\varepsilon^k$$

对于某个有理数 r_1 成立,则我们将得到

$$\varepsilon=\frac{1+\varepsilon}{1+\varepsilon'}=\varepsilon^{2k},\qquad \varepsilon^{2k-1}=1,$$

这不可能.从而$(1+\varepsilon)$有一个分解式

$$(1+\varepsilon)=\text{有理理想}\times\mathfrak{q}_1^{b_1}\cdots\mathfrak{q}_t^{b_t},$$

此处至少有一个 b_i 为奇数.

因此在每一种情况下我们皆得到,若分解式(111)对于 α 成立,此处指数 a_i 不都是偶数,则 α 必定是三种形式(112)式,(113)式,(114)式之一,此处 n 为奇数.从而(110)式中的指数 $a_i \bmod 2$ 是惟一确定的.因此在 t 个类$Q_1,\cdots,Q_t$ 之间最多存在一个非寻常关系.反之,当主理想(在严格意义下)$\sqrt{d}$,$\varepsilon\sqrt{d}$,$1+\varepsilon$ 分解分别如情况(a),(b),(c)所示时,确有一个这种关系式,此处指数$a_1,\cdots,a_t$中至少有一个是奇的.

这表示在 Q 个类中,正好有 $t-1$ 个独立的;定理 132 得证.

我们阐述定理的两个重要推论:

定理 133 若 $k(\sqrt{d})$的判别式d 只能被一个素数整除($t=1$),则 h_0 及从而假定 $d>0$ 及基本单位的范数$=-1$时,h 亦为奇数.

定理 134 若 d 是两个正素数 q_1,q_2 的乘积,此处 q_i 均$\equiv 3 \pmod 4$,则或者 q_1 或者 q_2 在 $k(\sqrt{q_1q_2})$中严格意义下是一个主理想的范数.

从这样一个域中每一个单位的范数$=+1$开始,事实上,由 $\alpha=(x+y\sqrt{q_1q_2})/2$ 及 $N(\alpha)=-1$ 可知

$$-4\equiv x^2 \pmod{q_1q_2};$$

所以-1将为 $\bmod q_1$ 的一个二次剩余.但由§16,(31)式得知剩余类记号为

$$\left(\frac{-1}{q_1}\right)=(-1)^{(q_1-1)/2}=-1.$$

进而言之,由上面的证明可知在 $k(\sqrt{q_1q_2})$中等价性

$$\mathfrak{q}_1^{a_1}\mathfrak{q}_2^{a_2}\approx 1 \tag{115}$$

成立,此处 a_1 与 a_2 不能都是偶数.如果都是奇数,则 $\mathfrak{q}_1\mathfrak{q}_2=\sqrt{q_1q_2}\approx 1$.因此有一个单位 η 使 $N(\eta\sqrt{q_1q_2})>0$,即 $N(\eta)=-1$.由刚证明过的事实可知这是不可解的,所以在(115)式中,一个指数=1,而另一个=0;从而定理 134 得证.

由于在域中 $h_0=2h$ 必须成立,由定理 132,h 可能是奇数.在这里确是如此,类似于定理 132 不难自己来证明这一点.

§46. 二次互反定律与二次域分解定律的新陈述

定理 135 若 p 与 q 为奇正素数,则我们有关系式

(Ⅰ) $\left(\frac{-1}{p}\right)=(-1)^{(p-1)/2}$;

(Ⅱ) $\left(\frac{p}{q}\right)=\left(\frac{q}{p}\right)(-1)^{((p-1)/2)((q-1)/2)}$;

(Ⅲ) $\left(\frac{2}{p}\right)=(-1)^{(p^2-1)/8}$.

由§16 方程(31),剩余记号的定义即直接得第一个公式.我们也可以用更复杂的途径,即域论来推导它.但这与下面的(Ⅱ)与(Ⅲ)的证明是类似的:若$\left(\frac{-1}{p}\right)=+1$,则 p 在$k(\sqrt{-1})$中可分解及由于 $h_0=1$.从而 p 是一个主理想 x 的范数,即 $p=a^2+b^2$.由于每一个平方≡0 或 1(mod4),所以 $p\equiv 1\pmod 4$.反之,若 $p\equiv 1\pmod 4$,则由定理 133 的第二部分可知 -1 是 $k(\sqrt{p})$中的一个整数 $\varepsilon=(a+b\sqrt{p})/2$ 的范数.所以 $-4\equiv a^2\pmod p$,即 -1 是二次剩余 mod p;(Ⅰ)证完.

关于(Ⅱ)的证明,我们分三种情况:

1. 假定 $p\equiv q\equiv 1\pmod 4$,我们往证$\left(\frac{p}{q}\right)$与$\left(\frac{q}{p}\right)$或者同时取 $+1$,或者同时取 -1.因此它们彼此相等,而命题在这一情况成立.

事实上,若$\left(\frac{q}{p}\right)=+1$,则素数 p 在$k(\sqrt{q})$中分拆成两个相异

的因子$\mathfrak{p},\mathfrak{p}'$.进而言之,我们可以置

$$\mathfrak{p}^{h_0}=\alpha=\frac{x+y\sqrt{q}}{2},$$

此处α为有正范数的一个数,所以

$$p^{h_0}=\frac{x^2-qy^2}{4},\quad 4p^{h_0}\equiv x^2(\bmod q).$$

从而p^{h_0}为一个二次剩余 mod q.且由定理 133 可知h_0为奇数,即得p本身亦是一个二次剩余 mod q,因此$\left(\frac{p}{q}\right)=+1$.因为假定对$p$与$q$是对称的,所以在这种情况下,公式(Ⅱ)得证.

2. 假定$q\equiv1(\bmod 4)$,$p\equiv3(\bmod 4)$.则如上由$\left(\frac{q}{p}\right)=+1$可得$\left(\frac{p}{q}\right)=+1$;所以由(Ⅰ)可知$\left(\frac{-p}{q}\right)=\left(\frac{-1}{q}\right)\left(\frac{p}{q}\right)=+1$.反之,若$\left(\frac{-p}{q}\right)=+1$,则借助于域$k\sqrt{-p}$,用同样的办法可得$\left(\frac{q}{p}\right)=1$;因此我们总有

$$\left(\frac{-p}{q}\right)=\left(\frac{q}{p}\right),\text{即}\left(\frac{p}{q}\right)=\left(\frac{q}{p}\right)$$

与(Ⅱ)一致.

3. 最后,若$p\equiv q\equiv3(\bmod 4)$,则我们可以得出结论

$$\left(\frac{-p}{q}\right)=+1\text{ 导出}\left(\frac{-q}{p}\right)=-1.$$

但逆向不能由这一方法得出.为此我们用域$k\sqrt{pq}$.由定理 134 可知p或q为一个整数$(x+y\sqrt{pq})/2$之范数,假定

$$4p=x^2-pqy^2,$$

则x必定能被p整除;$x=pu$,所以$4=pu^2-qy^2$.由这一方程,我们得到

$$\left(\frac{p}{q}\right)=+1\quad\text{及}\quad\left(\frac{-q}{p}\right)=+1,$$

即

$$\left(\frac{q}{p}\right)=-1.$$

因此$\left(\frac{p}{q}\right)$与$\left(\frac{q}{p}\right)$互异，从而(Ⅱ)成立.

最后，为了证明公式(Ⅲ)，我们假定$\left(\frac{2}{p}\right)=+1$，则 p 在 $k(\sqrt{2})$中可以分拆及由于 $h=h_0=1$，p 是一个整数的范数

$$p=x^2-2y^2.$$

则由此可知当 y 为偶数时，$p\equiv x^2 \pmod 8$，且当 y 为奇数时，$p\equiv x^2-2 \pmod 8$. 即由于 x 为奇数，所以 $p\equiv\pm1 \pmod 8$.

反之，若 $p\equiv\pm1 \pmod 8$，则我们用域 $k(\sqrt{\pm p})$，在此由定理 133 可知 h_0 为奇数，在这一域中，根据分拆定律，2 可以分拆成两个相异因子；从而 2 是一个二次剩余 mod p.

因此我们证明了

$$\left(\frac{2}{p}\right)=+1 \quad 当且仅当 \quad p\equiv\pm1 \pmod 8,$$

这等价于(Ⅲ).

我们现在将上述公式推广为 p 与 q 为正复合奇数的情况. 勒让德引进"分母"为素数的记号，已经在§16 末定义了复合数分母的记号. 现在应注意同样的互反律对这个"雅可比记号"仍成立.

命 a 与 b 为任意两个奇整数，由于

$$(a-1)(b-1)\equiv 0 \pmod 4,$$

故

$$ab-1\equiv a-1+b-1 \pmod 4,$$

$$\frac{ab-1}{2}\equiv\frac{a-1}{2}+\frac{b-1}{2} \pmod 2. \tag{116}$$

同理由

$$(a^2-1)(b^2-1)\equiv 0 \pmod{16},$$

可得

$$\frac{a^2b^2-1}{8}\equiv\frac{a^2-1}{8}+\frac{b^2-1}{8} \pmod 2. \tag{117}$$

不断应用这个程序,则对于 r 个奇整数 $p_1,\cdots,p_r$,我们得

$$\frac{p_1p_2\cdots p_r-1}{2}\equiv\sum_{i=1}^{r}\frac{p_i-1}{2}\pmod 2,$$

$$\frac{(p_1p_2\cdots p_r)^2-1}{8}\equiv\sum_{i=1}^{r}\frac{p_i^2-1}{8}\pmod 2.$$

现在假定正奇数 P 与 Q 已被分解为素因子

$$P=p_1\cdot p_2\cdots p_r,\quad Q=q_1\cdot q_2\cdots q_s,$$

则由§16之定义及应用(116)式与(117)式得

$$\left(\frac{-1}{P}\right)=\left(\frac{-1}{p_1}\right)\cdot\left(\frac{-1}{p_2}\right)\cdots\left(\frac{-1}{p_r}\right)$$

$$=(-1)^{\sum_{i=1}^{r}(p_i-1)/2}=(-1)^{(P-1)/2}, \tag{118}$$

及

$$\left(\frac{2}{P}\right)=(-1)^{\sum_{i=1}^{r}(p_i^2-1)/8}=(-1)^{(P^2-1)/8}, \tag{119}$$

$$\left(\frac{P}{Q}\right)=\prod_{i=1,\cdots,r;k=1,\cdots,s}\left(\frac{p_i}{q_k}\right)$$

$$=(-1)^{\sum_{i=1}^{r}(p_i-1)/2\sum_{k=1}^{s}(q_k-1)/2}\prod_{i=1,\cdots,r;k=1,\cdots,s}\left(\frac{q_k}{p_i}\right),$$

$$\left(\frac{P}{Q}\right)=\left(\frac{Q}{P}\right)(-1)^{((P-1)/2)((Q-1)/2)}. \tag{120}$$

最后,我们进一步将定义延拓至**负分母**,置

$$\left(\frac{a}{n}\right)=\left(\frac{a}{-n}\right), \tag{121}$$

则为了对于负数来陈述互反律,我们用记号 sgn$a$(读作符号 a):

$$\operatorname{sgn}a=\begin{cases}+1, & 当\ a>0,\\ -1, & 当\ a<0.\end{cases}$$

注意 $|a|=a\cdot\operatorname{sgn}a$,借助于这一记号,对于奇数 P,我们立即由(116)式得到

$$\left(\frac{-1}{P}\right)=(-1)^{(|P|-1)/2}=(-1)^{(P-1)/2+(\operatorname{sgn}P-1)/2}.$$

从而对于奇数 P, Q 有

$$\left(\frac{P}{Q}\right)=\left(\frac{\operatorname{sgn} P}{Q}\right)\left(\frac{|P|}{Q}\right)$$
$$=(-1)^{((\operatorname{sgn} P-1)/2)((Q-1)/2)+((\operatorname{sgn} P-1)/2)((\operatorname{sgn} Q-1)/2)}\left(\frac{|P|}{Q}\right).$$

进而言之,由(120)式得

$$\left(\frac{|P|}{Q}\right)=\left(\frac{|P|}{|Q|}\right)=\left(\frac{|Q|}{|P|}\right)(-1)^{((|P|-1)/2)((|Q|-1)/2)}$$
$$=\left(\frac{Q}{P}\right)$$
$$(-1)^{((\operatorname{sgn} Q-1)/2)((|P|-1)/2)+((|P|-1)/2)((|Q|-1)/2)}.$$

最后,由这些公式可得

定理 136(一般二次互反定律) 若 P 与 Q 为奇有理整数,则

$$\left(\frac{-1}{P}\right)=(-1)^{(P-1)/2+(\operatorname{sgn}P-1)/2},\left(\frac{2}{P}\right)=(-1)^{(P^2-1)/8},$$
$$\left(\frac{P}{Q}\right)=\left(\frac{Q}{P}\right)\cdot(-1)^{((P-1)/2)((Q-1)/2)+((\operatorname{sgn}P-1)/2)((\operatorname{sgn}Q-1)/2)}.$$

最后,尽管我们限制分子,我们来将剩余记号的定义推广到偶数分母.由定理 45 可知剩余类群 mod8 与模更高的 2 次幂不再是循环的,它具有两个基类.每个奇数皆 $\equiv(-1)^a5^b\,(\bmod 2^k)\,(k\geqslant 3)$,此处 a 由 mod2 惟一确定及 b 由 mod 2^{k-2} 惟一确定. $a\equiv 0\,(\bmod 2)$ 的数构成 $\Re(2^k)$ 的一个循环子群;这些是满足 $\equiv 1(\bmod 4)$ 的数.在这个子群的类中,为一个平方的那些类由一个单独的特征来固定.对应于此,我们定义:

定义 若 a 是一个有理整数 $\equiv 0$ 或 $1(\bmod 4)$,我们置

$$\left(\frac{a}{2}\right)=\left(\frac{a}{-2}\right)=\begin{cases}0, & \text{当 } a\equiv 0(\bmod 4)\\ +1, & \text{当 } a\equiv 1(\bmod 8)\\ -1, & \text{当 } a\equiv 5(\bmod 8).\end{cases}\tag{122}$$

若 $\left(\frac{a}{2}\right)$ 有意义,则由定理 136 可知 $\left(\frac{a}{2}\right)=\left(\frac{2}{a}\right)$.进而言之,对于两个这种数 a 与 a',有

$$\left(\frac{a}{2}\right)=\left(\frac{a'}{2}\right),\text{当 } a\equiv a'\pmod 8,$$

$$\left(\frac{a\cdot a'}{2}\right)=\left(\frac{a}{2}\right)\cdot\left(\frac{a'}{2}\right).$$

最后,一般言之,对于任意分母,当 $a\equiv 0$ 或 $1\pmod 4$ 时,我们置

$$\left(\frac{a}{2}\right)^c=\left(\frac{a}{2^c}\right),\left(\frac{a}{mn}\right)=\left(\frac{a}{m}\right)\left(\frac{a}{n}\right),\tag{123}$$

因为每个域的判别式皆 $\equiv 0$ 或 $1(\bmod)4$,所以这一定义与 § 44 的规定是一致的.

定理 137 若 d 是一个二次域的判别式及 n,m 为正整数,则

$$\left(\frac{d}{n}\right)=\left(\frac{d}{m}\right),\qquad \text{当 } n\equiv m\pmod d,\tag{124}$$

$$\left(\frac{d}{n}\right)=\left(\frac{d}{m}\right)\cdot\operatorname{sgn} d,\qquad \text{当 } n\equiv -m\pmod d,\tag{125}$$

所以,对于正整数 n,$\left(\frac{d}{n}\right)$表示一个剩余特征 mod d.

证明定理时,我们必须分拆出 d,n,m 中 2 的最高幂. 命 $d=2^a d'$,$n=2^b n'$,$m=2^c m'$,其中 d',n',m'为奇数.

情形 1. $a>0$. 情况 $b>0$ 在此是平凡的. 事实上,由假定我们必定有 $c>0$,于是(124)式与(125)式中的记号皆取值 0,因此假定 $b=c=0$. 则由定理 136 可知

$$\left(\frac{2^a d'}{n}\right)=\left(\frac{2}{n}\right)^a\left(\frac{d'}{n}\right)=(-1)^{a(n^2-1)/8}\left(\frac{n}{d'}\right)(-1)^{((n-1)/2)((d'-1)/2)}\tag{126}$$

及类似的方程对于 m 亦成立. 由于 d 至少可以被 4 整除,所以第一个因子对 n 与 m 相一致. 对于情况 $n\equiv m\pmod d$ 时,另两个因子亦相符;若 $n\equiv -m\pmod d$,则这些因子正好只差一个因子 $\operatorname{sgn} d'$.

情形 2. $a=0$,则 $d\equiv 1\pmod 4$.

$$\left(\frac{d}{2^b n'}\right)=\left(\frac{d}{2}\right)^b\left(\frac{d}{n'}\right)=\left(\frac{2}{d}\right)^b\left(\frac{n'}{d}\right)=\left(\frac{n}{d}\right),\tag{127}$$

由此即得定理之结论.

由这一定理可知如§29所证明的二次域的分解定律的确形式上很不同于分圆域的分解定律,但是另一方面关于其内容又有很大的相似性.定理137证明了,若两个正素数属于同样剩余类 mod d,则它们在 $k(\sqrt{d})$ 中的分拆正好是一样的.因此 $k(\sqrt{d})$ 是一个类域,它属于有理数 mod d 的一个分类.事实上,若我们将 $\left(\frac{n}{d}\right)$ 有同样非零值的那些数 n 当作同一个"类型",则与 d 互素的数分成了两个类型.由定理137可知,所有同余于 a mod d 的自然数与 a 同属一型.从而一个类型包含了与 d 互素的 $\frac{1}{2}\varphi(d)$ 个剩余类 mod d.若我们假定 $a_1,\cdots,a_m\left(m=\frac{1}{2}\varphi(d)\right)$ 为互不同余 mod d 且与1属于同一类型的数(所有二次剩余 mod d),则分解定律为:

命 p 为一个与 d 互素的正素数及命 f 为最小的正指数使 p^f 同余于 $a_1,\cdots,a_m$ 之一 mod d,则 p 在 $k(\sqrt{d})$ 中分拆为 $\frac{2}{f}$ 个互异素理想,所有这些都有次数 f.

特别地,若判别式 d 为一个奇素数,$d=(-1)^{(q-1)/2}q$,则由(127)式可知 $\left(\frac{d}{n}\right)=\left(\frac{n}{q}\right)$.进而言之有

$$\left(\frac{n}{q}\right)\equiv n^{(q-1)/2}(\bmod q).$$

刚刚讨论过的指数 f 为适合

$$p^{f(q-1)/2}\equiv 1(\bmod q)$$

的 p 的最小正指数.

§47. 范剩余及数的范群

在二次域 $k(\sqrt{d})$ 中,对于每个模 n,可以定义有理数中剩余的一个特殊群.即命 n 为一个有理整数,在与 n 互素的剩余类群 $\mathfrak{R}(n)$ 中,我们可以考虑那些由 $k(\sqrt{d})$ 中整数的范数表示的剩余

类.这些剩余类显然构成 $\mathfrak{R}(n)$ 的一个子群,我们称它为范剩余 mod n 的群(关于域 $k(\sqrt{d})$),且将它记为 $\mathfrak{N}(n)$.若存在一个 k 的整数 α 使

$$a \equiv N(\alpha) \pmod n,$$

则称与 n 互素的整数 a 为一个范剩余 mod n,否则 a 就称为一个范非剩余 mod n(在这样的意义下,凡与 n 不互素的那些 a 就不在考虑之列了).

现在将证明,一般言之 $\mathfrak{N}(p)$ 与 $\mathfrak{R}(p)$ 是一致的;仅当 p 可以整除判别式 d 时,这两个群是互异的.

定理 138 若奇素数 p 除不尽判别式 d,则对于 $k(\sqrt{d})$,每一个与 p 互素的有理整数都是一个范剩余 mod p.

在证明中,我们分两种情况:

1. 在 $k(\sqrt{d})$ 中,p 分拆为两个互异的因子 $\mathfrak{p}$ 与 $\mathfrak{p}'$.则存在 $k(\sqrt{d})$ 中一个数 π,它可以被 $\mathfrak{p}$ 整除,但不能被 $\mathfrak{p}'$ 整除,及对于每一个整数 α 有

$$N(\pi'\alpha + \pi) \equiv \pi'^2\alpha \pmod{\mathfrak{p}}.$$

由此可知当 α 经过一个完全剩余系 mod $\mathfrak{p}$ 时,有理整数 $N(\pi'\alpha + \pi)$ 亦经过一个完全剩余系 mod $\mathfrak{p}$,从而经过一个完全剩余系 mod p.

2. p 在 $k(\sqrt{d})$ 中是不可约的,则 p 为次数 2 的一个素数.命 ρ 为一个 $k(\sqrt{d})$ 中的原根 mod p,则

$$\rho^p \equiv \rho' \pmod p,\text{从而 } N(\rho) \equiv \rho^{p+1} \pmod p. \qquad (128)$$

事实上,若有整系数的二次函数 $f(x) = x^2 + ax + b$ 有根 ρ, ρ',则由函数同余式

$$f(x)^p \equiv f(x^p) \pmod p$$

得

$$0 \equiv f(\rho^p) = (\rho^p - \rho)(\rho^p - \rho') \pmod p,$$

即得(128)式.所以当 $a = 1, 2, \cdots, p-1$ 时,剩余类

$$N(\rho^a) \equiv \rho^{a(p+1)} \pmod p$$

是互异的.这是由于只有当指数同余 $\bmod(N(\mathfrak{p})-1)$,即 $\bmod(p^2-1)$时,ρ 的两个幂才是相同的剩余类.因此共 $N(\rho^a)$个与 p 互素的有理剩余类 $\bmod\ p$.

定理 139 若奇素数 q 除得尽$k(\sqrt{d})$的判别式d,则 $\mathfrak{R}(q)$正好有一半类为范剩余 $\bmod\ q$,及实际上,这些就是 $\mathfrak{R}(q)$的可以表为一个类的平方的那些类.

若 $\mathfrak{q}$ 为 $k(\sqrt{d})$中能整除q 的素理想,则 k 中每一个数α 皆同余于一个有理数 $\bmod\ \mathfrak{q}$,记为 r.由于$\mathfrak{q}=\mathfrak{q}'$,所以由 $\alpha\equiv r(\bmod\ \mathfrak{q})$, $\alpha'\equiv r(\bmod\ \mathfrak{q})$及

$$N(\alpha)\equiv r^2(\bmod\ \mathfrak{q}),\text{从而亦同余} \bmod\ q.$$

即若$(r,q)=1$,则

$$\left(\frac{N(\alpha)}{q}\right)=+1.$$

反之,若条件$\left(\frac{a}{q}\right)=+1$ 成立,则有一个有理整数 x 使 $\alpha\equiv x^2(\bmod\ q)$,且由于 $a\equiv N(x)(\bmod\ q)$,所以 a 是一个范剩余.进而言之,对于任何复合模 m,n,我们有:

引理 假定$(m,n)=1$,若对于每一个 a 皆存在$k(\sqrt{d})$中两个整数α 与β 使

$$a\equiv N(\alpha)(\bmod\ m)\quad \text{与}\quad a\equiv N(\beta)(\bmod\ n),$$

则亦存在一个 $k(\sqrt{d})$中的整数γ 使

$$a\equiv N(\gamma)(\bmod\ mn).$$

我们取正指数 b,c 使

$$m^b\equiv 1(\bmod\ n),\text{且 } n^c\equiv 1(\bmod\ m)$$

(例如 $b=\varphi(n)$及 $c=\varphi(m)$).则

$$\gamma=n^c\alpha+m^b\beta,$$

即有所述性质.

关于素数 2,对于 $a=2$ 或 3,我们考虑群 $\mathfrak{R}(2^a)$.

定理 140 若 $k(\sqrt{d})$的判别式d 为奇数,则每一个奇数都是范剩余 mod 8.若 d 为偶数,则正好有一半互不同余的奇数 mod 8

是范剩余 mod 8.

我们检验 $k(\sqrt{d})$中的剩余类 mod 8,记 $\alpha=x+y\sqrt{d}$,其中 d 为奇数,则得

$$
\begin{aligned}
&x=0,1,2,1,\\
&y=1,0,1,2,\\
&N(\alpha)\equiv 3,1,7,5 \pmod 8),\text{当 } d\equiv 5 \pmod 8,\\
&N(\alpha)\equiv 7,1,3,5 \pmod 8),\text{当 } d\equiv 1 \pmod 8,
\end{aligned}
$$

所以定理的第一部分得证.

我们用同样的办法来证明定理的第二部分,对于偶数 d 正好有下面的剩余类 mod 8 为范剩余 mod 8:

$$
\begin{aligned}
&N(\alpha)\equiv 1 \text{ 或 } 5 \pmod 8, \quad \text{当} \frac{d}{4}\equiv 3 \pmod 4,\\
&N(\alpha)\equiv 1 \text{ 或 } -1 \pmod 8, \text{当} \frac{d}{4}\equiv 2 \pmod 8,\\
&N(\alpha)\equiv 1 \text{ 或 } 3 \pmod 8, \quad \text{当} \frac{d}{4}\equiv 6 \pmod 8.
\end{aligned}
\tag{129}
$$

注意对于$\frac{d}{4}\equiv 3 \pmod 4$,仅有的范剩余 mod 4 即类 1mod 4,所以 $\mathfrak{N}(4)$异于 $\mathfrak{R}(4)$.

我们希望用§10 群论的一般概念来将这些结果表述得更为清楚.我们有兴趣者仅为范剩余模 d 的因子的情况.命 $q_1,q_2,\cdots,q_t$ 为能整除 d 的 t 个相异正素数,但需除去 d 为偶数的情况,这时 q_t 表示整除 d 的 2 的最高幂.则对于每一个 $i=1,2,\cdots,t$,在 $k(\sqrt{d})$中每一个范剩余群 $\mathfrak{N}(q_i)$皆为 $\mathfrak{R}(q_i)$中指标为 2 的群.由定理 33 可知,$\mathfrak{R}(q_i)$的一个类属于这个子群可以表示为群 $\mathfrak{R}(q_i)$的一个完全决定的在这一类取值 1 的特征.这一特征 $\chi_i(n)$可以立即被给出,此处我们记与剩余类相同的剩余类代表为 n.则由定理 139 可知

$$\chi_i(n)=\left(\frac{n}{q_i}\right),\text{当 } q_i \text{ 为奇数}. \tag{130}$$

群 $\mathfrak{R}(8)$有两个阶为 2 的基类,从而它有 3 个指标为 2 的互异子

群,正如(129)式所示,其中每一个在 $\mathfrak{N}(8)$ 中出现一次.这三个异于 1 的二次特征 mod 8 为

$$(-1)^{(n-1)/2},(-1)^{(n^2-1)/8},(-1)^{(n-1)/2+(n^2-1)/8}.$$

及对于偶数 d,我们从而找到了最后的特征

$$\chi_t(n)=\begin{cases}(-1)^{(n-1)/2}, & 当\dfrac{d}{4}\equiv 3(\bmod 4),\\ (-1)^{(n^2-1)/8}, & 当\dfrac{d}{4}\equiv 2(\bmod 8),\\ (-1)^{(n-1)/2+(n^2-1)/8}, & 当\dfrac{d}{4}\equiv 6(\bmod 8).\end{cases} \qquad (131)$$

即

$$\chi_t(n)=(-1)^{a(n^2-1)/8+((d'-1)/2)((n-1)/2)},$$
$$当\ d=2^a d',d'\ 为奇数. \qquad (132)$$

由引理我们立即得到

定理 141 对于判别式为 d 的二次域,范剩余 mod d 群 $\mathfrak{N}(d)$ 在群 $\mathfrak{R}(d)$ 中有指标 2^t,此处 t 为 d 的互异素因子个数.一个数 n 为范剩余 mod d 的充要条件为由(130)式与(132)式定义的 t 个剩余特征

$$\chi_i(n) \qquad (i=1,\cdots,t)$$

皆有值 1.

为使文献的研究更容易,我们注意到,希尔伯特亦对那些不与 p 互素的数 n 定义了范剩余概念,及对剩下的情况,定义有不同的形式:

希尔伯特范剩余记号的定义:命 n 与 m 为有理整数,m 为一个非完全平方,p 为一个素数(包括 2).若数 n 同余于 $k(\sqrt{m})$ 中一个整数的范数模每一个幂 p^e,则我们置

$$\left(\frac{n,m}{p}\right)=+1,$$

并且称 n 为域 $k(\sqrt{m})$ 的范剩余 mod p.在其他情况下,命这一记号等于 -1,且称 n 为范非剩余 mod p.

若 n 不能被 q_i 整除及 q_i 可以整除 $k(\sqrt{m})$ 的判别式,则

$$\left(\frac{n,d}{q_i}\right)=\chi_i(n)(q_i\text{ 奇}),$$

$$\left(\frac{n,d}{2}\right)=\chi_t(n)(d\text{ 偶}).$$

另一方面,若 p 除不尽 nd,则我们有 $\left(\frac{n,d}{p}\right)=1$.

§48. 理想范数群、族群及族数的决定

如同数的范数情况,我们现在也可以研究 k 的理想的范数. 那些剩余类 mod d 可以被表示为 $k(\sqrt{d})$ 中与 d 互素,具正值的理想范数者显然构成 $\mathfrak{R}(d)$ 的一个子群. 命这个子群称为**理想范数群** mod d 并记之为 $\mathfrak{J}(d)$. $\mathfrak{N}(d)$ 显然是 $\mathfrak{J}(d)$ 的一个子群. 事实上,若一个类 mod d 可以被表示为一个数的范数 $N(\alpha)$,则当 x 为一个有理整数时,$N(\alpha+dx)$ 属于同一类,及当 x 充分大时,$N(\alpha+dx)$ 显然取正值. 因此它是主理想 $(\alpha+dx)$ 的范数.

由于 $\mathfrak{N}(d)$ 的结构已由定理 141 给出,所以我们只需研究商群 $\mathfrak{J}/\mathfrak{N}$. 由于 $\mathfrak{N}$ 的阶为 $\varphi(d)/2^t$,所以 $\mathfrak{J}(d)$ 阶为这个数的倍数;另一方面,它又是 $\mathfrak{R}(d)$ 的阶 $\varphi(d)$ 的一个因子. 从而 $\mathfrak{J}/\mathfrak{N}$ 的次数等于 2^u,此处 u 为 $\leqslant t$ 的一个整数,第一个重要的结果为方程 $u=t-1$;第二个重要结果为这一群与理想类群及定理 133 的联系的不包容.

如果我们将两个理想的范数只相差 mod d 一个 k 中数的范数不看成有区别,即得商群 $\mathfrak{J}/\mathfrak{N}$. 对于这些理想,我们得到类的一个分拆,我们可以用下面有用的途径来定义:

我们考虑 k 中两个与 d 互素的理想 $\mathfrak{a}$ 与 $\mathfrak{b}$,若有一个 k 中的数 α 使

$$|N(\mathfrak{a})|\equiv N(\alpha)|N(\mathfrak{b})|\pmod d,$$

则称它们属于同一族.

我们用熟悉的方法,将 k 中的族构成一个阿贝尔族群;两个

族 G_1 与 G_2 的乘积定义为理想 $\mathfrak{a}_1 \cdot \mathfrak{a}_2$ 所属的族,此处 $\mathfrak{a}_1$ 与 $\mathfrak{a}_2$ 分别为取自 G_1 与 G_2 的理想,族群显然同构于群 $\mathfrak{J}/\mathfrak{N}$. 这个群的单位元素称为主族;这个族包含理想 1,所以是严格意义下的主理想. 在严格意义下等价的理想,若它们与 d 互素,则显然属于同一族;从而每一族包含一些严格意义下的理想类. 由于属于主族的类——命其个数为 f——显然构成类群的一个子群,所以 f 是 h_0 的一个因子,且每个族正好含有 f 个类. 若 g 表示相异族的个数,则

$$h_0 = g \cdot f.$$

每个族的平方为主族,即若对于每个 $\mathfrak{a}$,我们置 $a = |N(\mathfrak{a})|$,则得

$$|N(\mathfrak{a}^2)| = N(a).$$

所以族群的阶 g 必定为 2 的幂,$g = 2^u$,正如我们上面已经得到的群 $\mathfrak{J}/\mathfrak{N}$ 的阶. 如果我们记住能表为平方的不同类的个数,由定理 29 及由定理 132,它正好为 $h_0/2^{t-1}$. 则可得关于 u 的更精密的陈述,从而

$$f \geqslant \frac{h_0}{2^{t-1}}, \quad g = \frac{h_0}{f} \leqslant 2^{t-1}, \quad u \leqslant t-1. \tag{133}$$

今往证明方程 $u = t-1$,我们来构造族群的特征群. 我们从前节的 t 个函数 $\chi_i(n)$ 立即可以得到. 对于每个范剩余 $n \bmod d$,$\chi_i(n)$ 有值 1. 如果对于每个 $k(\sqrt{d})$ 中的与 d 互素的整理想 $\mathfrak{a}$,我们定义 t 个函数

$$\gamma_i(\mathfrak{a}) = \chi_i(|N(\mathfrak{a})|) \quad (i = 1, \cdots, t), \tag{134}$$

则对于同一族中的理想,每个 $\gamma_i(\mathfrak{a})$ 皆有同一值. 进而言之,$\gamma_i(\mathfrak{a} \cdot \mathfrak{b}) = \gamma_i(\mathfrak{a}) \cdot \gamma_i(\mathfrak{b})$,所以我们得

定理 142 这 t 个函数 $\chi_i(\mathfrak{a})$ 是由 $\mathfrak{a}$ 表示的族的群特征.

由 §10 可知一个阿贝尔群的特征群同构于这个群. 由于族群的阶为 2^u 及每个元素的阶最多为 2,所以在族群中正好有 u 个独立元素. 从而亦正好存在 u 个独立特征. 因此在 t 个特征中至少有 $t-u$ 个关系成立. 即 $t-u \geqslant 1$:

定理 143 对于域中所有与 d 互素的理想 $\mathfrak{a}$ 中至少有一个关

系式必须成立,即

$$\prod_{i=1}^{t} \gamma_i^{c_i}(\mathfrak{a}) = 1,$$

此处有理整数 c_i 独立于 $\mathfrak{a}$ 且它们不能全被 2 所整除.

因此对于 $t=1$,方程

$$\gamma_1(\mathfrak{a}) = \chi_1(|N(\mathfrak{a})|) = 1$$

必须成立.事实上,这正好是二次互反定理的一部分,它至今尚未被用过(在 §47 与 §48).我们见到如同 §46 中的证明一样,这一方程的证明本质上归结为对于 $t=1$ 的域 h_0 为奇数.

反之,我们希望由二次互反定律得到方程

$$\prod_{i=1}^{t} \gamma_i(\mathfrak{a}) = 1. \tag{135}$$

为此我们证明对于每一个与 d 互素的正整数 n,方程

$$\prod_{i=1}^{t} \chi_i(n) = \left(\frac{d}{n}\right) \tag{136}$$

成立.对于奇数 d,我们有

$$\prod_{i=1}^{t} \chi_i(n) = \prod_{i=1}^{t} \left(\frac{n}{q_i}\right) = \left(\frac{n}{q_1 \cdots q_t}\right) = \left(\frac{n}{d}\right),$$

及由(127)式,这一量等于互反记号.若 $q_t = 2^a\,(a>0)$ 及 $d = 2^a d'$,则

$$\prod_{i=1}^{t-1} \chi_i(n) = \left(\frac{n}{d'}\right), \quad \chi_t(n) = (-1)^{a(n^2-1)/8+((d'-1)/2)((n-1)/2)}.$$

及由(126)式同样得(136)式.

我们现在由此对于次数 1 的素理想,立即得到关系式(135)式,即对于这种 $\mathfrak{a}=\mathfrak{p}$,由分解定理得 $\left(\frac{d}{N(\mathfrak{p})}\right) = +1$.若 $\mathfrak{a}$ 为次数为 2 的素理想,则 $N(\mathfrak{a})$为一个有理平方,所以每个 $\gamma_i(\mathfrak{a})=1$.总之,若对于每一个不能整除 d 的素理想,(135)式成立,则对于每个适合$(\mathfrak{a},d)=1$ 的 $\mathfrak{a}$ 亦成立.

族的个数 g 正好是 2^{t-1}这一事实最容易用超越方法来证明.若我们证明在 t 个特征 $\gamma_i(\mathfrak{a})$之间只有一个关系式(135),则族群

只有 $t-1$ 个独立特征 $\gamma_i(\mathfrak{a})$，从而其次数至少为 2^{t-1}. 因此由(133)式可知正好是 2^{t-1}.

定理 144 命 $e_1,e_2,\cdots,e_t$ 为 t 个数 ±1 满足 $e_1,e_2,\cdots,e_t=1$，则在 $k(\sqrt{d})$ 中存在无穷多个次数为 1 的素理想 $\mathfrak{p}$ 适合

$$\gamma_i(\mathfrak{p})=e_i \qquad (i=1,2,\cdots,t).$$

如果我们置 $N(\mathfrak{p})=p$，则断言显然是说存在无穷多个有理素数 p 满足条件

$$\chi_i(p)=e_i \qquad (i=1,2,\cdots,t)$$

及

$$\left(\frac{d}{p}\right)=+1.$$

由于 $e_1\cdot e_2\cdots e_t=1$，所以由(136)式可知最后的条件是前 t 个条件的推论. 因此我们只要将这些条件记在心上.

由于每个 $\chi_i(n)$ 是剩余特征 mod q_i，所以单个方程

$$\chi_i(n)=e_i,$$

即要求 n 属于某些剩余类 mod q_i，且总存在这样的有理整数 n. 实际上，t 个方程同时成立就是要求 n 属于某剩余类模 t 个 q_i 中的每一个. 由定理 15 可知这表示 n 属于某剩余类 mod $q_1\cdot q_2\cdots q_t$，即 n 属于某剩余类 mod d（它当然与 d 互素）. 由定理 131 可知在每个与 d 互素的剩余类 mod d 之中，存在无穷多个正有理素数. 定理证完.

我们曾经在§43 用 $|d|$ 次单位根的分圆域理论证明了这些素数的存在性. 很重要的是存在无穷多个素数 p 使 $\chi_i(p)=e_i$ 的存在性可以如我们希望在§49 中证明的仅从二次域理论得出（亦用超越方法）.

如上面已证明的，由定理 144 可知 $g=2^{t-1}$，从而 $f=h_0/2^{t-1}$. 即在主族中类的个数等于可以表示为类的平方的理想类的个数，因此我们证明了：

定理 145（族的基本定理） 在判别式为 d 的二次域中，族的

个数等于 2^{t-1}. 一个族群的独立特征系由任何 $t-1$ 个函数

$$\gamma_i(\mathfrak{a}) = \chi_i(|N(\mathfrak{a})|) \qquad (i = 1,2,\cdots,t)$$

构成. 一个理想类为一个平方的充要条件为它属于主族.

高斯首先发现这个定理并给出了它一个纯数论证明, 这一证明亦搜集于希尔伯特的"报告"中.

由上面定理的最后一部分, 我们可以进一步引出结论: 与 d 互素的理想 $\mathfrak{a}$ 等价于一个理想的平方的充要条件为 $|N(\mathfrak{a})|$ 为一个范剩余 mod d, 即同余式

$$|N(\mathfrak{a})| \equiv x^2 \pmod d$$

有有理整数解 x. 则理想范数 $|N(\mathfrak{a})|$ 亦为域中一个整数或分数的范数. 由 $\mathfrak{a} \approx \mathfrak{b}^2$ 可知存在域中一个数 α 满足

$$\mathfrak{a} = \alpha\mathfrak{b}^2, N(\alpha) > 0,$$

因此

$$|N(\mathfrak{a})| = N(\alpha)|N(\mathfrak{b}^2)| = N(\alpha)\cdot N(\mathfrak{b})^2 = N(\alpha b),$$

此处 $b = |N(\mathfrak{b})|$.

§49. $k(\sqrt{d})$ 的截塔函数及二次剩余特征确定的素数的存在性

为了将 $k(\sqrt{d})$ 的截塔函数 $\zeta_k(s)$ 表示为较简单的函数, 我们考虑无穷乘积

$$\zeta_k(s) = \prod_{\mathfrak{p}} \frac{1}{1 - N(\mathfrak{p})^{-s}}$$

中的那些可以整除一个确定有理素数 p 的素理想 $\mathfrak{p}$. 由分解定理, 我们立即可见这一部分乘积为

$$\prod_{\mathfrak{p}|p}(1 - N(\mathfrak{p})^{-s}) = (1 - p^{-s})\left(1 - \left(\frac{d}{p}\right)p^{-s}\right).$$

从而 $\zeta_k(s)$ 变成乘积

$$\zeta_k(s) = \prod_p \frac{1}{1 - p^{-s}} \cdot \prod_p \frac{1}{1 - \left(\frac{d}{p}\right)p^{-s}},$$

此处 p 经过所有正素数,同样当 $s>1$ 时乘积收敛. 因此

$$\zeta_k(s)=\zeta(s)\cdot L(s),$$

$$L(s)=\prod_p \frac{1}{1-\left(\frac{d}{p}\right)p^{-s}}. \tag{137}$$

如果我们将 $\zeta_k(s)$的这个表达式代入类数公式(95),则得

$$h\cdot\kappa=\lim_{s\to1}L(s). \tag{138}$$

由此可知当 s 趋于 1 时,$L(s)$趋于一个异于 0 的有限极限. 现在我们希望由此用类似于 § 43 的方法导出关于记号$\left(\frac{d}{p}\right)$分布的一些结果. 由(138)式可知

$$\lim_{s\to1}\log L(s)\ \text{是有限的}. \tag{139}$$

如同 § 43 中的 $L(s,\chi)$,我们有

$$\begin{aligned}\log L(s)&=-\sum_p\log\left(1-\left(\frac{d}{p}\right)p^{-s}\right)\\&=\sum_p\sum_{m=1}^{\infty}\frac{1}{mp^{ms}}\left(\frac{d}{p}\right)^m\\&=\sum\left(\frac{d}{p}\right)\frac{1}{p^s}+H(s),\end{aligned}$$

此处当 $s>1/2$ 时,$H(s)$是一个收敛的狄利克雷级数,所以当 $s\to1$,它有一个极限. 因此由(139)式可知

$$\lim_{s\to1}\sum_p\left(\frac{d}{p}\right)\frac{1}{p^s}\ \text{是有限的}. \tag{140}$$

如果我们在和中删去有限多个 p,及如果我们将 d 换成一个与 d 相差一个有理平方数时,则显然结论仍成立. 即

定理 146 若 a 为任意一个非平方的正的或负的有理整数,则当 $s\to1$ 时函数

$$L(s;a)=\sum_{p>2}\left(\frac{a}{p}\right)\frac{1}{p^s}$$

有一个有限极限.

类似于 § 43,我们有

定理 147 命 $a_1,a_2,\cdots,a_r$ 为有理整数使幂乘积

$$a_1^{u_1}a_2^{u_2}\cdots a_r^{u_r}$$

仅当所有 u_i 均为偶数时才是一个有理平方. 进而言之,命 c_1, $c_2,\cdots,c_r$取任意值± 1,则存在无穷多个素数 p 适合条件

$$\left(\frac{a_i}{p}\right)=c_i,\quad i=1,2,\cdots,r. \tag{141}$$

为了对称性我们置

$$L(s;1)=\sum_{p>2}\frac{1}{p^s}$$

(由§43 可知,当 $s\to 1$ 时,这一函数的增长将超过所有界限),及构成含有 2^r 项($s>1$)的和

$$\sum_{u_1,\cdots,u_r}c_1^{u_1}\cdots c_r^{u_r}\cdot L(s;a_1^{u_1}\cdots a_r^{u_r})=\varphi(s), \tag{142}$$

此处每个 u_i 取值 0,1. 所以由 L 的定义可知

$$\varphi(s)=\sum_{p>2}\left(1+c_1\left(\frac{a_1}{p}\right)\right)\left(1+c_2\left(\frac{a_2}{p}\right)\right)\cdots\left(1+c_r\left(\frac{a_r}{p}\right)\right)\frac{1}{p^s}. \tag{143}$$

易见在这一个 p 的和中,除有限多个能整除 a 的 p 之外只有当 p 适合条件(141)式时,p^{-s}有一个非零因子(实际上因子为 2^r). 我们有

$$\lim_{s\to 1}\varphi(s)=\infty.$$

这是因为在(142)式的诸项中 $L(s;1)$的增长超过任何界限,而由我们的假定及定理 146 可知其余的 $L(s;a)$皆有限. 从而在(143)式中必定有无限多非零项,从而我们的定理得证.

特别地,当 $r=1$ 时由此可知:

在每个二次域中,存在无穷多个次数为 1 的素理想及无穷多个次数为 2 的素理想.

如果用前一节的记号,我们选择 $a_i=\pm q_i$ 及 $r=t$,使每个 a_i 本身就是一个域的判别式,而其乘积 $a_1\cdot a_2\cdots a_t$ 正好就是 d,则将公式(136)用于每个域 $k(\sqrt{a_i})$得

$$\chi_i(p)=\left(\frac{a_i}{p}\right)\qquad(i=1,\cdots,t).$$

所以前节的定理 144 得证.在此却未用到狄利克雷关于素数的定理,即未用到分圆域理论.

§50. 不用截塔函数来决定 $k(\sqrt{d})$ 的类数

我们现在用第六章的方法来决定理想类数 h(广义意义之下).首先我们希望如同§41,不用 $\zeta_k(s)$,而由理想的密率来作出这个决定.然后我们希望利用 $\zeta_k(s)$ 及定理 125 形式上更为精美的方法.

为了应用第一个方法,我们必须决定域中具有范数 n 的整理想的个数 $F(n)$.当 a 与 b 互素时,由(89)式可知 $F(ab)=F(a)\times F(b)$.

引理 对于每个素数 p 的幂 p^k,我们有

$$F(p^k)=\sum_{i=0}^{k}\left(\frac{d}{p_i}\right)=1+\sum_{i=1}^{k}\left(\frac{d}{p}\right)^i.\tag{144}$$

情况 a:$\left(\frac{d}{p}\right)=-1$,若 $N(\mathfrak{a})=p^k$,则必须 $\mathfrak{a}=p^u$,其中 u 为正有理整数;所以 $2u=k$,即

$$F(p^k)=\begin{cases}1, & \text{当 } k \text{ 为偶数},\\ 0, & \text{当 } k \text{ 为奇数}.\end{cases}$$

这与(144)式相符合.

情况 b:$\left(\frac{d}{p}\right)=0$,$p$ 是一个素理想 $\mathfrak{p}$ 的平方,则由 $N(\mathfrak{a})=p^k$ 可知 $\mathfrak{a}=\mathfrak{p}^u$,所以 $u=k$ 及 $F(p^k)=1$.

情况 c:$\left(\frac{d}{p}\right)=+1$,$p$ 为两个互异素理想 $\mathfrak{p},\mathfrak{p}'$ 之乘积及由 $N(\mathfrak{a})=p^k$ 可知 $\mathfrak{a}=\mathfrak{p}^u\cdot\mathfrak{p}'^{u'}$,其中 $u+u'=k$.所以对于 $u=0,1,\cdots,k$ 时,$k+1$ 个数对 $u,k-u$ 正好导出了 $k+1$ 个相异的理想 $\mathfrak{a}$ 及我们得

$$F(p^k) = k + 1.$$

引理证完.

定理 148 对于每一个自然数 n,我们有

$$F(n) = \sum_{m \mid n} \left(\frac{d}{m}\right),$$

此处 m 经过 n 的所有互异正因子.

若将 n 分拆成不同素因子之积

$$n = p_1^{k_1} \cdot p_2^{k_2} \cdots p_r^{k_r},$$

则

$$F(n) = F(p_1^{k_1}) F(p_2^{k_2}) \cdots F(p_r^{k_r}) = \prod_{i=1}^{r} \prod_{c_i=0}^{k_i} \left(\frac{d}{p_i^{c_i}}\right),$$

$$F(n) = \sum_{\substack{c_1 = 0, 1, \cdots, k_1 \\ c_2 = 0, 1, \cdots, k_2 \\ \vdots}} \left(\frac{d}{p_1^{c_1} \cdots p_r^{c_r}}\right) = \sum_{m \mid n} \frac{d}{m}.$$

为了强调定理 137 已经证明的事实,即对于正整数 n,$\left(\frac{d}{n}\right)$是一个剩余特征 mod d.所以我们置

$$\left(\frac{d}{n}\right) = \chi(n), n > 0.$$

现在我们将 $F(n)$的表达式代入§41 公式(88)式,即得

$$h \cdot \kappa = \lim_{x \to \infty} \frac{\sum_{n \leqslant x} F(n)}{x} = \lim_{x \to \infty} \frac{1}{x} \sum_{n \leqslant x} \sum_{m \mid n} \chi(m).$$

在有限二重和中,我们置(其中 m'为整数)

$$n = m \cdot m', \quad \sum_{n \leqslant x} F(n) = \sum_{\substack{m, m' \geqslant 0 \\ m \cdot m' \leqslant x}} \chi(m),$$

此处 m, m'经过所有自然数,其乘积$\leqslant x$.所以 m'经过具有性质 $1 \leqslant m' \leqslant \frac{x}{m}$的所有整数,其个数为$\left[\frac{x}{m}\right]$,此处$[u]$表示$\leqslant u$ 的最大整数.从而得

$$\sum_{1 \leqslant n \leqslant x} F(n) = \sum_{1 \leqslant m \leqslant x} \chi(m) \left[\frac{x}{m}\right]$$

$$=x\sum_{1\leqslant m\leqslant x}\frac{\chi(m)}{m}+\sum_{1\leqslant m\leqslant x}\chi(m)\left(\left[\frac{x}{m}\right]-\frac{x}{m}\right).$$

除以 x 之后,当 $x\to1$ 时,第一个和有极限 $\sum_{m=1}^{\infty}\frac{\chi(m)}{m}$. 事实上,它就是 $s=1$ 时的级数 $L(s,\chi)$,及由定理 128 可知当 $s=1$ 时,这一级数收敛.所以

$$h\cdot\kappa=\sum_{n=1}^{\infty}\frac{\chi(n)}{n}+\lim_{x\to\infty}\frac{1}{x}\sum_{1\leqslant n\leqslant x}\chi(n)\left(\left[\frac{x}{n}\right]-\frac{x}{n}\right).$$

由下面一般的极限定理①可知后面的极限为 0:

命 $a_1,a_2,\cdots$为一个系数序列满足

$$\lim_{x\to\infty}\frac{1}{x}\sum_{n\leqslant x}a_n=0\quad 及\quad \sum_{n\leqslant x}|a_n|\leqslant x,(x>0),$$

则

$$\lim_{x\to\infty}\frac{1}{x}\sum_{n\leqslant x}a_n\left(\left[\frac{x}{n}\right]-\frac{x}{n}\right)=0.$$

由定理 128 的证明,这些假设符合于 $a_n=\chi(n)$,因此

$$h\cdot\kappa=\sum_{n=1}^{\infty}\frac{\chi(n)}{n}.\tag{145}$$

在下一节,我们将用截塔函数给这一方程一个较简短的证明,而且将进一步来处理这个和.

§51. 借助于截塔函数来决定类数

在§49,我们已经将 $\zeta_k(s)$表示为 $\zeta(s)\cdot L(s)$,此处

$$L(s)=\prod_{p}\frac{1}{1-\chi(p)p^{-s}}\tag{137}$$

并由此得出

$$h\cdot\kappa=\lim_{s\to1}L(s).\tag{138}$$

① 关于这一定理,请比较 E. Landau, über einige neuere Grenzwertsätze. Rendiconti del Circolo Matematico di Palermo 34(1912).

由于 $\chi(n)$是关于自然数 n 的一个剩余特征 mod d,所以由(137)式定义的函数恒同于§43 中的某函数 $L(s,\chi)$及

$$L(s)=\sum_{n=1}^{\infty}\frac{\chi(n)}{n^s}.$$

由此及定理 128 得方程

$$h\cdot\kappa=L(1)=\sum_{n=1}^{\infty}\frac{\chi(n)}{n}. \tag{145}$$

这就是未用截塔函数在§50 中刚刚得到的公式. 如果我们比较这个公式的两个证明,则我们看到由分解定律可知将 $\zeta_k(s)$表为 $\zeta(s)\cdot L(s)$与由定理 148 关于 $F(n)$的决定是同一回事.

我们已知判别式为 d 的二次域有

$$\kappa=\begin{cases}\dfrac{2\log\varepsilon}{\left|\sqrt{d}\right|}, & \text{当 } d>0, \text{及 } \varepsilon \text{ 为基本单位}, \varepsilon>1.\\[2ex] \dfrac{2\pi}{w\left|\sqrt{d}\right|}, & \text{当 } d<0; (\text{当 } d<-4 \text{ 时}, w=2).\end{cases}$$

因此对于正整数 d,由(145)式我们得到下面惊人的

定理 149 表达式

$$\varepsilon^{2h}=e^{\sqrt{d}\sum\limits_{n=1}^{\infty}\left(\frac{d}{n}\right)/n}$$

表示 $k(\sqrt{d})(d>0)$的一个无穷阶单位,及

$$\varepsilon^{2h}+\varepsilon'^{2h}=\varepsilon^{2h}+\varepsilon^{-2h}=e^{\sqrt{d}L(1)}+e^{-\sqrt{d}L(1)}=A$$

为一个有理整数使这一单位是方程

$$x^2-Ax+1=0$$

中较大的一个根.

用数值方法估计收敛级数 $L(1)$的余项即可数值地计算有理整数 A,从而我们可以用超越方法寻找实二次域的一个单位.

总之,在任何情况下,$L(1)$都可以用一个明显的途径来求和,特别对于虚二次域,可以得到关于 h 的一个非常简单的表达式.

因为当 $n>0$ 时,$\chi(n)$是一个有整数变量 n 且有周期$|d|$的周期函数,所以一种自然的想法是将 $\chi(n)$展开为某种有限傅立

叶级数.因此我们试图决定$|d|$个量$c_n(n=0,1,\cdots,|d|-1)$使

$$\chi(a)=\sum_{n=0}^{|d|-1}c_n\zeta^{an}(\zeta=e^{2\pi i/|d|}),\tag{146}$$

其中$a=0,1,\cdots,|d|-1$.

由于系数ζ^{an}的行列式异于0,所以关于c_n的$|d|$个线形方程有惟一的解.对于任意整数n来定义$\chi(n)$与c_n对于计算是有用的.所以对于负有理整数n,我们置

$$\chi(n)=\chi(m)\text{ 及 }c_m=c_n,\text{当 }n\equiv m(\mathrm{mod}\ d).$$

这样一来,对于每一个有理整数a,方程(146)均成立.

由于我们早先已约定$\left(\frac{d}{n}\right)=\left(\frac{d}{-n}\right)$,所以对于负$n$,这不一定总是对应于条件$\chi(n)=\left(\frac{d}{n}\right)$.

由定理137,我们有

$$\chi(n)=\chi(-n)\cdot\mathrm{sgn}\ d,\tag{147}$$

及由此可得c_n的一个类似性质.事实上,若置

$$\chi(-a)=\sum_n c_n\zeta^{-an},$$

此处n过任意一个完全剩余系$\mathrm{mod}\ d$,则由于这一和对于$-n$亦成立,故得

$$\chi(-a)=\sum_n c_{-n}\zeta^{an},\chi(a)=\sum_n c_{-n}\mathrm{sgn}d\zeta^{an}.$$

由于c_n是由(146)式惟一确定的,所以

$$c_{-n}=c_n\mathrm{sgn}\ d.\tag{147a}$$

我们将于以后决定c_n;但即使现在,我们仍然可以给出$L(1)$一个本质不同的形式

$$L(1)\sum_{n=1}^{\infty}\frac{\chi(n)}{n}=\sum_{n=1}^{\infty}\frac{1}{n}\sum_{q=0}^{|d|-1}c_q\zeta^{qn}.$$

熟知当$\zeta^q\neq1,|\zeta|=1$时有

$$-\log(1-\zeta^q)=\sum_{n=1}^{\infty}\frac{\zeta^{qn}}{n},$$

特别地,当 q 不同余于 $0(\bmod d)$时,这一级数收敛. 因为 $\sum_{n=1}^{\infty}\frac{1}{n}$ 发散,但整个级数 $L(1)$ 收敛,所以我们必须有 $c_0=0$. 所以我们记

$$L(1)=\sum_{q=1}^{|d|-1}c_q\sum_{n=1}^{\infty}\frac{\zeta^{qn}}{n},$$

如果我们将 q 与 $|d|-q$ 所对应的项放在一起,并考虑(147a)式则得

$$L(1)=\frac{1}{2}\sum_{q=1}^{|d|-1}c_q\sum_{n=1}^{\infty}\frac{\zeta^{qn}+\operatorname{sgn}d\cdot\zeta^{-qn}}{n}.$$

从而对于 $d>0$ 及 $d<0$,我们得到两个本质不同的表达式:

1. $d<0$

$$L(1)=i\sum_{q=1}^{|d|-1}c_q\sum_{n=1}^{\infty}\frac{\sin\frac{2\pi qn}{|d|}}{n},$$

熟知

$$\sum_{n=1}^{\infty}\frac{\sin 2\pi nx}{n}=\pi\left(\frac{1}{2}-x\right),0<x<1.$$

所以

$$L(1)=\frac{\pi i}{2}\sum_{q}c_q-\pi_i\sum_{q=1}^{|d|-1}c_q\frac{q}{|d|}.$$

若在(146)式中置 $a=0$,则第一个和为 0,所以

$$L(1)=-\frac{\pi i}{|d|}\sum_{n=1}^{|d|-1}nc_n,$$

$$h=-\frac{wi}{2|\sqrt{d}|}\sum_{n=1}^{|d|-1}nc_n. \tag{148}$$

2. $d>0$

$$L(1)=\frac{1}{2}\sum_{q=1}^{d-1}c_q\sum_{n=1}^{\infty}\frac{\zeta^{qn}+\zeta^{-qn}}{n}=\sum_{q=1}^{d-1}-c_q\operatorname{Re}(\log(1-\zeta^q))$$

$$=-\sum_{q=1}^{d-1}c_q\log|1-\zeta^q|=-\sum_{q=1}^{d-1}c_q\log|e^{\pi iq/d}-e^{-\pi iq/d}|,$$

此处 $\operatorname{Re}(u)$表示 u 的实部及后面这个 log 记号表示实值. 所以

$$h = \frac{-\left|\sqrt{d}\right|}{2\log\varepsilon}\sum_{n=1}^{d-1} c_n \log\sin\frac{\pi n}{d}. \tag{149}$$

在 h 的最后两个公式中,c_n 仍需由方程(146)来计算.现在我们将处理它.

§52. 高斯和及类数的最后公式

欲求出 c_n,我们由它的定义方程乘以 ζ^{-am} 再关于 $a \bmod d$ 求和即得

$$\sum_{a=0}^{|d|-1}\chi(a)\zeta^{-am} = \sum_{n=0}^{|d|-1} c_n \sum_{a=0}^{|d|-1}\zeta^{a(n-m)} = c_m \cdot |d|,$$

$$c_n = \frac{1}{|d|}\sum_{a=0}^{|d|-1}\chi(a)\zeta^{-an} = \frac{\chi(-1)}{|d|}\sum_a \chi(-a)\zeta^{-an}$$

$$= \frac{1}{d}\sum_{a=0}^{|d|-1}\chi(a)\zeta^{an}.$$

最后一个和称为高斯和.高斯首先研究了它并得到了它的值,其中主要的困难为符号的决定.本节我们将仅建立它最简单的性质,而将进一步的研究放在下一章,在那里我们将处理任意代数数域高斯和的类似.

在本节,对于任意具有判别式 d 的二次域及任意一个有理整数 n,我们置

$$G(n,d) = \sum_{a \bmod d}\chi(a)e^{2\pi ian/|d|}, \tag{150}$$

其中

$$\chi(-a) = \chi(a)\operatorname{sgn} d,$$

及对于正数 a 有

$$\chi(a) = \left(\frac{d}{a}\right).$$

由定义可知

$$G(n_1,d) = G(n_2,d), \qquad 当\ n_1 \equiv n_2 \pmod{d}.$$

我们进一步证明计算 $G(n,d)$ 可以归结为计算 $G(n,q)$,此

处 q 为一个判别式,它只能被一个单个素数整除. 为此目的,用 §47 的记号,对于 $t>1$,我们置

$$d=(\pm q_1)\cdot(\pm q_2)\cdots(\pm q_t),$$

此处符号的选取使每一个 $\pm q_i$ 本身就是一个判别式. 进而言之,我们定义剩余类特征

$$\left.\begin{aligned}\chi_r(n)&=\left(\frac{\pm q_r}{n}\right)\\ \chi_r(-n)&=\chi_r(n)\operatorname{sgn}(\pm q_r)\end{aligned}\right\}(r=1,2,\cdots,t),n>0. \tag{151}$$

所以高斯和 $G(n,\pm q_r)$ 也可以由 $\chi_r(n)$ 来构成. 最后,我们选取一个特殊的剩余系 $a \bmod d$,即

$$a=a_1\frac{|d|}{q_1}+\cdots+a_t\frac{|d|}{q_t},$$

此处每一个 a_r 皆过一个完全剩余系 $\bmod q_r$,在此

$$\chi(n)=\chi_1(n)\cdot\chi_2(n)\cdots\chi_t(n),$$

$$\chi_r(a)=\chi_r(a_r)\cdot\chi_r\left(\frac{|d|}{q_r}\right),$$

$$G(n,d)=\sum_{a_1,\cdots,a_t}\chi_1(a_1)\cdots\chi_t(a_t)e^{2\pi in(a_1/q_1+\cdots+a_t/q_t)}C,$$

其中

$$C=\prod_{r=1}^{t}\chi_r\left(\frac{|d|}{q_r}\right). \tag{152}$$

因此我们有

$$G(n,d)=C\prod_{r=1}^{t}G(n,\pm q_r),C=\pm 1. \tag{153}$$

由这一方程,我们得到

$$G(n,d)=0,当(n,d)\neq 1. \tag{154}$$

事实上,若 n 与 d 有一个奇素数因子 q_r,则对于这个 q_r,由于 χ_r 为一个特征 $\bmod q_r$,所以由定理 31 可知

$$G(n,\pm q_r)=G(0,\pm q_r)=\sum_{a \bmod q_r}\chi_r(a)=0.$$

若 n 与 d 有一个公因子 2,则 $G(n,-4)$ 或 $G(n,\pm 8)$ 作为最后一个因子出现在乘积(153)中,通过自己的计算易知,对于偶数 n,这一乘积为 0.

作为 G 的第三个性质,我们发现对于有理整数 c,n 有

$$G(cn,d)=\chi(c)G(n,d),\text{当}(c,d)=1. \tag{155}$$

事实上,当 a 过一个完全剩余系 mod d 时,ac 亦然.所以

$$\chi(c)G(cn,d)=\sum_{a \bmod d}\chi(ac)e^{2\pi inac/|d|}=G(n,d),$$

由于 $\chi^2(c)=1$,故论断成立.

定理 150 对于每一个有理整数 n 有

$$G(n,d)=\chi(n)G(1,d),c_n=\chi(n)\frac{G(1,d)}{d}.$$

若 n 与 d 非互素,则由(154)式可知第一个方程的两端都等于 0. 但若 $(n,d)=1$,则我们在(155)式中选取 c 使 $cn\equiv 1(\text{mod } d)$;所以 $\chi(c)=\chi(n)$.

对于 c_n 的完全决定,我们仅仅缺乏了解对 n 独立的 $G(1,d)$ 的值.

定理 151 $G^2(1,d)=d$.

由方程(153)可知我们只要对于那些只被一个单个素数整除的判别式 d 来证明定理即可.对于 $d=-4$ 或 ± 8,由直接计算即可知定理正确.当 $|d|$ 为一个奇素数时,

$$G^2(1,\pm q)=\sum_{a,b}\chi(a)\chi(b)\zeta^{a+b}=\sum_{a=1}^{q-1}\chi(a)\sum_{b=1}^{q-1}\chi(ab)\zeta^{a+ab}$$
$$=\sum_{b=1}^{q-1}\chi(b)\sum_{a=1}^{q-1}\zeta^{(b+1)a}.$$

现在由于

$$1+\zeta^n+\cdots+\zeta^{(q-1)n}=\begin{cases}0, & \text{当}(n,q)=1\\ q, & \text{当 } n\equiv 0(\text{mod } q)\end{cases},$$

所以

$$G^2(1,\pm q)=-\sum_{b\not\equiv -1(\text{mod } q)}\chi(b)+(q-1)\chi(-1)$$

$$= q\chi(-1) - \sum_{b \bmod d} \chi(b) = \pm q.$$

现在的问题为寻找$\sqrt{d}$的两个值中哪个定义了$G(1,d)$,这需要由指数函数的超越方法来解决.这就是决定高斯和符号的著名问题,我们将在下一章解决这个问题.

定理 152　具有判别式 d 的二次域的类数h 有数值

$$h = -\frac{\rho}{|d|}\sum_{n=1}^{|d|-1} n\left(\frac{d}{n}\right), \rho = \frac{-iG(1,d)}{|\sqrt{d}|} = \pm 1, \text{当 } d < -4;$$

$$h = \frac{\rho}{2\log\varepsilon}\log\frac{\prod_a \sin\frac{\pi a}{d}}{\prod_b \sin\frac{\pi b}{d}}, \rho = \frac{G(1,d)}{|\sqrt{d}|} = \pm 1, \text{当 } d > 0.$$

在第二个表达式中,a 与b 分别经过$1,2,\cdots,d-1$中适合

$$\left(\frac{d}{a}\right) = -1, \left(\frac{d}{a}\right) = +1$$

之诸数,最后的结果总有 $\rho = +1$(§58).从而一个虚二次域的类数公式就变得异常简单了,及从其结构来看,它纯粹属于初等数论.然而,迄今为止,尚未有人能不用狄利克雷的超越技巧而仅用纯粹的数论方法来证明这个公式.迄今为止,我们用其他方法甚至还不能证明 h 的表达式取正值.到现在,我们只能用这个对我们依然非常神秘的计算公式.

第二个公式是同样的.特别地,由此可知商式Π_a/Π_b 是域$k(\sqrt{d})$的一个单位.后面这一公式由 $2d$ 次单位根理论更易于证明,而这一数显然属于这一域.总之,迄今为止仍未能用纯数论方法证明这个单位>1 及它如上面描述的与类数的联系.

§53. $k(\sqrt{d})$中的理想与二元二次型的关系

在结束本章之际,我们将给出二次域的近代理论与由高斯建立基础的二元二次型的经典理论之间的联系.

所谓变量 x,y 的二元二次型是指形为

$$F(x,y)=Ax^2+Bxy+Cy^2$$

的表达式,此处型的系数 A,B 与 C 为独立于 x 与 y,且非全为 0 的量.显然这样一个型总可以表为两个齐次线性函数的乘积:

$$F(x,y)=(\alpha x+\beta y)(\alpha' x+\beta' y). \tag{156}$$

当然,这四个量 $\alpha,\beta,\alpha',\beta'$ 不是由 A,B,C 惟一确定的.例如当 $A\neq 0$ 时,

$$F(x,y)=\left(\sqrt{A}x+\frac{B+\sqrt{B^2-4AC}}{2\sqrt{A}}y\right)\cdot\left(\sqrt{A}x+\frac{B-\sqrt{B^2-4AC}}{2\sqrt{A}}y\right).$$

比较系数,我们立即得到

$$D=B^2-4AC=(\alpha\beta'-\alpha'\beta)^2=\begin{vmatrix}\alpha & \beta\\ \alpha' & \beta'\end{vmatrix}^2. \tag{157}$$

这个表达式称为型的判别式(亦称为行列式).

如果我们应用齐次线性变换

$$x=ax_1+by_1,\ y=cx_1+dy_1 \tag{158}$$

于变量 x,y,则 $F(x,y)$ 变成一个 x_1,y_1 的二次型.如果我们选取形式(156)式,则得

$$\begin{aligned}&F(ax_1+by_1,cx_1+dy_1)\\&=((\alpha a+\beta c)x_1+(\alpha b+\beta d)y_1)((\alpha' a+\beta' c)x_1\\&\quad+(\alpha' b+\beta' d)y_1)\\&=A_1x_1^2+B_1x_1y_1+C_1y_1^2=F_1(x_1,y_1).\end{aligned}$$

A,B,C 与 A_1,B_1,C_1 之间的关系对我们无甚关系,但我们注意到对于判别式有

$$\begin{aligned}D_1&=B_1^2-4A_1C_1\\&=\begin{vmatrix}\alpha a+\beta c & \alpha b+\beta d\\ \alpha' a+\beta' c & \alpha' b+\beta' d\end{vmatrix}^2\\&=\begin{vmatrix}\alpha & \beta\\ \alpha' & \beta'\end{vmatrix}^2\begin{vmatrix}a & b\\ c & d\end{vmatrix}^2,\end{aligned}$$

$$D_1 = D(ad - bc)^2. \tag{159}$$

如果变换行列式 $ad - bc$ 异于0,则由 x_1, y_1 的一个适当变换可以将 $F(x_1, y_1)$ 变成原来的 $F(x, y)$. 事实上,由(158)式可知

$$x_1 = \frac{dx - by}{ad - bc}, \quad y_1 = \frac{-cx + ay}{ad - bc}.$$

这一变换称为变换(158)式的反(逆)变换,其行列式为 $\frac{1}{ad - bc}$.

我们现在仅考虑那些变换,其中系数 a, b, c, d 为有理整数且有行列式 $ad - bc = +1$,即所谓整幺模变换. 如上面公式所示. 这种变换的逆仍有这一性质.

定义　若由一个整幺模变换将一个型 $F(x, y)$ 变成另一个型 $F_1(x_1, y_1)$,则称 F 等价于 F_1,并用记号 $F \sim F_1$ 记之.

如同刚才说明的,F_1 由逆变换变成为 F,所以我们有 $F_1 \sim F$. 因此对于 F 与 F_1 等价关系是对称的. 进而言之,$F \sim F$ 恒成立.

引理 a　若对于三个二次型 F, F_1, F_2,关系式

$$F_1 \sim F \quad 及 \quad F_1 \sim F_2$$

成立,则

$$F \sim F_2.$$

事实上,若有整系数分别为 a, b, c, d 与 a_1, b_1, c_1, d_1 的两个幺模矩阵使

$$F(ax + by, cx + dy) = F_1(x, y),$$
$$F_1(a_1x + b_1y, c_1x + d_1y) = F_2(x, y).$$

则在第一个方程中,我们置 $x = a_1x_1 + b_1y_1, y = c_1x_1 + d_1y_1$. 今后我们将在变量 x_1, y_1 中略去指标 1,这样做并没有任何关系. 与第二个方程相联即得

$$F((aa_1 + bc_1)x + (ab_1 + bd_1)y,$$
$$(ca_1 + dc_1)x + (cb_1 + dd_1)y) = F_2(x, y).$$

F 中的自变量由 x, y 经整齐次线性变换得到,及其系数行列式为

$$\begin{vmatrix} aa_1 + bc_1 & ab_1 + bd_1 \\ ca_1 + dc_1 & cb_1 + dd_1 \end{vmatrix} = (ad - bc)(a_1d_1 - b_1c_1) = 1,$$

即 $F \sim F_2$,即等价性是可递的.

等价于一个已给型 F 的所有型的全体,我们称之为一个等价型类,并称 F 为这个类的一个代表. 由(159)式可知一个类中的所有型都有同样的判别式.

我们主要限于考虑实型,即那些具有实系数的型. 若 F 为一个实型,则等价于 F 的所有型亦然.

定理 153 若 D 是 F 的判别式及 $D>0$,则对于适当的实值 $x,y,F(x,y)$可能取正值亦可能取负值;若 $D<0$,则或者对所有的实数 x,y 有 $F \geqslant 0$ 或者对所有的实值 x,y 有 $F(x,y) \leqslant 0$;仅当 $x=y=0$ 有 $F(x,y)=0$.

我们考虑分解式

$$A \cdot F(x,y) = \left(Ax + \frac{B}{2}y\right)^2 - \frac{D}{4}y^2. \tag{160}$$

现在假定 $D=B^2-4AC<0$,则我们必须有 $A \neq 0$ 及由上面方程可知

$$AF(x,y) \geqslant 0,$$

此处等号仅当 $y=0$ 及 $Ax+\dfrac{B}{2}y=0$ 成立,即 $x=y=0$. 从而当 $x^2+y^2 \neq 0$ 时,$F(x,y)$总有 A 的符号.

另一方面,若 $D>0$,我们首先假定 $A \neq 0$,则

$$A \cdot F(1,0) = A^2 > 0,$$

$$A \cdot F(B,-2A) = -DA^2 < 0;$$

所以对于 F 来说,取两种符号都是可能的及显然对非全为 0 的实值 x,y,F 可以是 0.

若 $D>0$ 及 $A=0$,则方程

$$F(x,y) = y(Bx+Cy)$$

即显示出定理的论断正确.

若 $D>0$,则型 F 称为不定的;另一方面,若 $D<0$,则称 F 为定的. 在后面情况中,若 $F(x,y) \geqslant 0$(或 $F(x,y) \leqslant 0$)则称为正定的(或负定的).

今后我们仅考虑整型，即具有整系数的型，则判别式 D 显然同余于 0 或 1(mod 4).

现在假定 e 为二次域 $k(\sqrt{e})$ 的判别式. 我们希望发展一个方法，使 $k(\sqrt{e})$ 的每一个理想类(在严格意义下)对应于有判别式 e 的一个等价型类.

为此目的，命 $\mathfrak{a}$ 为 $k(\sqrt{e})$ 的给定类的任何一个整理想.

我们命

α_1, α_2 为 $\mathfrak{a}$ 的一个基使

$\alpha_1\alpha_2' - \alpha_2\alpha_1' = N(\mathfrak{a})\sqrt{e}$ 为正数或正虚数. (161)

对每一个理想 $\mathfrak{a}$，我们指定型

$$F(x, y) = \frac{(\alpha_1 x + \alpha_2 y)(\alpha_1' x + \alpha_2' y)}{|N(\mathfrak{a})|}.$$

这一型显然有有理整系数. 事实上由定理 87 可知乘积 $\mathfrak{a}\mathfrak{a}' = N(\mathfrak{a})$ 是分子系数的因子. 进而言之，由(157)可知判别式为

$$D = \frac{(\alpha_1\alpha_2' - \alpha_2\alpha_1')^2}{N(\mathfrak{a})^2} = e.$$

若一个型 F 是按这一途径由理想 $\mathfrak{a}$ 得到的，则我们称：F 属于 $\mathfrak{a}$，并记为 $F \rightarrow \mathfrak{a}$.

当 $e<0$ 时，我们显然仅得到正定型，这是由于第一个系数等于

$$A = \frac{\alpha_1\alpha_1'}{|N(\mathfrak{a})|} = \frac{|N(\alpha_1)|}{|N(\mathfrak{a})|} > 0.$$

引理 b 对于每一个有判别式 e 的不定($e>0$)或正定($e<0$)整型 F，皆存在一个理想 $\mathfrak{a}$ 使 $F \rightarrow \mathfrak{a}$.

首先，型 $F(x, y) = Ax^2 + Bxy + Cy^2$，此处 $B^2 - 4AC = e$，是一个本原多项式. 事实上，若 p 可以整除 A, B, C，则 $\frac{e}{p^2}$ 亦必须是一个判别式，只有当 $p = \pm 1$ 时，它才可能是域的判别式. 我们现在考虑理想

$$\mathfrak{m} = \left(A, \frac{B - \sqrt{e}}{2}\right),$$

此处$\sqrt{e}$表正数(或正虚数)值. 由定理 87 可知 $N(\mathfrak{m})=\mathfrak{m}\cdot\mathfrak{m}'$是型 $\left(Ax+\frac{B-\sqrt{e}}{2}y\right)\left(Ax+\frac{B+\sqrt{e}}{2}y\right)=AF(x,y), N(\mathfrak{m})=|A|$ 的容度. 由于 $\mathfrak{m}$ 中的两个数 A 与$(B-\sqrt{e})/2$ 的行列式的平方有值 $N^2(\mathfrak{m})e$, 所以它们是 $\mathfrak{m}$ 的基. 同法可知 $\alpha_1=\lambda A$ 与 $\alpha_2=\lambda(B-\sqrt{e})/2$是 $\lambda\mathfrak{m}$ 的基, 此处 λ 是k 中一个数($\lambda\neq 0$). 由于

$$\alpha_1\alpha_2'-\alpha_2\alpha_1'=\lambda\lambda' A\sqrt{e},$$

若

$$\lambda\lambda' A>0,$$

则这一基仍有性质(161). 因此我们选取

(1) 若 $e<0$, 则取 $\lambda=1$(由假设 $A>0$),

(2) 若 $e>0$ 及 $A>0$, 则取 $\lambda=1$,

(3) 若 $e>0$ 及 $A<0$, 则 $\lambda=\sqrt{e}$.

则在每一种情况下均有

$$\lambda\lambda' A=|N(\lambda\mathfrak{m})|,$$

从而 $F\rightarrow\lambda\mathfrak{m}$.

定理 154 等价型属于等价理想(在严格意义下)及其逆亦真.

我们分别从 $\mathfrak{a}$ 的基 α_1,α_2 与 $\mathfrak{b}$ 的基 β_1,β_2 得到

$$\begin{aligned}F(x,y)&=\frac{(\alpha_1x+\alpha_2y)(\alpha_1'x+\alpha_2'y)}{|N(\mathfrak{a})|},\\ G(x,y)&=\frac{(\beta_1x+\beta_2y)(\beta_1'x+\beta_2'y)}{|N(\mathfrak{b})|},\end{aligned}\tag{162}$$

因此这两个基有性质(161).

现在, 若 $F\sim G$, 则有有理整数 a,b,c,d 满足$ad-bc=1$使

$$F(ax+by,cx+dy)=G(x,y)$$

$$\frac{((a\alpha_1+c\alpha_2)x+(b\alpha_1+d\alpha_2)y)}{|N(\mathfrak{a})|}\cdot$$

$$\frac{((a\alpha_1'+c\alpha_2')x+(b\alpha_1'+d\alpha_2')y)}{|N(\mathfrak{a})|}$$

$$= \frac{(\beta_1 x + \beta_2 y)(\beta'_1 x + \beta'_2 y)}{|N(\mathfrak{b})|}. \tag{163}$$

由于商式 $-\beta_2/\beta_1$ 与 $-\beta'_2/\beta'_1$ 惟一地定义了 $G(x,1)$ 的零点(除次序之外),所以

$$\frac{a\alpha_1 + c\alpha_2}{b\alpha_1 + d\alpha_2} = \frac{\beta_1}{\beta_2} \text{或} \frac{\beta'_1}{\beta'_2}.$$

故存在一个 λ 满足

$$a\alpha_1 + c\alpha_2 = \lambda\beta_1 \text{ 或 } \lambda\beta'_1,$$

$$b\alpha_1 + d\alpha_2 = \lambda\beta_2 \text{ 或 } \lambda\beta'_2.$$

在两种情况下,由(163)式均有

$$\lambda\lambda' = \left|\frac{N(\mathfrak{a})}{N(\mathfrak{b})}\right| > 0 .$$

由于在第二种情况下有

$$(ad - bc)(\alpha_1\alpha'_2 - \alpha_2\alpha'_1) = -\lambda\lambda'(\beta_1\beta'_2 - \beta_2\beta'_1),$$

与假设(161)相矛盾.所以只有第一种情况成立.

由于 $ad - bc = 1$,所以 $\lambda\beta_1, \lambda\beta_2$ 是 $\mathfrak{a}$ 的一个基;所以

$$\mathfrak{a} = \lambda(\beta_1, \beta_2) = \lambda \cdot \mathfrak{b},$$

$$\mathfrak{a} \approx \mathfrak{b}.$$

反之,假定 $\mathfrak{a} \approx \mathfrak{b}$ 及 λ 为一个具有正范数的数使 $\mathfrak{a} = \lambda\mathfrak{b}$,则 $\lambda\beta_1, \lambda\beta_2$ 必须是 $\mathfrak{a}$ 的一个基,所以它是由 α_1, α_2 经行列式等于 ± 1 的整变换得来的.即存在有理整数 a, b, c, d 满足

$$a\alpha_1 + c\alpha_2 = \lambda\beta_1, \qquad b\alpha_1 + d\alpha_2 = \lambda\beta_2.$$

从而由性质(161)对于两个数对成立及 $N(\lambda) > 0$ 得 $ad - bc = 1$ 及

$$\lambda\lambda' = \left|\frac{N(\mathfrak{a})}{N(\mathfrak{b})}\right|.$$

由此得方程(163),即 $F \sim G$.

由定理 154 所述之事实可知 $k(\sqrt{d})$ 中 h_0 个理想类被用一种确定及可逆之途径指定于一个判别式为 e 的型类(当 $e<0$ 仅对应于正定形式).所以判别式为 d 的非等价整形式的个数是有限的,

而实际上等于 h_0. 若当 $e<0$,包括正定与负定形式在内,则等于 $2h_0$. 例如,由于 $k(\sqrt{-4})$的类数等于1,所以每一个有判别式 -4 的正形式均等价于 x^2+y^2.

理想理论的大部分均可以被译成型理论的语言,且反之亦真. 后者对于约化型的经典理论有着特殊的意义,借助于它,用不等式,我们可以建立一个互不等价型的完全系,及由这一系可以给出一个比§44方便得多地建立所有理想类的程序①.

按如下途径单位理论(具有范数1)亦在型理论中出现. 将一个已给型映至自身的所有整幺模变换可以列举出来. 事实上,对于每一个具有 $N(\varepsilon)=+1$ 的单位 ε,随着 α_1 与 α_2, $\varepsilon\alpha_1$ 与 $\varepsilon\alpha_2$ 亦总是 $\mathfrak{a}$ 的基,从而有一个关系

$$\varepsilon\alpha_1 = a\alpha_1 + c\alpha_2, \qquad \varepsilon\alpha_2 = b\alpha_1 + d\alpha_2,$$

此处 a,b,c,d 为有行列式 ±1 的有理整数. 若 F 取形式如(162),则显然

$$F(ax+by, cx+dy) = F(x,y).$$

很大程度上讲,型理论是考虑当 x,y 经过所有有理整数对时,那些数可以被 $F(x,y)$表示的问题. 显然这就回到这样的问题,即哪些数在一个已给理想类中是整理想的范数.

当型的合成是由理想类来定义时,则困难的型类合成问题就可以用理想理论的语言非常简单地加以表述.

具有判别式 Q^2e 型的研究,此处 Q 表示一个有理整数,归结为 $k(\sqrt{e})$中具有导子 Q 的数环研究(§36). 只有那些属于这个环的理想中的数才被考虑. 按这一途径,一个环的理想这一概念及理想类概念产生了,这些概念于是用于判别式为 Q^2e 的一个型类中.

① 这一约化理论在椭圆模函数理论中亦出现,它与二次域有一个密切的关系. 试比较,例如,Klein-Fricke Vorl. üb. d. Theorie d. Ellipt. Modulfunktionen, Leipzig 1890～1892, Vol. Ⅰ, 243～269. Vol. Ⅱ, 161～203,或 H. Weber, Elliptische Funktionen and algebraische Zahlen. (=Lehrbuch d. Algebra Vol. Ⅲ) 2nd edition, Braunschweig 1908.

第八章　任意代数数域中的二次互反定律

§54　二次剩余特征及任意代数数域中的高斯和

在决定二次域的类数时,我们第一次遇见了高斯和.在许多其他问题中亦遇到这种类型的表示式,而高斯是第一个认识到这些和在数论中的极端重要性.他的注意力集中在这些和与二次互反定律的联系及他阐明了二次互反定律的一个证明是怎样从这些和的值的决定而得到的.当今我们已知估计这些和的一系列方法,其中有一个属于柯西的超越方法.由于它是可作推广的,所以具特殊的意义.

任意代数数域上的高斯和的概念是作者于1919①年形成的.实际上,决定高斯和值的柯西方法可以推广,从而导出对于每一个代数数域二次互反定律的超越证明.这一证明将在下面给出.

我们给出一个次数 n 的代数数域 k 的研究基础.首先我们要推广 §16 关于二次剩余的概念与定理至域 k.由于我们已充分了解一般群论的基础知识,所以我们在此可以很简单地加以叙述.

若 k 中一个整数或一个整理想与 2 互素,则称为奇的.

定义　命 $\mathfrak{p}$ 为 k 中一个奇素理想,α 为 k 中任意不能被 $\mathfrak{p}$ 整除的整数.若存在一个 k 中的整数 ξ 使 $\alpha \equiv \xi^2 \pmod{\mathfrak{p}}$,则称 α 为一个二次剩余 mod $\mathfrak{p}$ 并令

$$\left(\frac{\alpha}{\mathfrak{p}}\right) = +1.$$

对另一种情况,则称 α 为一个二次非剩余 mod $\mathfrak{p}$ 并记为

---

①　分圆域理论中的所谓拉格朗日预解式是另一方向的推广.

$$\left(\frac{\alpha}{\mathfrak{p}}\right)=-1.$$

最后,我们令

$$\left(\frac{\alpha}{\mathfrak{p}}\right)=0,\text{当 } \alpha\equiv 0(\operatorname{mod}\mathfrak{p}).$$

如同§16,由定理84可知对于每一个整数 α,记号 $\left(\frac{\alpha}{\mathfrak{p}}\right)$ 表示三个数0,1,-1中的一个,且

$$\alpha^{(N(\mathfrak{p})-1)/2}\equiv\left(\frac{\alpha}{\mathfrak{p}}\right)(\operatorname{mod}\mathfrak{p}). \tag{164}$$

如果在不同的数域中处理剩余记号,则我们将用附带的一个指标加以区分.

对于整数 α,β 我们立即有

$$\left(\frac{\alpha}{\mathfrak{p}}\right)=\left(\frac{\beta}{\mathfrak{p}}\right),\qquad \text{当 } \alpha\equiv\beta(\operatorname{mod}\mathfrak{p}),$$

$$\left(\frac{\alpha\cdot\beta}{\mathfrak{p}}\right)=\left(\frac{\alpha}{\mathfrak{p}}\right)\left(\frac{\beta}{\mathfrak{p}}\right).$$

现在命奇整理想 $\mathfrak{n}$ 有素理想因子分解

$$\mathfrak{n}=\mathfrak{p}_1\cdot\mathfrak{p}_2\cdots\mathfrak{p}_r.$$

则对于 k 中任意整数 α,我们定义

$$\left(\frac{\alpha}{\mathfrak{n}}\right)=\left(\frac{\alpha}{\mathfrak{p}_1}\right)\cdot\left(\frac{\alpha}{\mathfrak{p}_2}\right)\cdots\left(\frac{\alpha}{\mathfrak{p}_r}\right). \tag{165}$$

因此当 α 与 $\mathfrak{n}$ 不互素时,这一记号为0,否则它等于 ± 1.对于任意整数 α 与 β,我们仍有计算规则

$$\left(\frac{\alpha}{\mathfrak{n}}\right)=\left(\frac{\beta}{\mathfrak{n}}\right),\qquad \text{当 } \alpha\equiv\beta(\operatorname{mod}\mathfrak{n}),$$

$$\left(\frac{\alpha\beta}{\mathfrak{n}}\right)=\left(\frac{\alpha}{\mathfrak{n}}\right)\cdot\left(\frac{\beta}{\mathfrak{n}}\right).$$

若 k 为有理数域,则这两个定义(164)式与(165)式与以前§16所说的是一致的.

对于每一个 k 中的非零整数或分数 ω,我们按下面方法定义一个和:

命 $\mathfrak{d}$ 表示 k 的差积及命 $\mathfrak{d}\omega$ 表示互素整理想 $\mathfrak{a}$ 与 $\mathfrak{b}$ 的商：

$$\omega = \frac{\mathfrak{b}}{\mathfrak{a}\mathfrak{d}}, \qquad (\mathfrak{a},\mathfrak{b}) = 1.$$

由定理 101 可知对于每一个 $\mathfrak{a}$ 可以整除的整数 v，迹 $S(v\omega)$ 皆为有理整数，从而对于整数 v，数

$$e^{2\pi i S(v\omega)}$$

仅依赖于 v 所属的剩余类 mod $\mathfrak{a}$，若我们现在形成和

$$C(\omega) = \sum_{\mu \bmod \mathfrak{a}} e^{2\pi i S(\mu^2\omega)}, \tag{166}$$

此处 μ 过某一个完全剩余系 mod $\mathfrak{a}$，则我们得到一个仅依赖于 ω 的数，及它是独立于剩余系的选取的. 我们称这样的和为 k 中的一个高斯和，它属于分母 $\mathfrak{a}$. 我们在这里的记号 Σ 下加上"μ mod $\mathfrak{a}$"表示求和字母 μ 经过一个完全剩余系 mod $\mathfrak{a}$，亦可以再加上更多的附加条件.

在有理数域中，这些 $C(\omega)$ 与 § 52 中定义的高斯和在形式上是有区别的；但是，正如同我们将会看到后者可以立即归结为 $C(\omega)$. 若分母 $\mathfrak{a}=1$，则显然有 $C(\omega)=1$.

公式用下面的记号更易于明白，我们用记号

$$e^x = \exp x.$$

引理 a　命 $\mathfrak{d}\omega$ 有分母 $\mathfrak{a}$. 则当 $\mathfrak{a}\neq 1$ 时

$$\sum_{\mu \bmod \mathfrak{a}} e^{2\pi i S(\mu\omega)} = 0 .$$

若 α 为一个整数，则当 μ 经过一个完全剩余系 mod $\mathfrak{a}$ 时，$\mu+\alpha$ 亦然. 如果我们将上面和的值记为 A，则

$$A = A \cdot e^{2\pi i S(\alpha\omega)}. \tag{167}$$

不能对于每一个整数 α，指数因子皆为 1. 否则 $S(\alpha\omega)$ 恒为有理整数，从而由定理 101，$\mathfrak{d}\omega$ 将为整数. 这与假设相矛盾. 因此由(167)式即得 $A=0$.

若 κ_1,κ_2,α 为与 $\mathfrak{d}\omega$ 的分母 $\mathfrak{a}$ 互素的整数，则

$$C(\kappa_1\omega) = C(\kappa_2\omega), \qquad 当\ \kappa_1 \equiv \kappa_2\alpha^2 (\bmod \mathfrak{a}). \tag{168}$$

由于 $\mu\alpha$ 与 μ 同时经过一个完全剩余系 mod $\mathfrak{a}$；所以 $C(\kappa_2\omega)=$

$C(\kappa_2\alpha^2\omega)$. 由假定可知对于一个整数 μ,

$$S(\mu^2\kappa_1\omega)-S(\mu^2\kappa_2\alpha^2\omega)=S(\mu^2(\kappa_1-\kappa_2\alpha^2)\omega)$$

为一个有理整数;所以

$$C(\kappa_2\alpha^2\omega)=C(\kappa_1\omega).$$

进而言之,当 $\mathfrak{a}=\mathfrak{a}_1\mathfrak{a}_2$ 及整数 $\mathfrak{a}_1$ 与 $\mathfrak{a}_2$ 互素时,属于分母 $\mathfrak{a}$ 的高斯和可以归结为分母为 $\mathfrak{a}_1$ 与 $\mathfrak{a}_2$ 的高斯和.

为此我们命 $\mathfrak{c}_1,\mathfrak{c}_2$ 为两个辅助整理想使

$$\mathfrak{a}_1\mathfrak{c}_1=\alpha_1,\mathfrak{a}_2\mathfrak{c}_2=\alpha_2$$

为整数及 $(\mathfrak{a},\mathfrak{c}_1\mathfrak{c}_2)=1$. 在(166)式中,我们令

$$\omega=\frac{\beta}{\alpha_1\alpha_2},\qquad 此处\ \beta=\frac{\mathfrak{b}\mathfrak{c}_1\mathfrak{c}_2}{\mathfrak{d}}.$$

则得一个下面形式的完全剩余系 mod $\mathfrak{a}$

$$\mu=\rho_1\alpha_2+\rho_2\alpha_1,$$

此处 ρ_1 与 ρ_2 分别经过一个完全剩余系 mod $\mathfrak{a}_1$ 与 mod $\mathfrak{a}_2$. 则

$$e^{2\pi iS(\mu^2\omega)}=e^{2\pi iS(\rho_1^2\alpha_2\beta/\alpha_1)+2\pi iS(\rho_2^2\alpha_1\beta/\alpha_2)};$$

所以

$$C(\omega)=C\left(\frac{\beta}{\alpha_1\alpha_2}\right)=C\left(\frac{\alpha_2\beta}{\alpha_1}\right)C\left(\frac{\alpha_1\beta}{\alpha_2}\right).\tag{169}$$

利用方程(169)可知 $C(\omega)$的计算可以归结为分母为素理想幂的高斯和的计算.

对于奇分母,可以一直归结到分母为素理想为止.

命分母 $\mathfrak{a}=\mathfrak{p}^a$ 为一个奇素理想 $\mathfrak{p}$ 的幂,其中 $a\geqslant 2$. 若 $\mathfrak{c}$ 仍表示一个不能被 $\mathfrak{p}$ 整除的辅助理想,使 $\mathfrak{p}\mathfrak{c}=\alpha$ 为一个数,则

$$\omega=\frac{\beta}{\alpha^a},\qquad 此处\ \beta=\frac{\mathfrak{b}\mathfrak{c}^a}{\mathfrak{d}}$$

及我们有递推公式

$$C\left(\frac{\beta}{\alpha^a}\right)=N(\mathfrak{p})C\left(\frac{\beta}{\alpha^{a-2}}\right).\tag{170}$$

右端显然为属于分母 $\mathfrak{p}^{a-2}$之和.

今往证明这一公式,我们选取下面形式

$$\mu + \rho\alpha^{a-1}$$

的一个完全剩余系 mod $\mathfrak{p}^a$，此处

$$\mu \bmod \mathfrak{p}^{a-1}, \rho \bmod \mathfrak{p}$$

各经过一个该模的完全剩余系，则

$$\begin{aligned} C\left(\frac{\beta}{\alpha^a}\right) &= \sum_{\mu \bmod \mathfrak{p}^{a-1}} \sum_{\rho \bmod \mathfrak{p}} \exp\left\{2\pi i S\left(\frac{(\mu+\rho\alpha^{a-1})^2\beta}{\alpha^a}\right)\right\} \\ &= \sum_{\mu \bmod \mathfrak{p}^{a-1}} \left\{\exp\left\{2\pi i S\left(\frac{\mu^2\beta}{\alpha^a}\right)\right\} \sum_{\rho \bmod \mathfrak{p}} \exp\left\{2\pi i S\left(\frac{2\mu\rho}{\alpha}\beta\right)\right\}\right\}. \end{aligned}$$

由引理 a 可知当 2μ 不能被 $\mathfrak{p}$ 整除时，即(由于 $\mathfrak{p}$ 为奇的)当 μ 不能被 $\mathfrak{p}$ 整除时，关于 ρ 的和等于 0. 其他情形，则由于每一项均等于 1，所以这一和等于 $N(\mathfrak{p})$. 从而

$$C\left(\frac{\beta}{\alpha^a}\right) = N(\mathfrak{p}) \sum_{\substack{\mu \bmod \mathfrak{p}^{a-1} \\ \mu\equiv 0 (\bmod \mathfrak{p})}} \exp\left\{2\pi i S\left(\frac{\mu^2\beta}{\alpha^a}\right)\right\}.$$

所以 μ 可以假定为经过所有数 $v\alpha$，其中 v 经过一个完全剩余系 mod $\mathfrak{p}^{a-2}$. 即(170)式成立.

不断应用这一公式，对于偶数 a，我们得到一个属于分母为 1 的和 $C(\beta)$ 及因此它等于 1. 所以，我们得到

引理 b　若 $\mathfrak{d}\beta/\alpha^a$ 的分母等于 $\mathfrak{p}^a$，此处 $\mathfrak{p}$ 是一个正好能整除 α 至一次幂的奇素理想，则

$$C\left(\frac{\beta}{\alpha^a}\right) = \begin{cases} N(\mathfrak{p})^{a/2}, & \text{当 } a \text{ 为偶数}, \\ N(\mathfrak{p})^{(a-1)/2} C\left(\dfrac{\beta}{\alpha}\right), & \text{当 } a \text{ 为奇数}. \end{cases}$$

对于能整除 2 的素理想 $\mathfrak{p}$，亦可能有一个约化公式. 我们在以后的应用中，不需要这个公式.

定理 155　假定 $\mathfrak{d}\omega$ 的分母 $\mathfrak{a}$ 是一个奇理想，则对于每一个与 $\mathfrak{a}$ 互素的整数 κ，我们有

$$C(\kappa\omega) = \left(\frac{\kappa}{\mathfrak{a}}\right) C(\omega).$$

首先，对于 $\mathfrak{a}$ 为一个素理想 $\mathfrak{p}$ 时定理成立. 事实上，应用引理 a，我们有

$$\sum_{\mu \bmod \mathfrak{p}}\left(\frac{\mu}{\mathfrak{p}}\right)e^{2\pi iS(\mu\omega)} = \sum_{\mu \bmod \mathfrak{p}}\left(\left(\frac{\mu}{\mathfrak{p}}\right)+1\right)e^{2\pi iS(\mu\omega)}.$$

在后面的和中,除了对应于剩余类 $\mu=0$ 之项外,只有当 μ 是一个二次剩余 mod $\mathfrak{p}$ 时,它有一个非零值.所以这一和之值为

$$1+2\sum_{\mu^2}e^{2\pi iS(\mu^2\omega)},$$

此处 μ^2 经过除 0 之外的互异的二次剩余,这正好是和 $C(\omega)$.这是由于除 0 之外,每一个平方在 $C(\omega)$中正好出现两次.所以

$$C(\omega) = \sum_{\mu \bmod \mathfrak{p}}\left(\frac{\mu}{\mathfrak{p}}\right)e^{2\pi iS(\mu\omega)}. \tag{171}$$

如果我们将 μ 换成 $\mu\kappa$,则这一程序并不改变和之值,所以得到定理所述之方程.

由引理 b 可知对于分母 $\mathfrak{a}$ 为一个素理想之幂 $\mathfrak{p}^a$ 时,定理仍成立.事实上,对于偶数 a, $\left(\frac{\kappa}{\mathfrak{p}^a}\right)=\left(\frac{\kappa}{\mathfrak{p}}\right)^a=1$ 及对于 ω 与 $\kappa\omega$,高斯和有同样之值.又如刚才证明的,对于奇数 a,还含有一个因子 $\left(\frac{\kappa}{\mathfrak{p}}\right)=\left(\frac{\kappa}{\mathfrak{p}^a}\right)$.

最后,由(169)式立即推知定理对于任意奇分母皆成立.

实际上,由(171)式我们得知 §52 定义的对于有理数域的和 $G(1,d)$是与高斯和 $C(\omega)$紧密相关的;若 $C(\omega)$决定了,则 $G(1,d)$亦决定了.

最后,由(169)式与引理 b,我们得到

定理 156 若高斯和 $C(\omega)$属于分母 $\mathfrak{a}$ 及若 $\mathfrak{a}$ 为一个奇理想平方,则

$$C(\omega) = \left|\sqrt{N(\mathfrak{a})}\right|.$$

§55. 西塔(theta)函数与它的傅里叶展开

导致决定高斯和的分析工具为 n 个变量的西塔函数,这两个概念的联系如下所述.

让我们取最简单的情况,即基域 $k=k(1)$,则我们来研究由下面级数定义的 τ 的函数

$$\theta(\tau)=\sum_{m=-\infty}^{\infty}e^{-\pi\tau m^2}.$$

当 τ 的实部为正时,这一级数(所谓的简单西塔级数)收敛.虚轴是解析函数 $\theta(\tau)$的自然边界("奇异直线").现在我们来研究当 τ 趋于奇点 $\tau=2ir$ 时,$\theta(\tau)$的性质,此处 r 是一个有理数.可以看出 $\theta(\tau)$趋于无穷及

$$\lim_{\tau\to 0}\sqrt{\tau}\theta(\tau+2ir)$$

存在.除不重要的数值常数外,这一极限就是前一节定义的高斯和 $C(-r)$.进而言之,$\theta(\tau)$的性质还另有途径来决定.存在一个关于 $\theta(\tau)$的"变换公式":

$$\theta\left(\frac{1}{\tau}\right)=\sqrt{\tau}\theta(\tau).$$

由这一公式 $\theta(\tau)$在点 $\tau=2ir$ 的性质与$\theta(\tau')$在点

$$\tau'=\frac{1}{2ir}=-\frac{2i}{4r}$$

的性质相关.如上所述,后者的性质与高斯和 $C(1/4r)$有关.比较这两个结果,我们得到 $C(r)$与 $C(-1/4r)$之间的一个关系.由此 $C(r)$可以被决定,并由前节诸公式之助可得互反定律.

假定域 k 的次数为n, 及 k 与其共轭域$k^{(p)}$都是实的.则对应于简单西塔级数,我们有 n 重西塔级数

$$\sum_{\mu}e^{-\pi\left(t_1\mu^{(1)^2}+t_2\mu^{(2)^2}+\cdots+t_n\mu^{(n)^2}\right)},$$

此处 $t_1,\cdots,t_n$ 为具有正实部的变量,及 μ 过域k 中所有整数求和.在这一级数中,我们令 $t_p=w+2i\omega^{(p)}$,此处 ω 为k 中一个数及命正量w 趋于0.

最后,若 k 是一个一般代数数域,在其共轭中,$k^{(1)},\cdots,k^{(r)}$为实的及其余共轭都是非实的,则我们仍研究 n 重级数.但我们并不从 $t_1,\cdots,t_n$ 的同样函数去得到所有和$C(\omega)$,而我们需要函数

$$\sum_{\mu}\exp\left\{-\pi\sum_{p=1}^{n}t_p\,|\,\mu^{(p)}\,|^2+2\pi i\sum_{p=1}^{n}\omega^{(p)}\mu^{(p)^2}\right\},$$

它在点 $t_1=t_2=\cdots=t_n=0$ 的邻域中依赖于 ω,其中 μ 经过 k 中所有整数.

即使在证明的这个概述中,我们应注意到这些步骤与第六章超越方法中的共同处.事实上,一个解析函数在其奇点邻域的性质精确认识正是数论定理的来源.

因为 $\mu^{(p)}$ 的绝对值出现在每一项中,在最一般情况下,必需的公式微分就变得更为复杂.为了使证明的思想更为易懂,我们在下一节首先讨论形式上较为简单的情况,即 k 的所有共轭都是实的.

我们开始来发展导致西塔级数定义与阐述及他们的变换公式的思想之链.

一个 n 个变量 $x_1,x_2,\cdots,x_n$ 的二次型表示一个形如

$$Q(x_1,\cdots,x_n)=\sum_{i,k=1}^{n}a_{ik}x_ix_k=a_{11}x_1^2+2a_{12}x_1x_2+\cdots$$

的表达式,此处系数 a_{ik} 为独立于 $x_1,x_2,\cdots,x_n$ 实的或复的量并满足对称性质 $a_{ik}=a_{ki}$.

若对所有的实量 $x_1,x_2,\cdots,x_n$ 皆有

$$Q(x_1,\cdots,x_n)\geqslant 0,$$

此处等号仅当 $x_1=x_2=\cdots=0$ 时成立,则称实系数二次型为正定的,例如 $x_1^2+x_2^2+\cdots+x_n^2$ 就是 $x_1,x_2,\cdots,x_n$ 的一个正定型.

引理 a 对于每一个正定型 $Q(x_1,\cdots,x_n)$,皆存在一个正量 c 使对于所有实数 $x_1,x_2,\cdots,x_n$ 皆有

$$Q(x_1,\cdots,x_n)\geqslant c(x_1^2+\cdots+x_n^2).\tag{172}$$

由假设可知对于 n 维球 $y_1^2+\cdots+y_n^2=1$ 上所有的点皆有 $Q(y_1,\cdots,y_n)>0$,从而连续函数 Q 在球面上有一个正极小 c,即

$$Q(y_1,\cdots,y_n)\geqslant c,\text{当 } y_1^2+\cdots+y_n^2=1.$$

所以若对于非全为 0 的任意实数 x_i,我们令

$$y_i = \frac{x_i}{\sqrt{x_1^2 + x_2^2 + \cdots + x_n^2}} \quad (i = 1,2,\cdots,n),$$

则公式(172)成立.

定理 157　命 $Q(x_1, x_2, \cdots, x_n) = \sum_{i,k=1}^{n} a_{ik} x_i x_k$ 为一个实的或复的系数的二次型,满足: Q 的实部为正定的. 进而言之,命 $u_1, \cdots, u_n$ 为实变量,则

$$\sum_{m_1,\cdots,m_n=-\infty}^{\infty} e^{-\pi Q(m_1+u_1,\cdots,m_n+u_n)} \tag{173}$$

为一个绝对收敛级数,从而它表示一个函数 $T(u_1,\cdots,u_n)$. 这个函数及它关于 u_i 的所有导数都是连续的,并且关于每一个变量都有周期 1.

级数(173)式称为 n 元组西塔级数.

命 Q_0 为 Q 的实部. 由引理 a 可知存在一个正常数 c 满足

$$\begin{aligned} & Q_0(m_1 + u_1, \cdots, m_n + u_n) \\ & \geqslant c((m_1 + u_1)^2 + \cdots + (m_n + u_n)^2). \end{aligned}$$

进而言之

$$|e^{-\pi Q}| = e^{-\pi Q_0} \leqslant e^{-\pi c \sum\limits_{i=1}^{n}(m_i+u_i)^2}.$$

如果我们现在将实数 u_i 限制在一个区域 $|u_i| \leqslant C/2$ 之中,则得

$$|e^{-\pi Q}| \leqslant e^{-\pi c \sum\limits_{i=1}^{n}(m_i^2 - C|m_i|) + K},$$

此处 K 是一个适当的常数.

对于 $\varepsilon > 0$,当

$$m_1^2 + \cdots + m_n^2 > \frac{1}{\varepsilon^2} \tag{174}$$

时,我们有不等式

$$\begin{aligned} |m_1| + \cdots + |m_n| & \leqslant \sqrt{n(m_1^2 + \cdots + m_n^2)} \\ & \leqslant \varepsilon\sqrt{n}(m_1^2 + \cdots + m_n^2), \end{aligned}$$

所以我们得估计

$$|e^{-\pi Q}| \leqslant \exp\{-\pi c(1 - \varepsilon C\sqrt{n})(m_1^2 + \cdots + m_n^2) + K\}.$$

如果我们取 ε 充分小,则 $a=c(1-\varepsilon C\sqrt{n})>0$ 及已给级数的项的绝对值小于显然收敛的常数项级数

$$\sum_{m_1,\cdots,m_n} e^{-\pi a(m_1^2+\cdots+m_n^2)+K}$$

的对应项(最多除外不满足(174)式的有限多项). 所以(173)的绝对值级数是一致收敛的及其和为 $u_1,\cdots,u_n$ 的一个连续函数. 这一函数 $T(u_1,\cdots,u_n)$对于每个变量都有周期 1. 例如,若我们将求和指标 m_1 换成 m_1-1,则 $T(u_1+1,u_2,\cdots,u_n)$就变为 $T(u_1,\cdots,u_n)$.

同法,我们看到由一次或多次逐项微分 T 得来的级数亦为一致收敛的. 事实上,由于

$$Q(m_1+u_1,\cdots,m_n+u_n)=Q(m_1,\cdots,m_n)+2\sum_{i,k=1}^{n} a_{ik}m_iu_k+Q(u_1+\cdots+u_n),$$

所以只要研究

$$\sum_{m_1,\cdots,m_n}\exp\left\{-\pi Q(m_1,\cdots,m_n)-2\pi\sum_{i,k=1}^{n} a_{ik}m_iu_k\right\}$$

的逐项微分即足. 在微分之下, $m_1,\cdots,m_n$ 的幂乘积及这种表达式的线性组合被作为因子加到个别项上. 由于 $|m|<e^{|m|}$,所以

$$|m_1^{c_1}\cdots m_n^{c_n}|<e^{c_1|m_1|+\cdots+c_n|m_n|}\qquad (c_i\geqslant 0)$$

及如上述理由可知微分后的级数是一致收敛的. 因此定理全部证完.

今往寻求在本节开始时,我们讨论过的西塔函数的变换公式;我们将周期函数 T 表示为傅里叶级数及实际上应用下面引自分析学的事实.

命 $\varphi(u_1,\cdots,u_n)$为 n 个实变量的一个(实的或复的)函数,对于变量都有周期 1. 进而言之,假定 φ 至 $2n$ 阶的所有偏导数都是连续的. 则 φ 可以展成绝对收敛的傅里叶级数

$$\varphi(u_1,\cdots,u_n)=\sum_{m_1,\cdots,m_n} a(m_1,\cdots,m_n)e^{-2\pi i(m_1u_1+\cdots+m_nu_n)},$$

其中系数取以下值:

$$a(m_1,\cdots,m_n)=\int_0^1\cdots\int_0^1 e^{2\pi i(m_1u_1+\cdots+m_nu_n)}\varphi(u_1,\cdots,u_n)du_1\cdots du_n.$$

对于 $n=1$,这一定理在通常的分析学教程中已有证明.一般情况易于用归纳法加以证明.

若我们令 φ 为西塔函数.它的确满足我们的假设,则对于系数我们得

$$a(m_1,\cdots,m_n)=\int_0^1\cdots\int_0^1 e^{2\pi i(m_1u_1+\cdots+m_nu_n)}\cdot\sum_{k_1,\cdots,k_n=-\infty}^{+\infty}e^{-\pi Q(k_1+u_1,\cdots,k_n+u_n)}dU,$$

此处我们命 $dU=du_1\cdots du_n$.现在我们将积分与求和号交换,事实上,由于一致收敛性,所以交换是允许的.我们引入作为积分的新变量 $u_1-k_1,\cdots,u_n-k_n$.这样一来,$k_1,\cdots,k_n$ 在被积函数中就不出现了;而它们出现在积分极限中,故得

$$a(m_1,\cdots,m_n)=\sum_{k_1,\cdots,k_n}\int_{-k_1}^{-k_1+1}\cdots\int_{-k_n}^{-k_n+1}e^{2\pi i(m_1u_1+\cdots+m_nu_n)-\pi Q(u_1,\cdots,u_n)}dU.$$

所有这些积分之和可以写成一个在整个无限空间的积分.及我们证明了:

定理 158 n 元组西塔函数

$$T(u_1,\cdots,u_n)=\sum_{m_1,\cdots,m_n=-\infty}^{+\infty}e^{-\pi Q(m_1+u_1,\cdots,m_n+u_n)}$$

有一个表示

$$T(u_1,\cdots,u_n)=\sum_{m_1,\cdots,m_n=-\infty}^{+\infty}a((m))e^{-2\pi i(m_1u_1,\cdots,m_nu_n)},$$

此处

$$a((m))=a(m_1,\cdots,m_n)$$

$$=\int_{-\infty}^{+\infty}\cdots\int e^{-\pi Q(u_1,\cdots,u_n)+2\pi i(m_1u_1+\cdots+m_nu_n)}du_1\cdots du_n.$$

关于 Q 我们希望代入特殊选取的形式,然后算出这些积分.

§56. 全实域中高斯和之间的互反性

在本节中,假定我们在 §54 中所研究的高斯和所在的域 k 为全实的,即所有的共轭域 $k^{(p)}$都是实的.进而言之,命 $\mathfrak{a}$ 表示 k 中一个非零理想,它有基底为 $\alpha_1,\cdots,\alpha_n$.则从现在起,我们理解 $t_1,\cdots,t_n$为 n 个正实变量及我们选择定理 158 中的二次型为

$$Q(x_1,\cdots,x_n)=\sum_{p=1}^{n}t_p(\alpha_1^{(p)}x_1+\cdots+\alpha_n^{(p)}x_n)^2,$$

它显然是正定的.它所对应的西塔函数为

$$\theta(t,z;\mathfrak{a})=\sum_{\mu\text{in}\mathfrak{a}}\exp\left\{-\pi\sum_{p=1}^{n}t_p{}^{(\mu^{(p)}+z_p)^2}\right\},\tag{175}$$

此处

$$z_p=\sum_{q=1}^{n}\alpha_q^{(p)}u_q\qquad(p=1,\cdots,n).\tag{176}$$

在级数(175)式中,μ 过 $\mathfrak{a}$ 中所有的数各一次.定理 158 中的傅里叶系数 $a(m_1,\cdots,m_n)$有值

$$a(m_1,\cdots,m_n)=\int_{-\infty}^{+\infty}\cdots\int\exp\left\{-\pi\sum_{p=1}^{n}t_pz_p^2+2\pi i\sum_{p=1}^{n}m_pu_p\right\}dU,$$

此处 z_p 由(176)式与积分的变量 u_p 相联系.

我们现在引入 z_p 作为这个积分的积分变量.方程(176)的逆为

$$u_k=\sum_{p=1}^{n}\beta_k^{(p)}z_p\qquad(k=1,\cdots,n),$$

此处由定理 102 可知 $\beta_1,\cdots,\beta_n$ 构成k 中理想 $1/\mathfrak{a}\mathfrak{d}$ 的基.所以我们有

$$\sum_{k=1}^{n}m_ku_k=\sum_{p=1}^{n}\lambda^{(p)}z_p,\tag{177}$$

此处 $\lambda=\sum_{k=1}^{n}\beta_k m_k$ 为 $1/\mathfrak{ad}$ 中的一个数.

$$a((m))=\frac{1}{|N(\mathfrak{a})\sqrt{d}|}\int_{-\infty}^{+\infty}\cdots$$

$$\int\exp\left\{-\pi\sum_{p=1}^{n}t_p z_p^2+2\pi i\sum_{p=1}^{n}\lambda^{(p)}z_p\right\}dz_1,\cdots dz_n.$$

对于正数 t 与实数λ,我们有

$$\int_{-\infty}^{+\infty}e^{-\pi t z^2+2\pi i\lambda z}dz=e^{-\pi\lambda^2/t}\int_{-\infty}^{+\infty}e^{-\pi t(z-i\lambda/t)^2}dz=\frac{e^{-\pi\lambda^2/t}}{\sqrt{t}},\tag{178}$$

其中$\sqrt{t}$表示正值.因此系数 a 是n 个这种积分的乘积及由此我们最后由前节的定理得到:

定理 159 由(175)式定义的西塔级数可以有表达式

$$\theta(t,z;\mathfrak{a})=\frac{1}{N(\mathfrak{a})|\sqrt{d}|\sqrt{t_1\cdots t_n}}\cdot\sum_{\lambda in\ 1/\mathfrak{ad}}\exp\left\{-\pi\sum_{p=1}^{n}\frac{\lambda^{(p)^2}}{t_p}-2\pi i\sum_{p=1}^{n}\lambda^{(p)}z_p\right\}.\tag{179}$$

此处右端 λ 经过k 中理想 $1/\mathfrak{ad}$ 中的所有数.

我们现在立即看到只要每一个 t_p 的实部为正数时,这一方程对非实数 t 亦成立.如此则 $1/t_p$ 的实部亦为正的及公式两端的级数都表示$t_1,\cdots,t_n$ 的解析函数.事实上,由于 t 的一致收敛性可知它关于 $\mathfrak{R}(t_p)>0(p=1,\cdots,n)$是正则的.所以若$\sqrt{t_p}$理解为对于正$t$ 取正值的单值解析函数,从而其幅角介于 $-\pi/4$ 与 $\pi/4$ 之间,则上面的公式对于右半面的任意 t 皆成立.其中,我们令

$$\sqrt{t_1\cdots t_n}=\sqrt{t_1}\cdot\sqrt{t_2}\cdots\sqrt{t_n}.$$

如果我们取 $z_1=\cdots=z_n=0$ 并用 $\mathfrak{f}$ 代替 $\mathfrak{a}$,则由定理 159,我们得

定理 160 变换公式

$$\theta(t;\mathfrak{f})=\frac{1}{N(\mathfrak{f})|\sqrt{d}|\sqrt{t_1\cdots t_n}}\theta\left(\frac{1}{t};\frac{1}{\mathfrak{fd}}\right)\tag{180}$$

对于 $t_1,\cdots,t_n$ 的函数

$$\theta(t;\mathfrak{f}) = \theta(t;0;\mathfrak{f}) = \sum_{\mu in\ \mathfrak{f}} \exp\left\{-\pi\sum_{p=1}^{n} t_p\mu^{(p)^2}\right\}$$

成立.

进而言之,我们由定理159推出

引理a 若复变量 $t_1,\cdots,t_n$ 按这样的途径同时趋于0,即 $1/t_p$ 的实部趋于正无穷大,则

$$\lim_{t\to 0}\sqrt{t_1\cdots t_n}\,\theta(t,z;\mathfrak{a}) = \frac{1}{N(\mathfrak{a})\sqrt{d}}$$

独立于 z.

若我们令 n 个数 $\Re(1/t_p)$ 中之最小者为 r,则

$$\left|\exp\left\{-\pi\sum_{p=1}^{n}\frac{1}{t_p}\lambda^{(p)^2}\right\}\right| \leqslant \exp\left\{-\pi r\sum_{p=1}^{n}\lambda^{(p)^2}\right\} \leqslant e^{-\pi rc(m_1^2+\cdots+m_n^2)},$$

此处,按(172)式,c 是一个适当选择的独立于 t_p 的正常数.(179)式右端的和除去 $m_1=\cdots=m_n=0$ 一项从而数值地

$$\begin{aligned}&\leqslant\left(\sum_{m=-\infty}^{\infty} e^{-\pi rcm^2}\right)^n - 1\\ &<\left(1+2\sum_{m=1}^{\infty} e^{-\pi rcm}\right)^n - 1\\ &=\left(1+\frac{2e^{-\pi rc}}{1-e^{-\pi rc}}\right)^n - 1.\end{aligned}$$

取极限 $r\to\infty$ 即得到引理a.

若我们取 $\mathfrak{f}=1$,则(180)式就导出了我们寻找的 k 中两个高斯和之间的关系.命 ω 为 k 中一个异于0的数及命 $\mathfrak{d}\omega$ 有分母 $\mathfrak{a}$ 及分子 $\mathfrak{b}$:

$$\omega = \frac{\mathfrak{b}}{\mathfrak{d}\mathfrak{a}},\qquad (\mathfrak{a},\mathfrak{b}) = 1.$$

在(180)式中,我们令

$$t_p = x - 2i\omega^{(p)},\qquad \mathfrak{f} = 1,$$

其中 x 是一个正量.

现在我们由引理 a,来决定当 x 趋于 0 时,(180)式两端的情况.首先,

$$\theta(x-2i\omega;1)=\sum_{\mu}\exp\left\{-\pi\sum_{p=1}^{n}(x-2i\omega^{(p)})\mu^{(p)^2}\right\}$$

$$=\sum_{\rho \bmod \mathfrak{a}} e^{2\pi i S(\omega\rho^2)}\sum_{v\ in\ \mathfrak{a}}\exp\left\{-\pi\sum_{p=1}^{n}x(v^{(p)}+\rho^{(p)})^2\right\},$$

此处用到当 ρ 经过一个完全剩余系mod $\mathfrak{a}$及 v 过 $\mathfrak{a}$ 中所有数时,$\mu=v+\rho$ 经过域的所有整数.右端内和仍然是一个西塔级数,所以

$$\theta(x-2i\omega;1)=\sum_{\rho \bmod \mathfrak{a}} e^{2\pi i S(\rho^2\omega)}\theta(x,\rho;\mathfrak{a}).$$

最后,由引理 a 可得

$$\lim_{x\to 0}x^{n/2}\theta(x-2i\omega;1)=\frac{C(\omega)}{N(\mathfrak{a})\left|\sqrt{d}\right|},\tag{181}$$

其中 $C(\omega)$表示§54 所示之高斯和.

恰好用同法,我们可以导出 $x=0$ 处,(180)式右端的性质.我们令

$$\frac{1}{t_p}=\frac{i}{2\omega^{(p)}}+\tau_p,\text{此处 }\tau_p=\frac{-ix}{2\omega^{(p)}(x-2i\omega^{(p)})},$$

所以 $1/\tau_p$ 的实部等于

$$\Re\left(\frac{1}{\tau_p}\right)=\frac{4\omega^{(p)^2}}{x};$$

当 $x\to 0$ 时,它趋于无穷.进而言之,我们取 $\mathfrak{c}$ 为一个辅助整理想使 $\mathfrak{c}\mathfrak{d}$ 为主理想 $\mathfrak{c}\mathfrak{d}=\delta$,及$(\mathfrak{c},2\mathfrak{b})=1$.于是 $1/\mathfrak{d}$ 中的数呈形式 μ/δ,此处 μ 经过 $\mathfrak{c}$ 中所有数.在这种情况下,我们有

$$\theta\left(\frac{1}{t};\frac{1}{\mathfrak{d}}\right)=\sum_{\mu\ in\ \mathfrak{c}}\exp\left\{-\pi\sum_{p=1}^{n}\left(\tau_p+\frac{i}{2\omega^{(p)}}\right)\frac{\mu^{(p)^2}}{\delta^{(p)^2}}\right\}.$$

现在命

$$\mathfrak{b}_1\text{ 为}\frac{\mathfrak{d}\mathfrak{c}^2}{4\omega\delta^2}=\frac{\mathfrak{a}}{4\mathfrak{b}}\text{ 的分母}.\tag{182}$$

则在这个和中,我们令 $\mu=v+\rho$,此处 ρ 过一个完全剩余系mod $\mathfrak{b}_1$,其中每一个元素都能被 $\mathfrak{c}$ 整除及 v 经过 $\mathfrak{b}_1\mathfrak{c}$ 中所有数,故

得

$$\theta\left(\frac{1}{t};\frac{1}{\mathfrak{d}}\right)=\sum_{\substack{\rho \bmod \mathfrak{b}_1\\ \rho\equiv 0(\mathfrak{c})}} e^{-2\pi i S(\rho^2/4\omega\delta^2)}\sum_{v\ in\ \mathfrak{b}_1\mathfrak{c}}\exp\left\{-\pi\sum_{p=1}^{n}\frac{\tau_p}{\delta^{(p)^2}}(v^{(p)}+\rho^{(p)})^2\right\}$$

$$=\sum_{\substack{\rho \bmod \mathfrak{b}_1\\ \rho\equiv 0(\mathfrak{c})}} e^{-2\pi i S(\rho^2/4\omega\delta^2)}\theta\left(\frac{\tau}{\delta^2},\rho;\mathfrak{b}_1\mathfrak{c}\right).$$

因此,由引理 a 可知当 x,即 τ_p,趋于 0 时,有

$$\lim_{x\to 0}\sqrt{\frac{\tau_1\cdots\tau_n}{N(\delta)^2}}\,\theta\left(\frac{1}{t};\frac{1}{\mathfrak{d}}\right)=\frac{A}{N(\mathfrak{b}_1\mathfrak{c})\left|\sqrt{d}\right|},$$

此处我们令

$$A=\sum_{\substack{\rho \bmod \mathfrak{b}_1\\ \rho\equiv 0(\mathfrak{c})}} e^{-2\pi i S(\rho^2/4\omega\delta^2)}. \tag{183}$$

根据我们关于根号记号意义的规定,我们得

$$\lim_{x\to 0}\frac{1}{|x^{n/2}|}\sqrt{\frac{\tau_1\cdots\tau_n}{N(\delta)^2}}=\frac{1}{|N(2\omega\delta)|},$$

所以我们亦可以记作

$$\lim_{x\to 0}x^{n/2}\theta\left(\frac{1}{t};\frac{1}{\mathfrak{d}}\right)=\frac{|N(2\omega\delta)|}{\left|N(\mathfrak{b}_1\mathfrak{c})\sqrt{d}\right|}\cdot A. \tag{184}$$

最后,在乘以 $x^{n/2}$之后,若我们命(180)式中的量 x 趋于 0 及 $\mathfrak{k}=1$ 并铭记分母

$$\lim_{x\to 0}\sqrt{(x-2i\omega^{(1)})\cdots(x-2i\omega^{(n)})}$$

$$=\left|\sqrt{N(2\omega)}\right|e^{-(\pi i/4)(\mathrm{sgn}\omega^{(1)}+\mathrm{sgn}\omega^{(2)}+\cdots+\mathrm{sgn}\omega^{(n)})},$$

则由(181)式,(184)式与 $|d|=N(\mathfrak{d})$得

$$\frac{C(\omega)}{\sqrt{N(\mathfrak{a})}}=\left|\sqrt{d}\right|\cdot\frac{\sqrt{N(2\omega)}}{N(\mathfrak{b}_1)}A\cdot e^{(\pi i/4)S(\mathrm{sgn}\,\omega)},$$

$$\frac{C(\omega)}{\left|\sqrt{N(\mathfrak{a})}\right|}=\left|\frac{\sqrt{N(2\mathfrak{b})}}{N(\mathfrak{b}_1)}\right|e^{(\pi i/4)S(\mathrm{sgn}\,\omega)}A\quad \left(S(\mathrm{sgn}\omega)=\sum_{p=1}^{n}\mathrm{sgn}\omega^{(p)}\right).$$

量 A 亦是一个高斯和,而且属于分母 $\mathfrak{b}_1$. 若 α 表示一个能被 $\mathfrak{c}$ 整除的整数且满足 $\alpha/\mathfrak{c}$ 与 $\mathfrak{b}_1$ 互素,则在(183)式中,我们可以将 ρ 换

成$\rho\alpha$,并命 ρ 过一个完全剩余系 mod $\mathfrak{b}_1$;由此我们得

$$A = C\left(-\frac{1}{4\omega}\frac{\alpha^2}{\delta^2}\right).$$

如果再令 $\alpha/\delta=\gamma$,则最后得

定理 161　高斯和之间的互反性关系

$$\frac{C(\omega)}{\left|\sqrt{N(\mathfrak{a})}\right|} = \left|\frac{\sqrt{N(2\mathfrak{b})}}{N(\mathfrak{b}_1)}\right| e^{(\pi i/4)S(\operatorname{sgn}\omega)} C\left(-\frac{1}{4\omega}\gamma^2\right)$$

成立,此处 $\mathfrak{a}$ 表示 $\mathfrak{d}\omega$ 的分母及 $\mathfrak{b}$ 表示 $\mathfrak{d}\omega$ 的分子,而 $\mathfrak{b}_1$ 是 $\mathfrak{a}/4\mathfrak{b}$ 的分母及 γ 为域的任意数满足 $\mathfrak{d}\gamma$ 为与 $\mathfrak{b}_1$ 互素的整数.

如果我们首先取特例,即域的差积 $\mathfrak{d}$ 为一个主理想,这时辅助理想 $\mathfrak{c}$ 的引入变成多余,则我们刚刚熟悉的证明方法就变得更为清晰了.

§ 57. 任意代数数域中高斯和之间的互反性

现在假定 n 次数域为任意的及命共轭的编号如 § 34 所示使对所有 k 中的数μ,当 $p=1,2,\cdots,r_1$ 时,$\mu^{(p)}$为实的,而当 $p=r_1+1,\cdots,r_1+r_2$ 时,$\mu^{(p)}$为 $\mu^{(p+r_2)}$的复共轭,我们现在考虑函数

$$\theta(t,z,\omega;\mathfrak{a}) = \sum_{\mu\ in\ \mathfrak{a}} \exp\left\{-\pi\sum_{p=1}^{n}\left[t_p\left|\mu^{(p)}+z_p\right|^2 - 2i\omega^{(p)}(\mu^{(p)}+z_p)^2\right]\right\}, \tag{185}$$

属于 k 中任意一个非零理想 $\mathfrak{a}$,此处 μ 过 $\mathfrak{a}$ 中所有数及诸记号的含义如下:

$t_p>0$,当 $p=1,2,\cdots,n$,

$t_{p+r_2}=t_p$,当 $p=r_1+1,\cdots,r_1+r_2$,

$z_p,\omega^{(p)}$ 为实的,当 $p=1,2,\cdots,r_1$,

$\left.\begin{matrix} z_{p+r_2} \\ \omega^{(p+r_2)}\end{matrix}\right\}$为$\left\{\begin{matrix} z_p \\ \omega^{(p)}\end{matrix}\right\}$的复共轭,当 $p=r_1+1,\cdots,r_1+r_2$.

若 $\alpha_1,\cdots,\alpha_n$ 表示 $\mathfrak{a}$ 的一个基,及我们令

$$z_p = \sum_{k=1}^{n} \alpha_k^{(p)} \mu_k, \qquad \mu^{(p)} = \sum_{k=1}^{n} \alpha_k^{(p)} m_k, \tag{186}$$

此处 $u_1,\cdots,u_n$ 为实数及 $m_1,\cdots,m_n$ 为有理整数,则(185)式的指数为一个 $u_1+m_1,\cdots,m_n+u_n$ 的二次型,其实部为正定的.从而这一级数为收敛的及定理 158 可以应用.

在此傅里叶系数有如下值:

$$a((m)) = \int_{-\infty}^{+\infty}\cdots\int \exp\left\{-\pi\sum_{p=1}^{n}[t_p|z_p|^2 - 2i\omega^{(p)}z_p^2 - 2im_pu_p]\right\}dU, \tag{187}$$

此处 $z_1,\cdots,z_n$ 与积分变量 $u_1,\cdots,u_n$ 的关系由(186)式给出.若将诸 u 由诸 z 表出,则由定理 102 可知指数取与前一节类似的形式:

$$-\pi\sum_{p=1}^{n}[t_p|z_p|^2 - 2i\omega^{(p)}z_p^2 - 2i\lambda^{(p)}z_p],$$

此处

$$\lambda = \sum_{k=1}^{n} \beta_k m_k$$

为 $1/\mathfrak{a}\mathfrak{d}$ 中一个数及诸 β 形成 $1/\mathfrak{a}\mathfrak{d}$ 的一个基,它由

$$\sum_{p=1}^{n} \beta_q^{(p)} \alpha_k^{(p)} = \begin{cases} 0, & q \neq k, \\ 1, & q = k. \end{cases}$$

定义.现在我们引入 z_p 的实部与虚部作为积分的实变量来代替 u_p.我们令

$$\left.\begin{aligned} z_p &= x_p + iy_p \\ z_{p+r_2} &= x_p - iy_p \end{aligned}\right\} \quad p = r_1+1,\cdots,r_1+r_2$$

及

$$z_p = x_p, \quad p = 1,\cdots,r_1.$$

则 $u_1,\cdots,u_n$ 关于 x 与 y 的函数行列式有绝对值

$$\frac{2^{r_2}}{|N(\mathfrak{a})\sqrt{d}|},\tag{188}$$

这在§40中已用过,及指数变成

$$-\pi\sum_{p=1}^{r_1}(t_p-2i\omega^{(p)})x_p^2$$

$$-\pi\sum_{p=r_1+1}^{r_1+r_2}[2t_p(x_p^2+y_p^2)-2i(\omega^{(p)}(x_p+iy_p)^2+\bar{\omega}^{(p)}(x_p-iy_p)^2]$$

$$+2\pi i\sum_{p=1}^{r_1}\lambda^{(p)}x_p+2\pi i\sum_{p=r_1+1}^{r_1+r_2}[\lambda^{(p)}(x_p+iy_p)+\bar{\lambda}^{(p)}(x_p-iy_p)].$$

(字母上面一杠表示复共轭).用这一变换,(187)式中的积分就变成了 r_1 个单重积分之乘积,其中每一个积分是关于变量 $x_1,\cdots,x_{r_1}$ 中的一个,及一个 r_2 个二重积分之乘积,它们是关于变慷量对 x_p,y_p 的积分.

关于 $p=1,2,\cdots,r_1$,我们有

$$\int_{-\infty}^{+\infty}\exp\{-\pi(t_p-2i\omega^{(p)})x^2+2\pi i\lambda^{(p)}x\}dx$$
$$=\frac{1}{\sqrt{t_p-2i\omega^{(p)}}}e^{-\pi\lambda^{(p)^2}/(t_p-2i\omega^{(p)})}.\tag{189}$$

在此平方根的实部应取正值.

二重积分取下面形式:

$$J=\iint_{-\infty}^{+\infty}\exp\{-2\pi t(x^2+y^2)+2\pi i(\omega(x+iy)^2$$
$$+\bar{\omega}(x-iy)^2+\lambda(x+iy)+\bar{\lambda}(x-iy))\}\mathrm{d}x\mathrm{d}y.$$

现在若 $\omega=0$,则如前,我们得积分值:

$$J=\frac{e^{(-2\pi/t)|\lambda|^2}}{2t},若\ \omega=0\ .$$

另一方面,若 $\omega\neq0$,则我们将 x,y 的二次型变成平方和形式,在此我们引进实变量 u,v:

$$\sqrt{\omega}(x+iy)=u+iv,$$
$$\sqrt{\bar{\omega}}(x-iy)=u-iv.$$

此处我们选取$\sqrt{\omega}$固定及$\sqrt{\bar{\omega}}$作为它的复共轭.关于函数行列式,我们得

$$\frac{\partial(x,y)}{\partial(u,v)}=\frac{1}{\sqrt{\omega}}\frac{1}{\sqrt{\bar{\omega}}}=\frac{1}{|\omega|}$$

及被积函数之指数为

$$\begin{aligned}&-2\pi t\frac{u^2+v^2}{|\omega|}+4\pi i(u^2-v^2)\\&+2\pi i\left(\frac{\lambda}{\sqrt{\omega}}(u+iv)+\frac{\bar{\lambda}}{\sqrt{\bar{\omega}}}(u-iv)\right)\\&=\left(-\frac{2\pi t}{|\omega|}+4\pi i\right)u^2+2\pi i\left(\frac{\lambda}{\sqrt{\omega}}+\frac{\bar{\lambda}}{\sqrt{\bar{\omega}}}\right)u\\&+\left(-\frac{2\pi t}{|\omega|}-4\pi i\right)v^2+2\pi i\left(\frac{i\lambda}{\sqrt{\omega}}-\frac{i\bar{\lambda}}{\sqrt{\bar{\omega}}}\right)v.\end{aligned}$$

因此 J 被表示成为两个单重积分之积,而且实际上

$$\begin{aligned}J=&\frac{1}{2\sqrt{t^2+4|\omega|^2}}\cdot\\&\exp\left\{\frac{-2\pi t}{t^2+4|\omega|^2}|\lambda|^2-\frac{2\pi i}{t^2+4|\omega|^2}(\lambda^2\bar{\omega}+\bar{\lambda}^2\omega)\right\},\end{aligned}\tag{190}$$

这一公式当 $\omega=0$ 时显然正确.

如果我们在这一表达式中选取 λ 与 ω 为实数,则指数正好是(189)式右端指数之倍$\left(乘以\frac{1}{t^2+4\omega^2}\right)$.

最后,我们得到关于 $a(m_1,\cdots,m_n)$之值

$$\begin{aligned}a(m_1,\cdots,m_n)=&\frac{1}{N(\mathfrak{a})|\sqrt{d}|W(t,\omega)}\cdot\\&\exp\left\{-\pi\sum_{p=1}^{n}\tau_p|\lambda^{(p)}|^2+2\pi i\sum_{p=1}^{n}\lambda^{(p)^2}\kappa^{(p)}\right\}\end{aligned}$$

$$\left.\begin{aligned} \tau_p &= \frac{t_p}{t_p^2 + 4|\omega^{(p)}|^2}, \\ \kappa^{(p)} &= \frac{-\bar{\omega}^{(p)}}{t_p^2 + 4|\omega^{(p)}|^2}, \\ W(t,\omega) &= \prod_{p=1}^{r_1} \sqrt{t_p - 2i\omega^{(p)}} \cdot \prod_{p=r_1+1}^{r_1+r_2} \sqrt{t_p^2 + 4|\omega^{(p)}|^2} \\ \lambda^{(p)} &= \sum_{q=1}^{n} \beta_q^{(p)} m_q. \end{aligned}\right\} \tag{191}$$

在此平方根取其实部为正值.

如果在(185)式中,选取 $z_1,\cdots,z_n$,即 $u_1,\cdots,u_n$ 为 0,则得下面的变换公式:

定理 162 对于由(185)式定义的函数,变换公式

$$\theta(t,0,\omega;\mathfrak{f}) = \frac{1}{N(\mathfrak{f})\left|\sqrt{d}\right|W(t,\omega)}\theta\left(\tau,0,\kappa;\frac{1}{\mathfrak{f}\mathfrak{d}}\right); \tag{192}$$

成立,此处 t,ω 与 τ,κ 之间的关系由(191)式给出.

为了找到当趋近于 $t_1=t_2=\cdots=t_n=0$ 时,这里出现的两个西塔级数的性质,我们必须知道 $\theta(t,z,\omega;\mathfrak{f})$ 在这一点的性质,这将取决于下面的

引理 a 命 $\sigma_1(t_1),\sigma_2(t_2),\cdots,\sigma_n(t_n)$ 分别为 $t_1,\cdots,t_n$ 的函数满足当 $p=r_1+1,\cdots,r_1+r_2$ 时 $\sigma_{p+r_2}=\bar{\sigma}_p$ 及当 $p=1,2,\cdots,r_1$ 时,σ_p 为实的. 当 $t_1,\cdots,t_n$ 同时趋于 0 时,若

$$\lim_{t_p\to 0}\sigma_p(t_p) = 0,$$

则独立于 z,

$$\lim_{t\to 0}\sqrt{t_1\cdots t_n}\,\theta(t,z,t\cdot\sigma;\mathfrak{f}) = \frac{1}{N(\mathfrak{f})\left|\sqrt{d}\right|}$$

成立.

欲证明引理,我们仅需将定理 158 用于级数,并将上面求出的系数 a 的值代入即可. 如果我们选取数 λ 来表示单独项以代替

$m_1, \cdots, m_n$ 时,则得

$$\theta(t, z, t \cdot \sigma; \mathfrak{f}) = M \sum_{\lambda \text{ in } 1/\mathfrak{f}\mathfrak{d}} b(\lambda) e^{2\pi i \sum_{p=1}^{n} \lambda^{(p)} z_p}, \tag{193}$$

其中

$$M = \frac{1}{N(\mathfrak{f}) \left| \sqrt{d} \right| W(t, t\sigma)},$$

$$b(\lambda) = \exp\left\{ -\pi \sum_{p=1}^{n} \frac{|\lambda^{(p)}|^2}{t_p(1 + 4|\sigma_p|^2)} - 2\pi i \sum_{p=1}^{n} \frac{\lambda^{(p)2} \bar{\sigma}_p}{t_p(1 + 4|\sigma_p|^2)} \right\}.$$

由于

$$\lim_{t \to 0} \sqrt{t_1 \cdots t_n} \cdot M = \frac{1}{N(\mathfrak{f}) \left| \sqrt{d} \right|} \lim_{t \to 0} \frac{\sqrt{t_1 \cdots t_n}}{W(t, t\sigma)} = \frac{1}{N(\mathfrak{f}) \left| \sqrt{d} \right|}$$

及若我们将 $\lambda = 0$ 之项挪至等式级数(193)之另一端,则我们得到不等式

$$|\theta(t, \cdots) - M| \leqslant M \sum_{\substack{\lambda \text{ in } 1/\mathfrak{f}\mathfrak{d} \\ \lambda \neq 0}} \exp\left\{ -\pi \sum_{p=1}^{n} \frac{|\lambda^{(p)}|^2}{t_p(1 + 4|\sigma_p|^2)} \right\},$$

由此,与前节同法,我们可得到引理 a.

如果在(192)式中,我们取 ω 为 k 中一个异于 0 的数及 $\mathfrak{f} = 1$,则我们得到一个高斯和:

$$\omega = \frac{\mathfrak{b}}{\mathfrak{a}\mathfrak{d}}, \qquad (\mathfrak{a}, \mathfrak{b}) = 1.$$

则

$$\theta(t, 0, \omega; 1) = \sum_{\rho \bmod \mathfrak{a}} e^{2\pi i s(\rho^2 \omega)} \theta(t, \rho, 0; \mathfrak{a}).$$

所以由引理 a 可得

$$\lim_{t \to 0} \sqrt{t_1 \cdots t_n} \theta(t, 0, \omega; 1) = \frac{C(\omega)}{N(\mathfrak{a}) \left| \sqrt{d} \right|}. \tag{194}$$

欲研究(192)式之右端,我们引进辅助整理想 $\mathfrak{c}$ 满足

$\mathfrak{c}\mathfrak{d} = \delta$ 为 k 中的一个数及 $(\mathfrak{c}, 4\mathfrak{b}) = 1$.

进而言之,命

$\mathfrak{b}_1$ 为 $\frac{\mathfrak{a}}{4\mathfrak{b}}$ 的分母.

由西塔级数的定义直接得出

$$\theta\left(\tau,0,\kappa;\frac{1}{\mathfrak{d}}\right)=\theta\left(\frac{\tau}{|\delta|^2},0,\frac{\kappa}{\delta^2};\mathfrak{c}\right)=\sum_{\substack{\rho \bmod \mathfrak{b}_1\\ \rho\equiv 0(\mathfrak{c})}}\theta\left(\frac{\tau}{|\delta|^2},\rho,\frac{\kappa}{\delta^2};\mathfrak{b}_1\mathfrak{c}\right).$$

由(191)式得

$$\kappa^{(p)}=\frac{-\bar{\omega}^{(p)}}{t_p^2+4|\omega^{(p)}|^2}$$

$$=-\frac{1}{4\omega^{(p)}}+\frac{t_p^2}{4\omega^{(p)}(t_p^2+4|\omega^{(p)}|^2)},$$

$$\kappa^{(p)}=-\frac{1}{4\omega^{(p)}}+\tau_p\sigma_p,\text{此处 }\sigma_p=\frac{t_p}{4\omega^{(p)}},$$

$$\theta\left(\frac{\tau}{|\delta|^2},\rho,\frac{\kappa}{\delta^2};\mathfrak{b}_1\mathfrak{c}\right)=\theta\left(\frac{\tau}{|\delta|^2},\rho,\frac{-1}{4\omega\delta^2}+\frac{\tau\sigma}{\delta^2};\mathfrak{b}_1\mathfrak{c}\right)$$

$$=e^{2\pi iS(-\rho^2/4\omega\delta^2)}\theta\left(\frac{\tau}{|\delta|^2},\rho,\frac{\tau\sigma}{\delta^2};\mathfrak{b}_1\mathfrak{c}\right).$$

如果我们命 t,即 τ 趋于 0,则引理 a 仍可用于最后这个西塔级数,所以得

$$\lim_{t\to 0}\sqrt{\frac{\tau_1\cdots\tau_n}{N(\delta^2)}}\theta\left(\tau,0,\kappa;\frac{1}{\mathfrak{d}}\right)=\frac{1}{N(\mathfrak{b}_1\mathfrak{c})\left|\sqrt{d}\right|}\sum_{\substack{\rho \bmod \mathfrak{b}_1\\ \rho\equiv 0(\mathfrak{c})}}e^{-2\pi iS(\rho^2/4\omega\delta^2)}.\tag{195}$$

如同上节末所证,最后的和仍为 $C(-\gamma^2/4\omega)$,此处 γ 为 k 中任意数,满足

$$\mathfrak{d}_\gamma \text{ 为整理想且与 } \mathfrak{b}_1 \text{ 互素}.\tag{196}$$

则方程(195)可以写成

$$\lim_{t\to 0}\sqrt{t_1\cdots t_n}\theta\left(\tau,0,\kappa;\frac{1}{\mathfrak{d}}\right)=\left|\frac{N(2\omega)}{N(\mathfrak{b}_1)}\sqrt{d}\right|C\left(\frac{-\gamma^2}{4\omega}\right).\tag{197}$$

最后,若在乘以$\sqrt{t_1\cdots t_n}$之后,我们在(192)式中命 $t\to 0$ 并注意

$$\lim_{t\to 0}W(t,\omega)=\left|\sqrt{N(2\omega)}\right|e^{-(\pi i/4)S(\operatorname{sgn}\omega)},$$

此处

$$S(\operatorname{sgn}\omega)=\operatorname{sgn}\omega^{(1)}+\cdots+\operatorname{sgn}\omega^{(r_1)}\quad(\text{当 } r_1=0 \text{ 时,它 }=0).\tag{198}$$

由(194)与(197),我们得

定理 163 对于 k 中的高斯和,互反性

$$\frac{C(\omega)}{\left|\sqrt{N(\mathfrak{a})}\right|} = \left|\frac{\sqrt{N(2\mathfrak{b})}}{N(\mathfrak{b}_1)}\right| e^{(\pi i/4)S(\operatorname{sgn}\omega)} C\left(\frac{-\gamma^2}{4\omega}\right) \quad (199)$$

成立.这里 $\mathfrak{a},\mathfrak{b}$ 是互素整理想,$\omega=\mathfrak{b}/\mathfrak{a}\mathfrak{d}$,$\mathfrak{b}_1$ 是 $\mathfrak{a}/4\mathfrak{b}$ 的分母,及 γ 与 $S(\operatorname{sgn}\omega)$分别由(196)式与(198)式定义.

这一方程形式上与前一节的相同,在那里只对全实域作了证明①.

§58. 有理数域中高斯和符号的决定

公式(199)给了我们决定高斯和值的可能性.本节,我们希望对有理数域来作这一决定并解决§52,定理 152 结论中提出的问题.

$k(1)$的差积等于 1.

若 a,b 为互素的有理整数,则

$$C\left(\frac{b}{a}\right)=\sum_{n \bmod a} e^{2\pi i(n^2 b/a)}.$$

对于奇数 a,由互反性定理 163 可知

$$\frac{C\left(\frac{1}{a}\right)}{\left|\sqrt{a}\right|}=\frac{e^{(\pi i/4)\operatorname{sgn} a}}{2\sqrt{2}}C\left(\frac{-a}{4}\right)=\frac{e^{(\pi i/4)\operatorname{sgn} a}}{2\sqrt{2}}\sum_{n \bmod 4} e^{-2\pi i(n^2 a/4)},$$

$$C\left(\frac{-a}{4}\right)=2(1+e^{-(\pi i/2)a})=2(1+(-i)^a)=2(1-i^a),$$

---

① L. J. Mordell(1920) 仅用 Cauchy 积分定理而未用到西塔函数对于二次域证明了互反公式:On the reciprocity formula for the Gauss's sums in the quadratic field, Proc. of the London Math Soc. ,Ser. 2, Vol. 20(4). 一个相关的公式已可以在下面文献中找到:A Krazer, Zur Theorie der mehrfachen Gaussschen Summen, Weber Festschrift(1912).

$$e^{(\pi i/4)\operatorname{sgn} a}=\frac{\sqrt{2}}{2}(1+i\ \operatorname{sgn} a),$$

$$\frac{C\left(\frac{1}{a}\right)}{\sqrt{a}}=\frac{1}{2}(1+i\ \operatorname{sgn} a)(1-i^{a})=\begin{cases}1, & a>0, a\equiv 1(4)\\ i, & a>0, a\equiv 3(4)\end{cases}$$

$$C\left(\frac{1}{a}\right)=\sqrt{(-1)^{(a-1)/2}a}, \text{当} a>0,$$

此处根式取正值(或正虚值). 另一方面,对于素数 a,由(171)式我们有

$$C\left(\frac{1}{|a|}\right)=\sum_{n \bmod a}\left(\frac{n}{a}\right)e^{2\pi i(n/|a|)}.$$

对于奇判别式,$a=d$ 由(127)式可知

$$\left(\frac{n}{a}\right)=\left(\frac{a}{n}\right), \qquad \text{当 } n>0.$$

所以对于奇素判别式 a,我们有

$$\sum_{n=1}^{|a|-1}\left(\frac{a}{n}\right)e^{2\pi i(n/|a|)}=\sqrt{(-1)^{(|a|-1)/2}|a|}=\sqrt{a},$$

此处根式取正值(或正虚值).

对于域判别式 d 为奇数时,由方程(150)可知. 高斯和因而等于

$$G(1,d)=\sqrt{d}, \text{当 } d \text{ 为奇素数}, \tag{200}$$

此处$\sqrt{d}$等于正的或正虚数量.

现在若 d_1 与 d_2 为两个互素判别式,则由§52可知

$$\begin{aligned}G(1,d_1 d_2)&=\sum_{n \bmod d_1 d_2}\left(\frac{n}{d_1}\right)\left(\frac{n}{d_2}\right)e^{2\pi i(n/|d_1 d_2|)}\\&=\left(\frac{|d_2|}{d_1}\right)\left(\frac{|d_1|}{d_2}\right)G(1,d_1)G(1,d_2)\\&=(-1)^{((\operatorname{sgn} d_1-1)/2)((\operatorname{sgn} d_2-1)/2)}G(1,d_1)G(1,d_2).\end{aligned}$$

由此可见,若(200)式对于互素判别式 d_1,d_2 成立,则它对乘积亦成立. 从而(200)式对于每一个奇判别式皆成立.

最后 $G(1,-4)$与 $G(1,\pm 8)$必须加以计算. 我们有

$$G(1,-4)=2i,\quad G(1,8)=2\left|\sqrt{2}\right|,\quad G(1,-8)=2i\left|\sqrt{2}\right|. \tag{201}$$

如果 u 是一个奇判别式及 q 是一个没有奇素因子的判别式,则由§52 公式(152)与(153),我们仍得到

$$\begin{aligned}G(1,qu)&=\left(\frac{q}{u}\right)\left(\frac{u}{q}\right)G(1,q)G(1,u)\\&=(-1)^{((\operatorname{sgn} q-1)/2)((\operatorname{sgn} u-1)/2)}G(1,q)G(1,u),\end{aligned}$$

由此及(201)式最后得到

定理 164 对于一个判别式为 d 的二次域,高斯和 $G(1,d)$ 有值

$$G(1,d)=\sqrt{d}$$

此处取正的(或正虚的)根.

定理 152 中的数值因子 ρ,正如那里所述,取值 $+1$.

§59. 二次互反定律及补充定理的第一部分

我们将从公式(199)出发,关于任意代数数域推出二次互反定律.首先,我们定义:

如果一个 k 中的整数是奇的及同余于 k 中一个数的平方 mod 4,就称它是本原的.

如果 k 中一个数 α 的共轭中,r_1 个实共轭数 $\alpha^{(1)},\cdots,\alpha^{(r_1)}$ 都是正的,就称 α 为全正的.

若 k 的所有共轭域都不是实的($r_1=0$),则 k 中每一个数都称为全正的.我们不可忽略这样的事实,即语句"α 为全正的"仅当关于一个含有 α 的域才是有意义的.例如 -1 在 $k(1)$ 中不是全正的,而它在 $k(i)$ 中的确是全正的.

为了使我们证明的想法清楚,我们首先作简化假设,即域 k 的差积 $\mathfrak{d}$ 为一个主理想(在广义意义下),换言之,有 k 中一个数 δ 满足

$$(\delta)=\mathfrak{d}.$$

现在命 α 与 β 为两个互素奇整数,如果在(199)式中,我们令

$$\omega=\frac{1}{\alpha\beta\delta},\quad \gamma=\frac{1}{\delta},\quad \mathfrak{a}=\alpha\beta,\quad \mathfrak{b}=1,\quad \mathfrak{b}_1=4,$$

则

$$\frac{C\left(\frac{1}{\alpha\beta\delta}\right)}{\sqrt{N(\alpha\beta)}}=\frac{e^{(\pi i/4)S(\operatorname{sgn}\alpha\beta\delta)}}{\left|\sqrt{N(8)}\right|}C\left(\frac{-\alpha\beta}{4\delta}\right).$$

进而言之,由(169)式与定理155可知

$$C\left(\frac{1}{\alpha\beta\delta}\right)=\left(\frac{\alpha}{\beta}\right)\left(\frac{\beta}{\alpha}\right)C\left(\frac{1}{\alpha\delta}\right)C\left(\frac{1}{\beta\delta}\right).$$

如果我们现在假定所有奇分母的高斯和及所有分母为4的高斯和都异于0(这将在以后普遍地加以证明),则我们可以将互反公式用于已出现的三个和得

$$\left(\frac{\alpha}{\beta}\right)\cdot\left(\frac{\beta}{\alpha}\right)=e^{(\pi i/4)S(\operatorname{sgn}\alpha\beta\delta-\operatorname{sgn}\alpha\delta-\operatorname{sgn}\beta\delta)}\cdot\frac{C\left(-\frac{\alpha\beta}{4\delta}\right)\sqrt{N(8)}}{C\left(\frac{-\alpha}{4\delta}\right)C\left(\frac{-\beta}{4\delta}\right)}. \tag{202}$$

现在,如果 α 与 β 中至少有一个是本原的,假定为 α,则由(168)式可知

$$C\left(\frac{-\alpha}{4\delta}\right)=C\left(\frac{-1}{4\delta}\right),\qquad C\left(\frac{-\alpha\beta}{4\delta}\right)=C\left(\frac{-\beta}{4\delta}\right),$$

及对于 $\alpha\beta=1$,由(202)式得

$$\frac{C\left(\frac{-1}{4\delta}\right)}{\sqrt{N(8)}}=e^{-(\pi i/4)S(\operatorname{sgn}\delta)}.$$

由此我们得

$$\left(\frac{\alpha}{\beta}\right)\cdot\left(\frac{\beta}{\alpha}\right)=e^{(\pi i/4)S(\operatorname{sgn}\alpha\beta\delta-\operatorname{sgn}\alpha\delta-\operatorname{sgn}\beta\delta+\operatorname{sgn}\delta)}.$$

对于实的 α,β,δ 有

$$\begin{aligned}\operatorname{sgn}\alpha\beta\delta-\operatorname{sgn}\alpha\delta-\operatorname{sgn}\beta\delta+\operatorname{sgn}\delta&=(\operatorname{sgn}\alpha-1)(\operatorname{sgn}\beta-1)\operatorname{sgn}\delta\\&\equiv 0\pmod 4.\end{aligned}$$

所以

$$\left(\frac{\alpha}{\beta}\right)\cdot\left(\frac{\beta}{\alpha}\right)=(-1)^{\sum\limits_{p=1}^{r_1}((\mathrm{sgn}\alpha^{(p)}-1)/2)((\mathrm{sgn}\beta^{(p)}-1)/2)}.$$

这就是对于两个奇互素数且其中至少有一个是本原数的二次互反律.

我们现在取消关于域 k 的任何特殊假定. k 的差积不是一个主理想的一般情况,由于我们必须在证明中引进辅助的理想,所以在形式上,就变得更为复杂一些.

引理 a 所有属于奇分母的高斯和皆非零.

若 $C(\omega)$为一个奇分母 $\mathfrak{a}$ 的和,则我们得到所有形为 $C(\kappa\omega)$的分母为 $\mathfrak{a}$ 的和,此处 κ 经过一个既约剩余系 mod $\mathfrak{a}$. 事实上,若 $C(\omega_1)$的分母亦是 $\mathfrak{a}$,则整数 κ 可以决定使 $\mathfrak{d}(\kappa\omega-\omega_1)$是一个整理想及对于这一理想,由(168)式可知 $C(\kappa\omega)=C(\omega_1)$. 由定理 155 可知,$C(\kappa\omega)$与 $C(\omega)$只相差一个因子 ± 1. 因此只要验证分母为 $\mathfrak{a}$ 的单个高斯和非零即可.

对应于 $\mathfrak{a}$ 我们选取一个与 $\mathfrak{a}$ 互素的奇理想 $\mathfrak{c}$ 使

$$\mathfrak{a}\mathfrak{c}\mathfrak{d}=\kappa \text{ 为} k \text{ 中一个整数}.$$

由(169)式可知 $C(1/4\kappa)$可以分别被表成属于分母 4,$\mathfrak{a}$,$\mathfrak{c}$ 的三个高斯和之积. 因此要证明这一引理只要证明 $C(1/4\kappa)\neq 0$ 即可. 当 $\omega=1/4\kappa$ 时,可知(199)式的右端的和属于分母等于 1,从而它 = 1.

引理 b 每一个属于分母 4 的高斯和$\neq 0$.

命 $\mathfrak{a}$ 为一个奇理想使 $\mathfrak{a}\mathfrak{d}$ 是某一个数 κ,则由引理 a 可知对于每一个奇数 μ 有 $C(1/\mu\kappa)\neq 0$,所以由(199)式我们亦得到

$$C\left(\frac{-\gamma^2\kappa\mu}{4}\right)\neq 0.$$

若 φ 是域中任意数使 $\mathfrak{d}\varphi$ 有分母 4,则存在奇整数 μ 使

$$\mathfrak{d}\left(\varphi+\frac{\gamma^2\kappa\mu}{4}\right)\text{为一个整理想}.$$

由于

$$C(\varphi)=C\left(\frac{-\gamma^2\kappa\mu}{4}\right),$$

所以 $C(\varphi)$亦不等于 0.

现在命 α 与β 为k 中互素整数.命

$$\omega=\frac{\mathfrak{b}}{\mathfrak{d}},$$

此处 $\mathfrak{b}$ 是一个与 $\alpha\beta$ 互素的整理想,由(169)式与定理 155 可知

$$C\left(\frac{\omega}{\alpha\cdot\beta}\right)=C\left(\frac{\beta\omega}{\alpha}\right)C\left(\frac{\alpha\omega}{\beta}\right)=\left(\frac{\alpha}{\beta}\right)\left(\frac{\beta}{\alpha}\right)C\left(\frac{\omega}{\alpha}\right)C\left(\frac{\omega}{\beta}\right),$$

$$\left(\frac{\alpha}{\beta}\right)\left(\frac{\beta}{\alpha}\right)=\frac{C\left(\frac{\omega}{\alpha}\right)C\left(\frac{\omega}{\beta}\right)}{C\left(\frac{\omega}{\alpha\beta}\right)}. \tag{203}$$

我们现在将定理 163 用于这三个和.在这种情况下,我们有 $\mathfrak{b}_1=4\mathfrak{b}$ 及

$$\frac{C\left(\frac{\omega}{\alpha}\right)\cdot C\left(\frac{\omega}{\beta}\right)}{C\left(\frac{\omega}{\alpha\beta}\right)}$$

$$=\frac{1}{\left|\sqrt{N(8\mathfrak{b})}\right|}\frac{C\left(\frac{-\gamma^2\alpha}{4\omega}\right)C\left(\frac{-\gamma^2\beta}{4\omega}\right)}{C\left(\frac{-\gamma^2\alpha\beta}{4\omega}\right)}\cdot e^{(\pi i/4)S(\mathrm{sgn}\omega\alpha+\mathrm{sgn}\omega\beta-\mathrm{sgn}\omega\alpha\beta)}.$$

所以我们还要将$\left|\sqrt{N(8\mathfrak{b})}\right|$表为高斯和.在这一方程中取 $\alpha=\beta=1$,则左端变成 1,代入上式即得

$$\frac{C\left(\frac{\omega}{\alpha}\right)C\left(\frac{\omega}{\beta}\right)}{C\left(\frac{\omega}{\alpha\beta}\right)}=v(\alpha,\beta)\frac{C\left(\frac{-\gamma^2\alpha}{4\omega}\right)C\left(\frac{-\gamma^2\beta}{4\omega}\right)}{C\left(\frac{-\gamma^2\alpha\beta}{4\omega}\right)C\left(\frac{-\gamma^2}{4\omega}\right)}, \tag{204}$$

此处

$$v(\alpha,\beta)=e^{(\pi i/4)S(\mathrm{sgn}\omega\alpha+\mathrm{sgn}\omega\beta-\mathrm{sgn}\omega\alpha\beta-\mathrm{sgn}\omega)}$$

独立于 ω.事实上,对于实的 ω,α,β,我们有 $\mathrm{sgn}\omega\alpha+\mathrm{sgn}\omega\beta-\mathrm{sgn}\omega\alpha\beta-\mathrm{sgn}\omega=-\mathrm{sgn}\omega(\mathrm{sgn}\alpha-1)(\mathrm{sgn}\beta-1)$可以被 4 整除,从而

$$v(\alpha,\beta) = (-1)^{\sum_{p=1}^{r_1}((\operatorname{sgn}\alpha^{(p)}-1)/2)((\operatorname{sgn}\beta^{(p)}-1)/2)}. \tag{205}$$

(204)式的右端依赖于 ω,我们将以 $4\mathfrak{b}$ 为分母的高斯和分拆成分母为 4 与 $\mathfrak{b}$ 的两个高斯和.即我们将 γ 表示为两个整理想之商,

$$\gamma = \frac{\mathfrak{c}}{\mathfrak{d}}, \quad \text{此处}(\mathfrak{c},4\mathfrak{b}) = 1,$$

及选取辅助整理想 $\mathfrak{m}$ 使

$$\mathfrak{bm} = \mu\ \text{奇}; \quad \mu\frac{\gamma^2}{\omega} = \frac{\mathfrak{m}\mathfrak{c}^2}{\mathfrak{d}}\ \text{令之为}\ \kappa.$$

则由(169)式与定理 155 可知

$$C\left(\frac{-\gamma^2\alpha}{4\omega}\right) = C\left(-\frac{\kappa\alpha}{4\mu}\right) = C\left(\frac{-\kappa\mu\alpha}{4}\right)C\left(\frac{-4\kappa\alpha}{\mu}\right)$$
$$= \left(\frac{\alpha}{\mathfrak{b}}\right)C\left(\frac{-\kappa\mu\alpha}{4}\right)C\left(\frac{-4\kappa}{\mu}\right),$$

及如果我们将 α 换成 $1,\beta,\alpha\beta$,则得三个方程.进而言之,$\kappa\mu = \omega\sigma^2$,此处 $\sigma = \mathfrak{mc}$ 为一个整数.据此,我们最后由(203)式与(204)式得

$$\left(\frac{\alpha}{\beta}\right)\cdot\left(\frac{\beta}{\alpha}\right) = v(\alpha,\beta)\frac{C\left(\frac{-\omega\alpha}{4}\right)C\left(\frac{-\omega\beta}{4}\right)}{C\left(\frac{-\omega}{4}\right)C\left(\frac{-\omega\alpha\beta}{4}\right)}, \tag{206}$$

此处 ω 为域中的一个任意数使 $\mathfrak{d}\omega$ 为奇整理想。

如果我们假定 α,β 中至少有一个,例如 α 是本原的.则由(168)式可知

$$C\left(\frac{-\omega\alpha\beta}{4}\right) = C\left(\frac{-\omega\beta}{4}\right); \quad C\left(\frac{-\omega\alpha}{4}\right) = C\left(\frac{-\omega}{4}\right),$$

及由此可得

定理 165(二次互反定律) 对于两个奇互素整数 α,β,其中至少有一个是本原的整数,我们有

$$\left(\frac{\alpha}{\beta}\right)\cdot\left(\frac{\beta}{\alpha}\right) = (-1)^{\sum_{p=1}^{r_1}((\operatorname{sgn}\alpha^{(p)}-1)/2)((\operatorname{sgn}\beta^{(p)}-1)/2)}.$$

若 α,β 中至少有一个是全正的,则右端的单位等于 1.

由此我们推出下面某种数的剩余特征的结果：命 β 为一个单位或一个奇理想平方使对于每一个奇互素数 α，由定义有 $\left(\frac{\alpha}{\beta}\right)=+1$. 如果我们选取 α 满足

$$\alpha=\mathfrak{a}\mathfrak{c}^2 \text{ 及 } \alpha \text{ 为全正与本原的}.$$

则由定理 165 可知

$$\left(\frac{\beta}{\mathfrak{a}}\right)=\left(\frac{\beta}{\alpha}\right)=\left(\frac{\alpha}{\beta}\right)=+1,$$

即

定理 166 对于每一个奇理想 $\mathfrak{a}$，它可以乘以一个平方理想后成为一个全正本原数，则对于所有与 $\mathfrak{a}$ 互素的单位及理想的平方 ε 皆有

$$\left(\frac{\varepsilon}{\mathfrak{a}}\right)=+1.$$

我们将在下一节证明这一定理之逆亦成立.

除此而外，方程(206)式在每一情况均导出 $\left(\frac{\alpha}{\beta}\right)\left(\frac{\beta}{\alpha}\right)$ 之值，其中 α 与 β 为奇非本原数. 如果我们令

$$r(\alpha)=\frac{C\left(\frac{\omega}{4}\alpha\right)}{C\left(\frac{\omega}{4}\right)},$$

此处 ω 固定，则

$$r(\alpha_1)=r(\alpha_2), \text{当 } \alpha_1=\alpha_2\zeta^2 \pmod 4), \quad \zeta \text{ 为某奇数};$$

及(206)变成

$$\left(\frac{\alpha}{\beta}\right)\cdot\left(\frac{\beta}{\alpha}\right)=v(\alpha,\beta)\frac{r(\alpha)r(\beta)}{r(\alpha\beta)}; \tag{207}$$

对于所有奇的互素的 α 与 β 成立.

第二补充定理是关于 α,β 中有一个数是非奇数的情况.

假定整数 λ 分拆成两个理想因子 $\mathfrak{l}\mathfrak{r}$，使 $\mathfrak{r}$ 为奇的，而 $\mathfrak{l}$ 中不包含奇素因子：

$$\lambda=\mathfrak{l}\mathfrak{r}, \quad (2,\mathfrak{r})=1.$$

命 α 为一个与 λ 互素的奇数，$\omega=\mathfrak{b}/\mathfrak{d}$，$(\mathfrak{b},2\alpha\lambda)=1$. 则由定理 155 可知方程

$$C\left(\frac{\lambda\omega}{\alpha}\right)=\left(\frac{\lambda}{\alpha}\right)C\left(\frac{\omega}{\alpha}\right),$$

成立. 应用互反公式(199)，我们得

$$\left(\frac{\lambda}{\alpha}\right)=\frac{C\left(\frac{\lambda\omega}{\alpha}\right)}{C\left(\frac{\omega}{\alpha}\right)}=\frac{C\left(\frac{-\gamma^2\alpha}{4\omega\lambda}\right)}{C\left(\frac{-\gamma^2\alpha}{4\omega}\right)}\frac{e^{(\pi i/4)S(\mathrm{sgn}\lambda\omega\alpha-\mathrm{sgn}\omega\alpha)}}{\left|\sqrt{N(\lambda)}\right|}. \tag{208}$$

特别对于 $\alpha=1$，我们由此得

$$1=\frac{C\left(\frac{-\gamma^2}{4\omega\lambda}\right)}{C\left(\frac{-\gamma^2}{4\omega}\right)}\frac{e^{(\pi i/4)S(\mathrm{sgn}\lambda\omega-\mathrm{sgn}\omega)}}{\left|\sqrt{N(\lambda)}\right|}. \tag{209}$$

现在如同以前的证明，由于 4λ 与 $\mathfrak{b}$ 是互素的，所以

$$\begin{aligned}C\left(\frac{-\gamma^2\alpha}{4\omega\lambda}\right)&=C\left(\frac{-\kappa\mu\alpha}{4\lambda}\right)C\left(\frac{-4\lambda\kappa\alpha}{\mu}\right)\\&=\left(\frac{\alpha}{\mathfrak{b}}\right)C\left(\frac{-4\lambda\kappa}{\mu}\right)C\left(\frac{-\kappa\mu\alpha}{4\lambda}\right),\end{aligned}$$

$$C\left(\frac{-\gamma^2\alpha}{4\omega}\right)=\left(\frac{\alpha}{\mathfrak{b}}\right)C\left(\frac{-4\kappa}{\mu}\right)C\left(\frac{-\kappa\mu\alpha}{4}\right).$$

当 $\alpha=1$ 时，相除之后得

$$\begin{aligned}&\frac{C\left(\frac{-\gamma^2}{4\omega\lambda}\right)}{C\left(\frac{-\gamma^2}{4\omega}\right)}=\frac{C\left(\frac{-4\lambda\kappa}{\mu}\right)C\left(\frac{-\kappa\mu}{4\lambda}\right)}{C\left(\frac{-4\kappa}{\mu}\right)C\left(\frac{-\kappa\mu}{4}\right)},\\&\frac{C\left(\frac{-\gamma^2\alpha}{4\omega\lambda}\right)}{C\left(\frac{-\gamma^2\alpha}{4\omega}\right)}=\frac{C\left(\frac{-\gamma^2}{4\omega\lambda}\right)}{C\left(\frac{-\gamma^2}{4\omega}\right)}\cdot\frac{C\left(\frac{-\kappa\mu\alpha}{4\lambda}\right)C\left(\frac{-\kappa\mu}{4}\right)}{C\left(\frac{-\kappa\mu}{4\lambda}\right)C\left(\frac{-\kappa\mu\alpha}{4}\right)},\end{aligned} \tag{210}$$

此处最后，我们仍能将 $\kappa\mu$ 换成 ω. 如果我们用(209)式除(210)式及应用(208)式，则得

$$\left(\frac{\lambda}{\alpha}\right)=v(\alpha,\lambda)\cdot\frac{C\left(\frac{-\omega\alpha}{4\lambda}\right)C\left(\frac{-\omega}{4}\right)}{C\left(\frac{-\omega}{4\lambda}\right)C\left(\frac{-\omega\alpha}{4}\right)}. \tag{211}$$

以 $4\lambda=4\mathfrak{l}\mathfrak{r}$ 为分母的高斯和,由(169)式又可以归结为分母为 $4\mathfrak{l}$ 与 $\mathfrak{r}$ 的高斯和.若我们取与 $\mathfrak{r}\alpha$ 互素的奇辅助理想 $\mathfrak{m},\mathfrak{n}$ 满足

$$\lambda_1=\mathfrak{l}\mathfrak{m},\qquad \rho=\mathfrak{r}\mathfrak{n},\qquad \sigma=\frac{\lambda_1\rho}{\lambda}=\mathfrak{m}\mathfrak{n},$$

则得

$$\begin{aligned}C\left(\frac{-\omega\alpha}{4\lambda}\right)&=C\left(\frac{-\omega\sigma\alpha}{4\lambda_1\rho}\right)=C\left(\frac{-\omega\sigma\rho\alpha}{4\lambda_1}\right)C\left(\frac{-4\lambda_1\omega\sigma\alpha}{\rho}\right)\\&=\left(\frac{\alpha}{\mathfrak{r}}\right)C\left(\frac{-\omega\sigma\rho\alpha}{4\lambda_1}\right)C\left(\frac{-4\lambda_1\omega\sigma}{\rho}\right)\\&=\left(\frac{\alpha}{\mathfrak{r}}\right)C\left(\frac{-\omega\rho^2\alpha}{4\lambda}\right)C\left(\frac{-4\lambda_1\omega\sigma}{\rho}\right).\end{aligned}$$

最后,如果我们令 $\alpha=1$ 及将上面结果代入(211)式则得

$$\left(\frac{\lambda}{\alpha}\right)\left(\frac{\alpha}{\mathfrak{r}}\right)=v(\alpha,\lambda)\cdot\frac{C\left(\frac{-\omega\rho^2\alpha}{4\lambda}\right)C\left(\frac{-\omega}{4}\right)}{C\left(\frac{-\omega\rho^2}{4\lambda}\right)C\left(\frac{-\omega\alpha}{4}\right)},$$

此处 ρ 是任意可以被 $\mathfrak{r}$ 整除的奇数.最后这些和仅依赖于 $\alpha \bmod 4\mathfrak{l}$的性质.特别若取 α 为一个二次剩余 mod$4\mathfrak{l}$,则得

定理 167　若 $\mathfrak{l}$ 为一个没有奇素因子的整理想及 λ 为一个整数,它有分解 $\lambda=\mathfrak{l}\mathfrak{r}$, 此处 $\mathfrak{r}$ 为一个奇整理想,则当奇数 α 为一个二次剩余 mod $4\mathfrak{l}$ 并与 λ 互素时,我们有

$$\left(\frac{\lambda}{\alpha}\right)\left(\frac{\alpha}{\mathfrak{r}}\right)=(-1)^{\sum\limits_{p=1}^{r_1}((\mathrm{sgn}\alpha^{(p)}-1)/2)((\mathrm{sgn}\lambda^{(p)}-1)/2)}.$$

§ 60. 相对二次域及其在二次剩余理论上的应用

我们现在考虑域 $K=K(\sqrt{\mu},k)$,它是相对于 k,由一个 k 中的数 μ 的平方根生成的. § 39 中的定理当 $l=2$ 时,对于这个域成

立.引入一个剩余特征是有用的,这一特征多少是从二次剩余记号中导出来的.

定义 对于 k 中任何一个素理想 $\mathfrak{p}$,我们令

$$Q(\mu,\mathfrak{p})=\begin{cases}1, & \text{若 }\mathfrak{p}\text{ 在 }K(\sqrt{\mu},k)\text{中可分拆为两个互异因子},\\ -1, & \text{若 }\mathfrak{p}\text{ 在 }K(\sqrt{\mu},k)\text{中是不可约的},\\ 0, & \text{若 }\mathfrak{p}\text{ 在 }K(\sqrt{\mu},k)\text{中是一个素理想的平方}.\end{cases}$$

由§39 的结果可知,当 μ 属于 k 而 $\sqrt{\mu}$ 不属于 k 时,$Q(\mu,\mathfrak{p})$是对于所有素理想来定义的.进而言之,我们有

$$Q(\mu,\mathfrak{p})=\left(\frac{\mu}{\mathfrak{p}}\right),\quad \text{若 }\mathfrak{p}\text{ 是奇的及它不能整除 }\mu \tag{212}$$

$$Q(\mu\alpha^2,\mathfrak{p})=Q(\mu,\mathfrak{p}),\quad \alpha\neq 0\text{ 且属于 }k.$$

更进一步,对于任意 k 中整理想 $\mathfrak{a}(\neq 0)$,若 $\mathfrak{a}$ 有分解式

$$\mathfrak{a}=\mathfrak{p}_1^{a_1}\cdots\mathfrak{p}_m^{a_m}.$$

则我们令

$$Q(\mu,\mathfrak{a})=Q(\mu,\mathfrak{p}_1)^{a_1}\cdot Q(\mu,\mathfrak{p}_2)^{a_2}\cdots Q(\mu,\mathfrak{p}_m)^{a_m}. \tag{213}$$

对于每一个 k 中的平方 μ^2,我们有

$$Q(\mu^2,\mathfrak{a})=1.$$

所以对于 k 中两个整理想 $\mathfrak{a},\mathfrak{b}$,我们有

$$Q(\mu,\mathfrak{a}\mathfrak{b})=Q(\mu,\mathfrak{a})Q(\mu,\mathfrak{b}).$$

最后,对于与整数 μ 与 v 互素的奇理想 $\mathfrak{a}$,我们有

$$Q(\mu v,\mathfrak{a})=Q(\mu,\mathfrak{a})Q(v,\mathfrak{a}).$$

在有理数域中,这一记号的引入是不必要的,在那里数 μ 总可以假定与不必要的平方因子无关.但在其他域,其中类数为偶数.则 μ 可以有不可避免的辅助平方因子.

借助于记号 Q,如同§49 关于二次域所示,K 的截塔函数可以通过 k 与一个附加的级数来表示.如果 $\mathfrak{P}$ 是 K 的一个素理想,则由定理 108 的记号,它关于 k 的相对范数是 $N_k(\mathfrak{P})=\mathfrak{p}$ 或 $\mathfrak{p}^2$ 及 $N(\mathfrak{P})=n(\mathfrak{p})$或 $n(\mathfrak{p}^2)$,此处 $\mathfrak{p}$ 是能被 $\mathfrak{P}$ 整除的 k 中素理想.在无穷乘积

$$\zeta_K(s) = \prod_{\mathfrak{P}} \frac{1}{1 - N(\mathfrak{P})^{-s}}$$

中,我们提取那些可以由一个固定 $\mathfrak{p}$ 的所有素因子 $\mathfrak{P}$ 导出之项,对于这些因子,我们有

$$\prod_{\mathfrak{P}|\mathfrak{p}} (1 - N(\mathfrak{P})^{-s}) = (1 - n(\mathfrak{p})^{-s})(1 - Q(\mu, \mathfrak{p}) n(\mathfrak{p})^{-s})$$

及从而

$$\zeta_K(s) = \zeta_k(s) Z(s),$$

$$Z(s) = \prod_{\mathfrak{p}} \frac{1}{1 - Q(\mu, \mathfrak{p}) n(\mathfrak{p})^{-s}} = \sum_{\mathfrak{a}} \frac{Q(\mu, \mathfrak{a})}{n(\mathfrak{a})^s}.$$

由定理 123 关于类数的公式可知

$$\lim_{s \to 1} \frac{\zeta_K(s)}{\zeta_k(s)}$$

等于一个有限非零值及因此我们得到:

定理 168 $\lim\limits_{s \to 1} \log Z(s)$是有限的.

由这一事实,我们得到定理 147 的类似:

定理 169 命 $\mu_1, \mu_2, \cdots, \mu_m$ 为 k 中整数使乘积 $\mu_1^{x_1} \cdots \mu_m^{x_m}$ 仅当所有指数皆为偶数时才是 k 中一个数的平方. 命 $c_1, c_2, \cdots, c_m$ 为任意值 ± 1,则存在无穷多个 k 中素理想 $\mathfrak{p}$ 适合 m 个条件

$$\left(\frac{\mu_1}{\mathfrak{p}}\right) = c_1, \cdots, \left(\frac{\mu_m}{\mathfrak{p}}\right) = c_m.$$

事实上,$2^m - 1$ 个幂乘积 $\mu = \mu_1^{x_1} \cdots \mu_m^{x_m}$($x_i = 0$ 或 1,但并非所有 $x_i = 0$)的每一个平方根皆定义一个相对二次域 $K(\sqrt{\mu}, k)$. 如同 § 49,明显地可以推出,当 $s > 1$ 时

$$\log \prod_{\mathfrak{p}} \left(1 - \frac{Q(\mu, \mathfrak{p})}{n(\mathfrak{p})^s}\right) = -\sum_{\mathfrak{p}} \frac{Q(\mu, \mathfrak{p})}{n(\mathfrak{p})^s} + \varphi(\mu, s),$$

此处当 $s \to 1$ 时,$\varphi(\mu, s)$趋于一个有限极限. 所以由定理 168 可知右端的第一个和亦有这一性质,从而

$$L(s, \mu) = \sum_{\mathfrak{p}}{}' \left(\frac{\mu}{\mathfrak{p}}\right) \frac{1}{n(\mathfrak{p})^s}$$

亦有限. 事实上,由(212)式可知这一和与前一和仅相差有限项. 求

和号中的素理想表示 $\mathfrak{p}$ 仅过不能整除 $\mu_1,\mu_2,\cdots,\mu_m$ 的奇素理想. 另一方面,由于当 $s\to1$ 时,$\zeta_k(s)$变为无穷,所以

$$L(s,1)=\sum_{\mathfrak{p}}{}'\frac{1}{n(\mathfrak{p})^s}\to\infty.$$

从而当 $s\to1$ 时方程

$$\sum_{x_1,\cdots,x_m=0,1}c_1^{x_1}\cdots c_m^{x_m}L(s,\mu_1^{x_1}\cdot\mu_2^{x_2}\cdots\mu_m^{x_m})$$

$$=\sum_{\mathfrak{p}}{}'\left(1+c_1\left(\frac{\mu_1}{\mathfrak{p}}\right)\right)\cdots\left(1+c_m\left(\frac{\mu_m}{\mathfrak{p}}\right)\right)\frac{1}{n(\mathfrak{p})^s}$$

的左端变为无穷,这是由于只有一个单项变成无穷. 总之,在右端仅仅只有适合我们断言要求的 $\mathfrak{p}$ 的项被留下了,从而必须有无穷多个这种类型的素数 $\mathfrak{p}$.

这个存在性定理是定理 166 与定理 167 之逆定理的证明的最重要关键,我们现在来实现它.

§61. 数群、理想群与奇异本原数

在以后的研究中,我们关注阿贝尔群的那些商群,它们是由元素的平方决定的. 若 $\mathfrak{G}$ 是一个阿贝尔群及 $\mathfrak{U}_2$ 是由 $\mathfrak{G}$ 所有元素的平方构成的子群. 我们希望指定每一个由 $\mathfrak{U}_2$ 定义的陪集为 $\mathfrak{G}$ 元素的一个复合. 由 §9 可知商群 $\mathfrak{G}/\mathfrak{U}_2$ 是复合的群. 商群的单位元素为主复合,即 $\mathfrak{U}_2$ 的元素系. 每个复合的平方都是主复合. 如果 $\mathfrak{G}$ 是一个有限群,则正好有 2^e 个不同的复合,此处 e 是 $\mathfrak{G}$ 属于 2 的基数. 所以,独立复合的个数,即 $\mathfrak{G}/\mathfrak{U}_2$ 中独立元素的个数等于 e.

我们现在介绍一个群,复合,与相关常数的重要系列:

1. 在乘法复合之下,k 中单位构成一个群. 由于有 $r_1+r_2-1=m-1$ 个基本单位及 k 的一个单位根,而其平方根不属于 k,所以不同的单位复合个数等于 2^m,其中 $m=(n+r_1)/2$.

2. 在乘法复合之下,k 中所有非零数构成一个群. 所以所有数系 $\alpha\zeta^2$ 是一个数复合,此处 α 是一个固定数及 ξ 经过 k 中所有

数.如果对于 k 中一个数 ω,我们给予一个 r_1 个 ± 1 的符号系 $\mathrm{sgn}\omega^{(1)},\cdots,\mathrm{sgn}\omega^{(r_1)}$(对于 $r_1=0$ 我们理解符号系为数 $+1$).则同样数复合的所有数有相同的符号系.全正数复合的群构成一个所有数复合群的指标为 2^{r_1}的子群.如果 $r_1>0$,则存在 k 中数 ω,它有任意预先给予的符号系.事实上,命 θ 为 k 的一个生成元;则 r_1 个表达式 $a_0+a_1\theta^{(i)}+\cdots+a_{r_1-1}\theta^{(i)r_1-1}(i=1,\cdots,r_1)$对于实的 a 可取实值的每一种组合.因此对于有理数 a,它们可取每一个符号组合.

3. 在 k 的理想类群中,正好有 2^e 个不同的类复合,此处 e 表示类群属于 2 的基数个数.

4. 那些数为 k 中理想平方的数复合构成所有数复合群的一个子群,这一群的阶为 2^{m+e}.由 3 可知存在 e 个理想 $\mathfrak{a}_1,\cdots\mathfrak{a}_e$,它们定义了 e 个独立类复合及它们的平方为主理想,即 $\mathfrak{a}_i^2=\alpha_i(i=1,2,\cdots,e)$.这 e 个数 $\alpha_1,\cdots,\alpha_e$ 定义了 e 个独立数复合.若 ω 为一个 k 中理想 $\mathfrak{c}$ 的平方,则 $\mathfrak{c}$ 等价于 $\mathfrak{a}_1,\cdots\mathfrak{a}_e$ 的一个幂乘积及乘以一个适当的单位之后,ω 与 $\alpha_1,\cdots\alpha_e$ 的幂乘积只差一个平方因子.如果一个数是 k 中一个理想之平方,我们就称此数为奇异的.因此共有 $m+e$ 个独立奇异数复合,它们可以由 $\alpha_1,\cdots\alpha_e$ 及 m 个独立复合的 m 个单位来表示.

5. 命 p 表示包含全正数的独立奇异数复合的个数.所以共有 2^p 个奇异全正数复合.因此 2^{m+e} 个奇异数复合指示数只有 2^{m+e-p}个相异的符号系.

6. 如果两个非零理想 $\mathfrak{a}$ 与 $\mathfrak{b}$ 之商 $\mathfrak{a}/\mathfrak{b}$ 等于域的一个全正数,则 $\mathfrak{a}$ 与 $\mathfrak{b}$ 可以当作属于相同的严格理想类及 $\mathfrak{a}$ 与 $\mathfrak{b}$ 在严格意义下是等价的.我们亦将它记为 $\mathfrak{a}\approx\mathfrak{b}$.严格的类亦构成一个阿贝尔群即严格类群.含有一个在广泛意义下的主理想的那些严格类构成一个指标为 h 的子群.主理想显然定义最多 2^{r_1}个相异的严格类.因此严格类群的阶最多为 $2^{r_1}h$.命 e_0 为这个严格类群属于 2 的基数.我们记严格理想类复合群为 $\mathfrak{J}_0$,它的阶为 2^{e_0}.用第二种方法

来决定 $\mathfrak{J}_0$ 的阶,我们得方程

$$e_0 = p + r_1 - m. \tag{214}$$

为证明这一公式,我们记 $\mathfrak{J}_0$ 的子群,其类复合可以表为主理想(在广义含义下)为 $\mathfrak{H}$. 则由群论的一般定理可知 $\mathfrak{J}_0$ 的阶等于商群 $\mathfrak{J}_0/\mathfrak{H}$ 之阶乘以 $\mathfrak{H}$ 之阶,现在商群 $\mathfrak{J}_0/\mathfrak{H}$ 有阶 2^e. 事实上,若 $\mathfrak{b}_1, \mathfrak{b}_2, \cdots, \mathfrak{b}_e$ 为 e 个独立类复合代表(在广义含义之下),则 2^e 个乘积 $\mathfrak{b} = \mathfrak{b}_1^{x_1}\cdots\mathfrak{b}_e^{x_e}$($x_i = 0$ 或 1)正好定义了 $\mathfrak{J}_0$ 关于 $\mathfrak{H}$ 的 2^e 个相异陪集. 另一方面,对于每一个理想 $\mathfrak{a}$,存在 $\mathfrak{b}$ 的一个幂乘积及一个理想的平方 $\mathfrak{c}^2$ 使 $\mathfrak{a} \sim \mathfrak{b}\mathfrak{c}^2$;所以 $\mathfrak{a} = \alpha\mathfrak{b}\mathfrak{c}^2$,其中 α 为某一个数. $\mathfrak{a}$ 所属的复合于 $\mathfrak{b}$ 所属的复合只差 α 的复合,即来自群 $\mathfrak{H}$ 的复合. 因此 $\mathfrak{J}_0/\mathfrak{H}$ 的阶为 2^e.

一个主理想(γ)属于 $\mathfrak{J}_0$ 的单位元素当且仅当(γ)在严格意义之下等价于一个理想之平方,即若 γ 等于一个全正数乘以一个奇异数,即当且仅当 γ 可以乘以奇异数后变成全正. 由 5 可知 γ 的 2^{r_1}个符号可能系列中正好有 2^{m+e-p}个由奇异数实现,所以主理想正好定义了 $2^{r_1-(m+e-p)}$个相异的严格理想类复合. 因此这就是 $\mathfrak{H}$ 的阶. (214)证完.

7. 在奇剩余类 mod 4 中,正好有 2^n 个互异的剩余类复合 mod 4. 事实上,由 $\xi^2 \equiv 1 \pmod 4$可得 $\xi \equiv 1 \pmod 2$, $\xi = 1 + 2\omega$,其中 ω 为一个整数. 在这些整数之中,共有 $N(2) = 2^n$ 个互不同余者 mod 4.

8. 若 $\alpha \equiv \beta \pmod{\mathfrak{a}}$及 α/β 为全正时,我们就称两个数 α 与 β 在同一个严格剩余类 mod $\mathfrak{a}$ 中. 进而言之,在每一个剩余类 mod $\mathfrak{a}$ 中,显然有一些数 α 其 r_1 个共轭数与已给整数 ω 有同样的符号. 事实上,由于对于每一个有理整数 x, $\alpha + x|N(\mathfrak{a})|\omega$ 皆与 α 属于同样的剩余类 mod $\mathfrak{a}$ 及当 x 充分大时,具有所希望的符号性质. 因此每一个剩余类 mod $\mathfrak{a}$ 皆正好分拆成 2^{r_1}个严格剩余类 mod $\mathfrak{a}$. 特别有 2^{n+r_1}个互异严格剩余类复合 mod 4.

9. 命 $\mathfrak{l}$ 为一个 2 的素因子. 在奇剩余类 mod $4\mathfrak{l}$ 中,有 2^{n+1}个

互异的剩余类复合 mod $4\mathfrak{l}$. 事实上，由 $\xi^2=1(\mathrm{mod}\ 4\mathfrak{l})$ 可知 $\xi=1+2\omega$，此处 ω 为一个整数并适合条件 $\omega(\omega+1)\equiv 0(\mathrm{mod}\ \mathfrak{l})$. 所以 $\omega\equiv 0$ 或 $1(\mathrm{mod}\ \mathfrak{l})$ 及由此正好导出 $2N(2)=2^{n+1}$ 个关于 ξ 互不同余数 mod $4\mathfrak{l}$. 按对应关系，存在 2^{n+r_1+1} 个互异严格剩余类复合 mod $4\mathfrak{l}$.

10. 奇异数同时又是非平方的本原数是我们的主要兴趣所在. 这种数称为奇异本原数. 由定理 120 可知奇异本原数 ω 使域 $K(\sqrt{\omega},k)$ 关于 k 有相对判别式 1. 假定存在 q 个独立的奇异本原数复合. 则由 4 可知 $q\leqslant m+e$. 这 2^{m+e} 个互异的奇异数复合定义了 2^{m+e-q} 个不同剩余类复合 mod 4，这是由于正好其中 2^q 个是本原的，即它们属于剩余类 mod 4 的主复合.

11. 同样命 q_0 表示全正奇异本原数的独立复合个数. 因为每 2^{q_0} 个奇异数复合定义相同的严格剩余类复合 mod 4，所以 2^{m+e} 个互异奇异数复合仅仅定义了 2^{m+e-q_0} 个在严格意义下的互异剩余类复合 mod 4.

12. 最后，由定理 166 导出所有奇理想 mod 4 的一个新分类. 如果有一个在 k 中的理想平方 $\mathfrak{c}^2$ 使 $\mathfrak{a}\sim\mathfrak{b}\mathfrak{c}^2$ 及可以选出整数 α,β 使 $\alpha\mathfrak{a}=\beta\mathfrak{b}\mathfrak{c}^2$，其中 $\alpha\equiv\beta\equiv 1(\mathrm{mod}\ 4)$，则两个奇整理想 $\mathfrak{a}$ 与 $\mathfrak{b}$ 被当成在相同的“理想类 mod 4”之中. 由理想的乘法定义了这些类的复合，从而决定了“类群 mod 4”；我们将它记作 $\mathfrak{B}$.

为了决定 $\mathfrak{B}$ 的阶，我们引进 $\mathfrak{B}$ 的可以被奇整主理想表示的类构成的子群 $\mathfrak{H}$. 于是 $\mathfrak{B}$ 的阶等于 $\mathfrak{H}$ 的阶乘以商群 $\mathfrak{B}/\mathfrak{H}$ 的阶. 如果 $\mathfrak{b}_1,\cdots,\mathfrak{b}_e$ 为 e 个独立理想类复合的奇代表，则 2^e 个幂乘积 $\mathfrak{b}_1^{x_1}\cdots\mathfrak{b}_e^{x_e}=\mathfrak{b}(x_i=0$ 或 $1)$ 就正好定义了 2^e 个 $\mathfrak{B}$ 关于 $\mathfrak{H}$ 互异陪集. 从而商群的阶为 2^e. 进而言之，对于每一个奇理想 $\mathfrak{a}$，皆存在这些 $\mathfrak{b}$ 乘积中的一个及一个奇理想平方 $\mathfrak{c}^2$ 使 $\mathfrak{a}\sim\mathfrak{b}\mathfrak{c}^2$. 所以有奇数 α,β 使方程 $\alpha\mathfrak{a}=\beta\mathfrak{b}\mathfrak{c}^2$ 满足. 两端各乘以一个数值因子可以假定适合 $\alpha\equiv 1(\mathrm{mod}\ 4)$，因此 $\mathfrak{a}$ 与 $\beta\mathfrak{b}$ 属于相同理想类 mod 4. 由于 $\beta\mathfrak{b}$ 与 $\mathfrak{b}$ 仅相差 $\mathfrak{H}$ 中一个理想，所以 $\mathfrak{B}$ 中每一个陪集亦由某个 $\mathfrak{b}$ 来表示，即 $\mathfrak{B}/$

$\mathfrak{H}$ 的确有阶 2^e.

为了在决定 $\mathfrak{H}$ 的阶方面做出进一步进展,我们考虑相同理想类 mod 4 中两个奇整数 γ_1,γ_2 定义的主理想(γ_1)与(γ_2),其中 γ_1 与 γ_2 属于相同剩余类复合 mod 4. 理想(1)所属的理想类 mod 4 包含所有的奇理想(γ)使 γ 同余于一个奇异数 mod 4. 由 10 可知,奇异数正好定义了 2^{m+e-q}个互异剩余类复合 mod 4. 从而在 2^n 个剩余类复合 mod 4 中,每 2^{m+e-q}个属于相同的理想类 mod 4. 因此 $\mathfrak{H}$ 的阶为 $2^{n-(m+e-q)}$. 由此我们得到

$$\mathfrak{B} \text{ 的阶等于 } 2^{n-m+q} = 2^{m-r_1+q}.$$

13. 若 $r_1>0$,则用对应的方式,我们定义严格理想类 mod 4 的群 $\mathfrak{B}_0$. 如果有一个理想平方 $\mathfrak{c}^2$ 使 $\mathfrak{a}\sim\mathfrak{b}\mathfrak{c}^2$ 与可以选取数 α 与 β 使 $\alpha\mathfrak{a}=\beta\mathfrak{b}\mathfrak{c}^2$, $\alpha\equiv\beta\equiv1 \pmod 4$ 及进而 α 与 β 都是全正的,则称两个奇理想 $\mathfrak{a}$ 与 $\mathfrak{b}$ 在相同的严格理想类 mod 4 之中.

类似于 $\mathfrak{B}$ 阶的决定方法可以决定 $\mathfrak{B}_0$ 的阶. 若 $\mathfrak{H}_0$ 是 $\mathfrak{B}_0$ 奇主理想表示的子群,则 $\mathfrak{B}_0/\mathfrak{H}_0$ 的阶为 2^e. 由于在 2^{n+r_1}个严格剩余类复合 mod 4 中,每 2^{m+e-q_0}个只相差一个奇异数复合,所以由 11 可知 $\mathfrak{H}_0$ 的阶为 $2^{n+r_1-(m+e-q_0)}$.

因此

$$\mathfrak{B}_0 \text{ 的阶等于 } 2^{n+r_1-m+q_0} = 2^{m+q_0}.$$

§62. 奇异本原数的存在性与互反定律的补充定理

现在我们用很简单的枚举法来决定 q 与 q_0.

引理 a 我们有 $q_0\leqslant e$ 及 $q\leqslant e_0$.

假定有 q_0 个独立的全正奇异本原数 $\omega_1,\omega_2,\cdots,\omega_{q_0}$及考虑奇理想 $\mathfrak{a}$ 的 q_0 个函数

$$\chi_i(\mathfrak{a}) = Q(\omega_i,\mathfrak{a}), \qquad i = 1,\cdots,q_0.$$

这些函数仅依赖于 $\mathfrak{a}$ 属于的理想类复合. 如果对于奇理想 $\mathfrak{a},\mathfrak{b},\mathfrak{c}$

$\mathfrak{a}\sim\mathfrak{b}\mathfrak{c}^2$ 成立及如果选取奇数 α 与 β 使 $\alpha\mathfrak{a}=\beta\mathfrak{b}\mathfrak{c}^2$，则当我们假定 ω_i 与 $\alpha\mathfrak{a}$ 互素，即得

$$\chi_i(\alpha\mathfrak{a}) = \chi_i(\beta\mathfrak{b}\mathfrak{c}^2) = \left(\frac{\omega_i}{\alpha\mathfrak{a}}\right) = \left(\frac{\omega_i}{\beta\mathfrak{b}\mathfrak{c}^2}\right) = \left(\frac{\omega_i}{\beta\mathfrak{b}}\right).$$

对于每一个与 $2\omega_i$ 互素的整数 γ，由于 ω_i 为本原及全正的，所以由互反定律可知

$$\left(\frac{\omega_i}{\gamma}\right) = \left(\frac{\gamma}{\omega_i}\right).$$

因为 ω_i 为奇异的，所以后面这个符号等于 $+1$. 因此得到

$$\chi_i(\mathfrak{a}) = \left(\frac{\omega_i}{\mathfrak{a}}\right) = \left(\frac{\omega_i}{\mathfrak{b}}\right) = \chi_i(\mathfrak{b}), \qquad \text{当 } \mathfrak{a}\sim\mathfrak{b}\mathfrak{c}^2.$$

进而言之，由于 $\chi_i(\mathfrak{a}_1\mathfrak{a}_2)=\chi_i(\mathfrak{a}_1)\cdot\chi_i(\mathfrak{a}_2)$，所以由 § 10 可知 q_0 个函数 $\chi_i(\mathfrak{a})$ 是理想类复合群的特征群. 由定理 169 可知它们亦是独立特征. 另一方面，由定理 33 可知理想类复合群的阶为 2^e，所以它正好有 e 个独立特征；因此 $q_0\leqslant e$.

当我们由严格等价性的概念出发，用类似的办法即可证明关系式 $q\leqslant e_0$.

引理 b 命 $\varepsilon_1,\cdots,\varepsilon_{m+e}$ 为 $m+e$ 个独立奇异数，则奇理想 $\mathfrak{a}$ 的 $m+e$ 个函数

$$Q(\varepsilon_i,\mathfrak{a}) \qquad (i=1,2,\cdots,m+e)$$

构成一个群 $\mathfrak{B}_0$ 的独立群特征系.

由定理 165 可知这些函数是 $\mathfrak{B}_0$ 的群特征，由定理 169 可知它们是独立的.

由 13 可知 $\mathfrak{B}_0$ 的阶为 2^{m+q_0}，所以由 § 10 群的一般定理可知

$$m+e\leqslant m+q_0,$$

所以 $q_0\geqslant e$ 及由引理 a 可知 $q_0=e$. 由这一引理可知下面两条定理得证.

定理 170 正好存在 e 个独立奇异本原数 $\omega_1,\cdots,\omega_e$，它们是全正的. 在此 e 是域的广义理想类群属于 2 的基数，e 个特征 $Q(\omega_i,\mathfrak{a})$ 构成类复合群的特征完全系.

定理 171 一个奇理想 $\mathfrak{a}$ 能用乘法乘以理想平方成为域的全正及本原数的充要条件为对于每一个奇异数 ε,条件

$$Q(\varepsilon,\mathfrak{a})=+1$$

成立.

如果我们考虑用群 $\mathfrak{W}$ 来代替 $\mathfrak{W}_0$,则类似地可得

引理 c 命 $\varepsilon_1,\cdots,\varepsilon_p$ 为 $p=e_0+m-r_1$ 个独立全正奇异数. 则 p 个函数 $Q(\varepsilon_i,\mathfrak{a})(i=1,\cdots,p)$ 构成一个关于奇理想 $\mathfrak{a}$,群 $\mathfrak{W}$ 的独立群特征系.

由于 $\mathfrak{W}$ 的阶为 2^{m-r_1+q},由此可得

$$m-r_1+q\geqslant p=m-r_1+e_0,\qquad e_0\leqslant q.$$

因此由引理 a 可知 $e_0=q$,及 $\mathfrak{W}$ 有阶 2^p. 从而我们证明了

定理 172 存在 e_0 个独立奇异本原数 $\omega_1,\cdots,\omega_{e_0}$,在此 e_0 是域的严格理想类群属于 2 的基数. e_0 个特征 $Q(\omega_i,\mathfrak{a})$ 构成关于奇理想 $\mathfrak{a}$ 严格类复合群的完全特征系.

定理 173 一个奇理想 $\mathfrak{a}$ 乘以一个理想平方可以成为域的一个本原数的充要条件为对于每一个全正奇异数 ε,条件

$$Q(\varepsilon,\mathfrak{a})=+1$$

成立.

定理 171 与 173 常常被称为第一补充定理.

类似地,我们得到关于剩余特征模非奇数的定理 167 之逆. 如果 $\alpha\equiv\xi^2(\mathrm{mod}\ 4\mathfrak{l})$ 可以在 k 中有解 ξ,此处 $\mathfrak{l}$ 表示 2 的一个素因子,则称奇整数 α 为超本原数模 $\mathfrak{l}$. 所以超本原数模 $\mathfrak{l}$ 定义剩余类 mod $4\mathfrak{l}$ 的主复合. 由前节 9 可知存在 2^{n+1} 个互异的复合 mod $4\mathfrak{l}$,但仅有 2^n 个互异者 mod 4. 因此每一个复合 mod 4 正好包含两个互异复合 mod $4\mathfrak{l}$. 因此本原数正好定义两个互异剩余类复合 mod $4\mathfrak{l}$. 让这些被记作 R_1 与 R_2,此处我们选择 R_1 为主复合 mod $4\mathfrak{l}$.

定理 174 如果素理想 $\mathfrak{l}$,除得尽 2,且在严格意义下属于主类复合,则所有 e_0 个独立奇异本原数亦是超本原数模 $\mathfrak{l}$. 另一方面,在其他情形下,仅有 e_0-1 个独立奇异本原数亦为超本原数模 $\mathfrak{l}$.

证 命 $\mathfrak{c}$ 为一个选好的奇理想使 $\mathfrak{l}\mathfrak{c}^2=\lambda$ 为一个全正数,实际

上在定理 174 所述的第一种情况下是可能的. 则对于每一个奇数 α, 我们首先假定它与 $\mathfrak{lc}$ 互素, 由定理 167 得

$$\left(\frac{\lambda}{\alpha}\right)=\left(\frac{\lambda}{\alpha}\right)\left(\frac{\alpha}{\mathfrak{c}^2}\right)=+1,$$

其中假定 α 属于复合 R_1. 如果我们现在对于本原数 α 考虑函数 $\left(\frac{\lambda}{\alpha}\right)=Q(\lambda,\alpha)$, 则当 α_1 与 α_2 属于相同复合 R_1 或 R_2 时有 $Q(\lambda,\alpha_1)=Q(\lambda,\alpha_2)$. 进而言之, $Q(\lambda,\alpha_1\alpha_2)=Q(\lambda,\alpha_1)Q(\lambda,\alpha_2)$, 所以 $Q(\lambda,\alpha)$ 是阶 2 的群的一个群特征, 它由两个元素 R_1 与 R_2 构成, 其中 $R_2^2=R_1$. 但是这一特征并非主特征; 这是因为由定理 169 可知有无穷多个素理想 $\mathfrak{p}$ 使 $\left(\frac{\lambda}{\mathfrak{p}}\right)=-1$, 而特征 $Q(\varepsilon,\mathfrak{p})$ 对于理想的 p 个独立全正平方 ε 中的每一个皆等于 1. 因此由定理 173 可知, 用乘以一个适当的 $\mathfrak{m}^2$, $\mathfrak{p}$ 可以进入一个本原数, 即 $\alpha=\mathfrak{p}\mathfrak{m}^2$. 所以 $Q(\lambda,\alpha)=\left(\frac{\lambda}{\mathfrak{p}}\right)=-1$. 从而 $Q(\lambda,\alpha)$ 是群 (R_1,R_2) 惟一确定的群特征, 而且不是主特征; 所以它 $=1$ 当且仅当本原数 α 属于 R_1, 即当 α 亦是超本原数模 $\mathfrak{l}$. 现在对于每一个奇异本原数 ω, 我们有 $Q(\lambda,\omega)=+1$, 所以所有奇的奇异本原数模 $\mathfrak{l}$ 亦是超本原数模 $\mathfrak{l}$.

其次, 若在严格意义下 $\mathfrak{l}$ 不属于主类复合, 则我们选一个奇理想 $\mathfrak{r}$ 使 $\lambda=\mathfrak{lr}$ 为一个全正数. 由于 $\mathfrak{r}$ 不属于严格主类复合, 所以由定理 172 可知在 e_0 个奇异本原数中正好有 e_0-1 个独立数 $\omega_2,\cdots,\omega_{e_0}$ 使当 $i=2,3,\cdots,e_0$ 时, $Q(\omega_i,\mathfrak{r})=+1$ 及一个数 ω_1, 独立于这些数, 使 $Q(\omega_i,\mathfrak{r})=-1$. 这个 ω_1 肯定不是超本原数模 $\mathfrak{l}$, 否则由定理 167 可知

$$\left(\frac{\omega_1}{\mathfrak{r}}\right)=\left(\frac{\lambda}{\omega_1}\right)\left(\frac{\omega_1}{\mathfrak{r}}\right)=+1$$

将成立. 但由 ω_1 的定义可知这一乘积等于 -1, 所以 ω_1 属于复合 $R_2 \bmod 4\,\mathfrak{l}$. 因此每一个本原数属于复合 ω_1 或 $\omega_1^2 \bmod 4\,\mathfrak{l}$. 如果奇

数 α 与 β 属于相同的复合 mod 4 $\mathfrak{l}$, 则若我们令 $\chi(\alpha)=\left(\frac{\lambda}{\alpha}\right)\left(\frac{\alpha}{\mathfrak{r}}\right)$, 则由于 $\alpha\beta$ 为超本原数模 $\mathfrak{l}$, 所以有

$$\chi(\alpha)\cdot\chi(\beta)=\chi(\alpha\beta)=1,$$

即

$$\chi(\alpha)=\chi(\beta).$$

从而 $\omega_2,\cdots,\omega_{e_0}$ 中没有一个可以属于由 ω_1 表示的复合 R_2. 否则 $\chi(\omega_2)$ 将 $=-1$, 而由 ω_2 的定义, $\chi(\omega_2)$ 等于 1, 所以 $\omega_2,\cdots,\omega_{e_0}$ 为超本原数模 $\mathfrak{l}$, 而 ω_1 不是的; 因此定理 174 得证.

定理 175 命 $\lambda=\mathfrak{l}\mathfrak{r}$ 为一个全正数, $\mathfrak{r}$ 为一个奇理想, 及命 $\mathfrak{l}$ 为 2 的一个素因子. 则与 λ 互素的本原数 α 是超本原数的充要条件为

$$\chi(\alpha)=\left(\frac{\lambda}{\alpha}\right)\left(\frac{\alpha}{\mathfrak{r}}\right)=+1.$$

定理 167 说明条件是必要的. 前一定理的证明表明按下面的途径, 这也是充分的. 首先假定 $\mathfrak{l}$ 等价于严格意义下一个理想的平方, 则我们可以找到整数 β,ρ,λ 使

$$\lambda\beta^2=\lambda_0\rho,\quad \lambda_0=\mathfrak{l}\mathfrak{r}_1^2,$$
$$\rho=\mathfrak{r}\mathfrak{r}_1^2,\quad \lambda_0,\rho\text{ 为全正的},$$

其中 β 为奇的并与 $\alpha\mathfrak{r}$ 互素, 从而

$$\chi(\alpha)=\left(\frac{\lambda\beta^2}{\alpha}\right)\left(\frac{\alpha}{\mathfrak{r}}\right)=\left(\frac{\lambda_0\rho}{\alpha}\right)\left(\frac{\alpha}{\mathfrak{r}}\right)=\left(\frac{\lambda_0}{\alpha}\right)\left(\frac{\alpha}{\rho}\right)\left(\frac{\alpha}{\mathfrak{r}}\right)=\left(\frac{\lambda_0}{\alpha}\right),$$

及如上所证, $\left(\frac{\lambda_0}{\alpha}\right)=+1$ 为本原数 α 亦为超本原数的充要条件.

但如果 $\mathfrak{l}$ 不是一个主类复合, 则存在一个奇异本原数 ω_1 使 $\left(\frac{\omega_1}{\mathfrak{r}}\right)=-1$; 及 $1,\omega_1$ 同时表示由本原数引起的两个互异剩余类复合 mod $4\mathfrak{l}$. 若 α 与 ω_1^a ($a=0$ 或 1) 属于相同复合 mod $4\mathfrak{l}$, 则由定理 166 可知 $\chi(\alpha)=\chi(\omega_1^a)=(-1)^a$. 因此当 α 为超本原数 mod $\mathfrak{l}$ 时, $\chi(\alpha)=+1$, 否则 $\chi(\alpha)=-1$.

定理 175 称为第二补充定理.

§63. 域的差积的一个性质及相对次数 2 的希尔伯特类域

在结束本书之际,我们想给出互反定律两个应用,首先处理域的差积 $\mathfrak{d}$ 属于的理想类.

定理 176　域的差积 $\mathfrak{d}$ 总是等价于域 k 的一个理想平方.

如果我们选择 k 中一个能被 $\mathfrak{d}$ 整除整数 ω 且有分解式

$$\omega = \mathfrak{a}\mathfrak{d}, \mathfrak{a} \text{ 为奇理想},$$

则由定理 173 可知对于我们定理的证明,我们只要证明对于每一个奇异本原全正数 ε 满足 $(\varepsilon,\mathfrak{a})=1$,剩余记号为 $\left(\frac{\varepsilon}{\mathfrak{a}}\right)=+1$.

为了证明这一点,我们回到高斯和的公式(199)及利用决定平方分母和之值的定理 156. 由(169),我们将分母为 $4\mathfrak{a}$ 的和 $C\left(\frac{\varepsilon}{4\omega}\right)$,此处 $(\varepsilon,\mathfrak{a})=1$,分解为一个分母为 4 的和及一个分母为 $\mathfrak{a}$ 的和;引进奇辅助理想 $\mathfrak{c}$ 满足

$$\mathfrak{a}\mathfrak{c} = \text{一个数 } \alpha, \quad \gamma = \frac{\alpha}{\omega} = \frac{\mathfrak{c}}{\mathfrak{d}}.$$

则由(169)式可知

$$C\left(\frac{\varepsilon}{4\omega}\right) = C\left(\frac{\varepsilon\gamma}{4\alpha}\right) = C\left(\frac{4\varepsilon\gamma}{\alpha}\right)C\left(\frac{\alpha\varepsilon\gamma}{4}\right),$$

及若 ε 是本原的,则右端

$$= \left(\frac{\varepsilon}{\mathfrak{a}}\right)C\left(\frac{\gamma}{\alpha}\right)C\left(\frac{\alpha\gamma}{4}\right).$$

特别当 $\varepsilon=1$ 时有

$$C\left(\frac{1}{4\omega}\right) = C\left(\frac{\gamma}{\alpha}\right)C\left(\frac{\alpha\gamma}{4}\right).$$

所以

$$\left(\frac{\varepsilon}{\mathfrak{a}}\right) = \frac{C\left(\frac{\varepsilon}{4\omega}\right)}{C\left(\frac{1}{4\omega}\right)}. \tag{215}$$

现在我们将互反公式(199)用于后面诸和,使这些和转化为分母 ε 的和,它们可以由定理 161 直接得到.

我们得到

$$\frac{C\left(\frac{\varepsilon}{4\omega}\right)}{\left|\sqrt{N(4\mathfrak{a})}\right|}=\left|\sqrt{N\left(\frac{2}{\varepsilon}\right)}\right|e^{(\pi i/4)S(\operatorname{sgn}\omega\varepsilon)}C\left(-\frac{\gamma^2\omega}{\varepsilon}\right).$$

同样

$$\frac{C\left(\frac{1}{4\omega}\right)}{\left|\sqrt{N(4\mathfrak{a})}\right|}=\left|\sqrt{N(2)}\right|e^{(\pi i/4)S(\operatorname{sgn}\omega)}.$$

故由(215)式可知

$$\left(\frac{\varepsilon}{\mathfrak{a}}\right)=e^{(\pi i/4)S(\operatorname{sgn}\omega\varepsilon-\operatorname{sgn}\omega)}\frac{C\left(-\frac{\gamma^2\omega}{\varepsilon}\right)}{\left|\sqrt{N(\varepsilon)}\right|}$$

对于每一个与 $\mathfrak{a}$ 互素的本原数 ε 成立.如果我们假定 ε 亦是一个奇异数,则由定理 156,对于和 $C(-\gamma^2\omega/\varepsilon)$,我们得到 $\left|\sqrt{N(\varepsilon)}\right|$ 之值,从而

$$\left(\frac{\varepsilon}{\mathfrak{a}}\right)=e^{(\pi i/4)S(\operatorname{sgn}\omega\varepsilon-\operatorname{sgn}\omega)},\quad \text{当 } \omega=\mathfrak{a}\mathfrak{d},\quad \mathfrak{a} \text{ 为奇的}$$

及 ε 为一个奇异本原数,$(\varepsilon,\mathfrak{a})=1$.

最后,如果再加上 ε 为全正的,则得 $\left(\frac{\varepsilon}{\mathfrak{a}}\right)=+1$ 及由定理 173 可知 $\mathfrak{a}$ 及差积 $\mathfrak{d}$ 属于主类复合.

由于相对域的差积是按定理 111 构成的,由刚才证明的结果可以导出:

一个域 K 关于它的子域 k 的相对差积 $\mathfrak{D}_k$ 总是等价于 k 中一个理想平方.

进而言之,由于 $\mathfrak{D}_k$ 的相对范数等于 K 关于 k 的相对判别式,我们可见相对范数亦等价于 K 中一个平方.因此我们证明了

定理 177 如果 k 中理想 $\mathfrak{d}_k$ 是一个域关于 k 的相对判别式,则 $\mathfrak{d}_k$ 等价于 k 中一个平方.

作为互反定律的第二个应用,我们希望研究 k 的相对次数为 2 的希尔伯特类域.如果相对判别式等于 1,则按希尔伯特,我们称这个域关于 k 是非分歧的.由添加 k 中一个数的平方根而得到的非分歧域可以如下刻画:由定理 120,它们可以由添加 k 中一个奇异本原数的平方根而得到.由定理 172 可知 k 中奇异本原数的互异复合等于 $2^{e_0}-1$(平方数不被当作奇异本原数).

所以我们得

定理 178　正好有 $2^{e_0}-1$ 个相对于 k 有相对次数 2 的互异非分歧域.

所以,这些域与 k 的理想类有关.如果在严格意义下,k 的类数为奇数,则不存在相对次数为 2 的非分歧域,与理想类的联系更清晰地揭示了分拆定理的形成.

定理 179　命 ω 为一个奇异本原数,则在严格意义下 h_0 个理想类群中存在一个阶 $h_0/2$ 的子群 $\mathfrak{G}(\omega)$ 使一个素理想 $\mathfrak{p}$ 在域 $K(\sqrt{\omega},k)$ 中分解当且仅当 $\mathfrak{p}$ 属于 $\mathfrak{G}(\omega)$.

由定理 172 可知,满足 $Q(\omega,\mathfrak{r})=+1$ 的奇理想 $\mathfrak{r}$ 集合在严格意义下类复合群中决定了一个阶为 2^{e_0-1}的子群.由于每一个类复合包含严格意义下 $h_0/2^{e_0}$个类,所以满足 $Q(\omega,\mathfrak{r})=+1$ 的奇理想 $\mathfrak{r}$ 恒同于这个群 $\mathfrak{G}(\omega)$的 $h_0/2$ 个严格类中的奇理想.

进而言之,这对于能够整除 2 的素理想 $\mathfrak{l}$ 亦成立.事实上,如果奇数 ω 同余于k 中一个数的平方 mod $\mathfrak{l}^{2c+1}$,其中 $\mathfrak{l}^c$ 是能整除 2 的 $\mathfrak{l}$ 最高幂,则由定理 119 可知对于 §60 中定义的分拆记号有 $Q(\omega,\tau)=+1$.在其他情形,对于奇数 ω 有 $Q(\omega,\mathfrak{r})=-1$.易知 ω 为本原的及 $\mathfrak{l}^{2c+1}$与 $4/\mathfrak{l}^{2c}$是互素的;所以 $Q(\omega,\mathfrak{r})=+1$ 当且仅当 ω 是一个二次剩余 mod $4\mathfrak{l}$.由定理 175 可知仅 $\mathfrak{l}$ 属于的理想类适合这个条件.事实上,若 $\lambda=\mathfrak{l}\mathfrak{r}$ 为全正的及 $\mathfrak{r}$ 为奇的,则 ω 关于 $\mathfrak{l}$ 为超本原的当且仅当$\left(\dfrac{\omega}{\mathfrak{r}}\right)=+1$.

由于与理想类有这一紧密联系,所以 $K(\sqrt{\omega},k)$称为 k 的类域.

我们给出了相对二次域的理论基础,互反定律是第一个结果;类域的存在性是这条定律的一个推论. 在希尔伯特与富尔特万革勒尔的经典发展中(同样在高次幂剩余的研究中)思想过程是逆向而行的. 首先用非常复杂的另一方法证明了类域的存在性,然后讨论与理想类的联系,并由此导出互反定律. 为此所谓的爱森斯坦互反定律是一个不可或缺的工具. 按这条路进行,所有情况都与高于 2 次的相对域相关. 没有超越函数被发现,就像我们理论中的西塔函数,并导出由高次幂剩余得来的和的互反关系,以代替高斯和. 一个与希尔伯特理论有关的新的及非常富于成果的贡献已经由高木真治[①]作出,他成功地得到了 k 的所有相对域的完整的图景,它们是"相对阿贝尔的",即它们有与分圆域对于 $k(1)$ 同样的对 k 的关系.

① Über eine Theorie des relativ-Abelschen Zahlkörpers, Journal of the College of Science, Imperial University of Tokyo, Vol. XLI(1920).

译 后 记

我第一次接触 Hecke 的书“代数数理论讲义”(德文)是在1958年左右。那时,华罗庚老师带着我研究“多重数值积分”。他提出用分圆域的独立单位系来构造伪随机序列的想法。我不懂代数数论,只能边学边干。我找了一些书来读,苦无法理解与掌握其内容。

见到 Hecke 的书后,如获至宝。该书思路清晰,写作深入浅出,读者易于了解诸基本概念并掌握各种方法。随着我们计算数学工作的进展,我对经典代数数论的了解也逐渐多了起来。

1980年左右,我又被 Schmidt 关于有理数域上形的不等式与方程的最小解工作吸引。很自然地,我想将他的工作推广至代数数域。由于我了解 Hecke 书的内容,所以这一工作亦得以完成。

因此在我的工作中,十分得益于这本好书。这本书出版80年来,始终是一本不可替代的入门书。1981年该书又被译成英文由 Springer 作为 GTMFF 出版。于是萌发了我将该书译成中文的念头。

完成中文译稿后,我于2003年春秋分别在浙江大学高等数学研究中心与中国科学院数学与系统科学学院为研究生讲课,讲授了前面27节(共32学时),易于听懂,效果还好。

由于有关单位及朋友的鼓励与支持,特别得到中科院科学出版基金资助与科学出版社的支持,现在得以出书,使更多读者受益,确是令人欣慰之事。我谨借此机会向对我帮助过的单位与朋友致以衷心地感谢。

王　元

2004年5月